电 工 基 础

主编　席志红　李万臣

参编　(以姓氏笔画排序)

王红茹　李鸿林

张忠民　徐　伟

科学出版社

北京

内 容 简 介

　　本书根据当前教学改革的新形势和电工技术的新发展，围绕电工基础的基本理论和典型应用，介绍了电路的基本概念和基本定律、电路的基本分析方法和基本定理、正弦交流电路、三相正弦交流电路及安全用电、电路的暂态分析、磁路与变压器、三相异步电动机、直流电动机、常用控制电器及控制线路、现代控制器、Multisim 14 电路仿真软件简介等内容。全书配有章节导读和较丰富的例题与习题，每章均通过二维码链接思考练习、本章小结、阅读与应用、历史人物、历史故事、习题答案等相关内容。

　　本书可作为高等工科院校非电类专业的本科生教材，也可供相关工程技术人员参考。

图书在版编目（CIP）数据

电工基础 / 席志红，李万臣主编. —北京：科学出版社，2018.8

ISBN 978-7-03-058535-6

Ⅰ. ①电… Ⅱ. ①席… ②李… Ⅲ. ①电工-教材 Ⅳ. ①TM

中国版本图书馆 CIP 数据核字（2018）第 187076 号

责任编辑：余　江　张丽花 / 责任校对：郭瑞芝
责任印制：霍　兵 / 封面设计：迷底书装

科　学　出　版　社　出版
北京东黄城根北街 16 号
邮政编码：100717
http://www.sciencep.com

三河市骏杰印刷有限公司 印刷
科学出版社发行　各地新华书店经销

*

2018 年 8 月第　一　版　　开本：787×1092　1/16
2021 年 7 月第五次印刷　　印张：15 1/2
字数：377 000

定价：49.80 元
（如有印装质量问题，我社负责调换）

前　　言

本书是在编者所在课程团队出版的《电工技术》和《电工理论基础》两部教材的基础上，结合教学手段多样化的新形势，由多年从事相关课程教学的教师合力编写的一部新形态教材。本书除纸质形式外，还配有二维码链接参考及拓展学习资源。读者可以扫描书中的二维码，获得相关知识信息。本书适用于高等工科院校非电类专业技术基础课程的教学，建议学时为32～48。

本书前5章为电路的基本理论，属于电路的经典理论部分；第6～9章介绍基本电磁理论和常用工业电器及控制；第10章集中介绍可编程控制器与通用变频器；第11章介绍Multisim 14计算机辅助分析软件。本书理论深度适中，注重理论连贯、内容紧凑，尽量通过实例引出新概念、新理论；突出应用性，介绍定理、定律时注重应用，尽量与生产生活实践相结合，与后续知识相衔接；为了适于翻转课堂教学，促进学生自主学习，编写时特别注意了教学内容的延展性，例题与习题的难度与复杂度循序渐进，教师可以选择一部分习题作为基础作业，另一部分供不同层次的学生进行延展学习和能力提高训练；每章都设有本章导读和本章小结，便于学生自学掌握和梳理核心知识点；每章都附有"阅读与应用"，将本章的基础理论延展，结合工程应用，反映新技术的发展与应用，为学生的课外学习提供素材；每章还引入在科学发展史上做出突出贡献的历史人物介绍或历史背景故事，提升学生的人文情怀。

全书各章节关键部位均配有二维码，链接思考练习、本章小结、阅读与应用、历史人物、历史故事、习题答案，以及部分定理结论的推导详解与深入介绍等拓展内容。读者可以方便地获得大量感兴趣的、与课程相关的信息与知识，很大程度延展了学习空间。

本书第1章部分、第2章、第5章部分和第9章由李万臣编写；第3章由李鸿林编写；第4章和第11章由王红茹编写；第6章和第8章由席志红编写；第1章部分和第7章由徐伟编写；第5章部分和第10章由张忠民编写。本书的编写规则和框架设计由席志红教授和李万臣教授共同负责，第1～5章及第11章由李万臣统稿，第6～10章由席志红统稿。李万臣负责全书二维码内容的组织设计工作。

本书是"哈尔滨工程大学2018年本科生教材立项"重点资助教材，与之配套的新形态实验课程教材《电工基础实验》将另行出版，届时可通过网络共享线上线下的课程网络资源。

由于新形态教材可供参考的素材有限，加之编者水平有限，书中难免存在疏漏之处，恳请读者给予批评指正。

编　者
2018 年 6 月

目　　录

第 1 章　电路的基本概念和基本定律 ………………………………………………………… 1

1.1　电路的组成和作用 ………………………………………………………………………… 1

1.2　电路模型 …………………………………………………………………………………… 2

1.3　电路的物理量和参考方向 ………………………………………………………………… 3

    1.3.1　电流 …………………………………………………………………………………… 3

    1.3.2　电位、电压与电动势 ………………………………………………………………… 4

    1.3.3　电压、电流的关联参考方向 ………………………………………………………… 5

    1.3.4　功率及能量 …………………………………………………………………………… 6

1.4　电路元件 …………………………………………………………………………………… 7

    1.4.1　理想无源元件 ………………………………………………………………………… 7

    1.4.2　理想电源元件 ……………………………………………………………………… 14

1.5　基尔霍夫定律 …………………………………………………………………………… 16

    1.5.1　网络概念或术语 …………………………………………………………………… 16

    1.5.2　基尔霍夫电流定律 ………………………………………………………………… 17

    1.5.3　基尔霍夫电压定律 ………………………………………………………………… 18

阅读与应用 ……………………………………………………………………………………… 20

历史人物 ………………………………………………………………………………………… 21

历史故事 ………………………………………………………………………………………… 21

习题 1 …………………………………………………………………………………………… 21

第 2 章　电路的基本分析方法和基本定理 ………………………………………………… 25

2.1　等效的概念 ……………………………………………………………………………… 25

2.2　无源电阻电路的等效变换 ……………………………………………………………… 26

    2.2.1　电阻的串联 ………………………………………………………………………… 26

    2.2.2　电阻的并联 ………………………………………………………………………… 27

    2.2.3　电阻的混联 ………………………………………………………………………… 28

    2.2.4　电阻的星形和三角形连接 ………………………………………………………… 29

2.3　含源电阻电路的等效变换 ……………………………………………………………… 30

    2.3.1　理想电源的串联和并联 …………………………………………………………… 31

    2.3.2　实际电源的串联和并联 …………………………………………………………… 32

    2.3.3　实际电压源和电流源间的等效变换 ……………………………………………… 34

2.4　支路电流法 ……………………………………………………………………………… 36

2.5　叠加定理 ………………………………………………………………………………… 37

2.6　戴维南定理和诺顿定理 ………………………………………………………………… 39

  2.6.1 戴维南定理 ·· 39
  2.6.2 最大功率传输定理 ······························ 42
  2.6.3 诺顿定理 ··· 43
阅读与应用 ·· 44
历史人物 ··· 44
历史故事 ··· 45
习题 2 ··· 45

第 3 章 正弦交流电路 ································ 51
3.1 正弦量的基本概念 ··································· 52
3.2 正弦量的相量表示 ··································· 54
3.3 基尔霍夫定律和电路元件伏安关系的相量形式 ···· 57
  3.3.1 基尔霍夫定律的相量形式 ·················· 57
  3.3.2 电路元件伏安关系的相量形式 ············ 58
3.4 复阻抗和复导纳 ····································· 62
  3.4.1 复阻抗和复导纳的概念及其意义 ········· 62
  3.4.2 复阻抗和复导纳的串并联 ·················· 64
3.5 正弦电路的分析方法 ······························ 64
3.6 正弦电路的功率 ····································· 70
  3.6.1 瞬时功率 ·· 70
  3.6.2 有功功率、无功功率和视在功率 ········· 72
  3.6.3 功率因数的提高 ································ 74
3.7 谐振电路 ·· 76
  3.7.1 串联电路的谐振 ································ 77
  3.7.2 并联电路的谐振 ································ 80
3.8 非正弦周期信号电路 ······························ 82
  3.8.1 谐波分析的概念 ································ 83
  3.8.2 非正弦周期信号电路的分析 ··············· 85
阅读与应用 ·· 86
历史人物 ··· 87
历史故事 ··· 87
习题 3 ··· 87

第 4 章 三相正弦交流电路及安全用电 ········· 92
4.1 三相电源 ·· 92
  4.1.1 三相电源的星形连接 ························· 93
  4.1.2 三相电源的三角形连接 ······················ 94
4.2 对称三相电路 ·· 95
  4.2.1 三相负载的星形和三角形连接 ············ 95
  4.2.2 对称三相电路的分析与计算 ··············· 97
4.3 三相电路的功率 ····································· 101

4.4　安全用电 ··· 102
　　4.4.1　电气事故及触电方式 ····································· 103
　　4.4.2　接地与接零保护 ·· 104
阅读与应用 ··· 106
历史人物 ·· 106
历史故事 ·· 106
习题 4 ·· 107

第 5 章　电路的暂态分析 ··· 109
5.1　换路定律及电压、电流的初始值 ····························· 110
5.2　一阶电路的暂态响应 ·· 112
　　5.2.1　一阶电路恒定输入下的全响应 ····················· 113
　　5.2.2　一阶电路的零输入响应 ································· 116
　　5.2.3　一阶电路的零状态响应 ································· 117
5.3　三要素法 ··· 118
5.4　微分电路与积分电路 ·· 121
　　5.4.1　微分电路 ·· 121
　　5.4.2　积分电路 ·· 122
阅读与应用 ··· 123
历史人物 ·· 123
历史故事 ·· 123
习题 5 ·· 123

第 6 章　磁路与变压器 ·· 126
6.1　磁路的基本概念和基本定律 ····································· 127
　　6.1.1　磁场的基本物理量 ··· 127
　　6.1.2　铁磁物质的磁化曲线 ····································· 128
　　6.1.3　磁路及其基本定律 ··· 129
6.2　直流铁心磁路 ·· 132
6.3　交流铁心线圈 ·· 134
　　6.3.1　电磁关系 ·· 134
　　6.3.2　电压平衡方程式 ·· 136
　　6.3.3　主磁感应电动势 E 的计算 ··························· 136
　　6.3.4　功率关系 ·· 136
6.4　变压器 ··· 137
　　6.4.1　变压器的构造 ··· 138
　　6.4.2　铁心变压器的工作原理 ································· 139
　　6.4.3　变压器铭牌参数 ·· 141
　　6.4.4　变压器运行特性 ·· 141
　　6.4.5　变压器的极性 ··· 142
　　6.4.6　三相变压器 ·· 144

阅读与应用 ……………………………………………………………………… 145

历史人物 ……………………………………………………………………… 145

历史故事 ……………………………………………………………………… 146

习题 6 ………………………………………………………………………… 146

第 7 章　三相异步电动机 ………………………………………………… 148

　7.1　三相异步电动机的构造 ……………………………………………… 148

　　7.1.1　定子 ……………………………………………………………… 149

　　7.1.2　转子 ……………………………………………………………… 149

　7.2　三相异步电动机的铭牌数据 ………………………………………… 150

　7.3　三相异步电动机的工作原理 ………………………………………… 152

　　7.3.1　旋转磁场的产生 ………………………………………………… 153

　　7.3.2　转子的转动原理 ………………………………………………… 155

　7.4　三相异步电动机的运行 ……………………………………………… 156

　　7.4.1　转子转速等于旋转磁场转速 …………………………………… 156

　　7.4.2　转子转速低于旋转磁场转速 …………………………………… 157

　7.5　三相异步电动机的电磁转矩和机械特性 …………………………… 159

　　7.5.1　转矩表达式 ……………………………………………………… 159

　　7.5.2　机械特性 ………………………………………………………… 160

　7.6　三相异步电动机的起动 ……………………………………………… 162

　　7.6.1　起动性能 ………………………………………………………… 163

　　7.6.2　鼠笼式异步电动机的起动方法 ………………………………… 163

　　7.6.3　绕线式异步电动机的起动方法 ………………………………… 165

　7.7　三相异步电动机的调速 ……………………………………………… 166

　　7.7.1　改变磁极对数的调速 …………………………………………… 166

　　7.7.2　改变转差率的调速 ……………………………………………… 167

　　7.7.3　改变供电电源频率的调速 ……………………………………… 168

　7.8　三相异步电动机的反转与制动 ……………………………………… 169

　　7.8.1　反转 ……………………………………………………………… 169

　　7.8.2　制动 ……………………………………………………………… 169

阅读与应用 ……………………………………………………………………… 171

历史人物 ……………………………………………………………………… 171

历史故事 ……………………………………………………………………… 171

习题 7 ………………………………………………………………………… 171

第 8 章　直流电动机 ……………………………………………………… 174

　8.1　直流电机的结构 ……………………………………………………… 174

　　8.1.1　定子部分 ………………………………………………………… 174

　　8.1.2　转子部分 ………………………………………………………… 175

　8.2　直流电动机的工作原理 ……………………………………………… 176

　8.3　直流电动机的分类和机械特性 ……………………………………… 177

8.3.1　直流电动机的分类··177

8.3.2　他(并)励电动机的机械特性··177

8.4　直流电动机的运行··179

8.4.1　他(并)励直流电动机的起动··179

8.4.2　他(并)励直流电动机的调速··180

8.4.3　直流他励电动机的制动···181

8.4.4　直流他励电动机的反转···182

*8.5　无刷直流电机简介··182

阅读与应用···183

历史人物···184

历史故事···184

习题 8··184

第 9 章　常用控制电器及控制线路···185

9.1　常用控制电器和保护电器···186

9.1.1　手动电器··186

9.1.2　保护电器··188

9.1.3　自动电器··191

9.2　鼠笼式异步电动机的直接起动控制······································194

9.2.1　点动控制线路···194

9.2.2　连动控制线路···195

9.2.3　点动与连动复合的控制线路···196

9.3　鼠笼式异步电动机的正反转控制线路····································196

9.3.1　接触器常闭触点互锁的控制线路····································197

9.3.2　按钮互锁的控制线路··197

9.4　自动往复行程控制··199

9.4.1　往复一次的控制线路··199

9.4.2　往复自动循环的控制线路··199

9.5　异步电动机的时间控制··200

9.5.1　鼠笼式异步电动机 Y-△起动的控制线路···························200

9.5.2　鼠笼式异步电动机能耗制动控制线路·······························201

9.5.3　绕线式异步电动机转子串电阻起动控制线路·······················201

9.6　异步电动机的顺序控制··202

阅读与应用···203

历史人物···204

历史故事···204

习题 9··204

第 10 章　现代控制器··206

10.1　可编程控制器概述··206

10.1.1　可编程控制器的结构和工作原理·····································207

10.1.2　可编程控制器的编程元件、梯形图和指令系统 ·················· 210

10.2　可编程控制器的应用 ·················· 219

10.3　通用变频器 ·················· 220

10.3.1　通用变频器的基本结构和主要功能 ·················· 221

10.3.2　松下 VF0 超小型变频器介绍 ·················· 222

10.4　VF0 变频器变频控制实例 ·················· 223

阅读与应用 ·················· 224

历史人物 ·················· 224

历史故事 ·················· 224

习题 10 ·················· 225

第 11 章　Multisim 14 电路仿真软件简介 ·················· 227

11.1　Multisim 14 软件功能简介 ·················· 227

11.2　Multisim 14 电路仿真 ·················· 233

参考文献 ·················· 238

第1章 电路的基本概念和基本定律

章节导读

电能在日常生活、生产和科学研究中得到了广泛的应用。在家用电器、电工设备、电子仪器、电力网、通信系统和计算机网络中都可以看到各种各样的电路。本章主要介绍电路的基本概念和基本定律，为进行电路分析奠定重要基础。主要讨论的是电路模型、电压电流参考方向、理想电路元件的伏安关系及在电路中的性质、基尔霍夫定律、电路中电位的概念以及计算等。这些内容均是电工学的重要理论基础。其中参考方向作为极其重要的概念，将贯穿于本课程的始终；电路元件的特性以及基尔霍夫基本定律，均是电路分析的基本依据。

知识点

(1) 电路的组成、作用和电路模型。

(2) 电流、电位、电压、电动势、电功率、电能。

(3) 电阻、电容、电感的特性。

(4) 理想电流源和理想电压源及特点。

(5) 基尔霍夫定律。

掌握

(1) 实际电路的电路模型。

(2) 电流、电压的参考方向。

(3) 功率吸收与发出及元件在电路中的性质判断。

(4) 电阻、电容、电感的电压-电流关系特性。

(5) 理想电压源和理想电流源的特点。

(6) 基尔霍夫定律及其适用性。

(7) 电路中电位的计算。

了解

(1) 电路的组成及作用。

(2) 电位、电动势、电能的物理概念。

(3) 储能元件的储能情况分析。

1.1 电路的组成和作用

就构造性而言，按一定任务将若干电气设备和元器件按一定方式相互连接，构成电流通路的整体称为电路，泛称为网络。电路通常由电源、负载和中间环节三部分组成。

电路的结构是多种多样的，因而它们所完成的任务也是不同的，但归结起来，主要是完成两个方面的作用，下面通过简单照明电路和扩音机电路加以说明。

在图 1-1 所示的简单照明电路中，电池把化学能转换成电能，提供给电灯，电灯再把电能转换成光能作照明之用。其作用可概括为实现电能的传输、分配和转换。

在图 1-2 所示电路中，话筒把声音转换成电信号，而后通过放大电路传递到扬声器，再把电信号还原成声音。其体现的作用是电信号的传递、处理和变换。

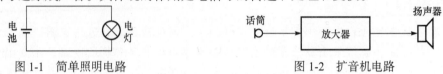

图 1-1　简单照明电路　　　　　　　　图 1-2　扩音机电路

实际电路无论简单还是复杂，总要包含以下三个基本组成部分。

(1) 电源：产生并提供电能的设备或器件，其功能是将其他形式的能量转变为电能，为电路提供能源，如电池、发电机等。

(2) 负载：吸收或消耗电能的设备或器件，如灯泡、电炉、扬声器等，又称用电器或换能器，其功能是将电能转变为其他所需形式的能量。

(3) 导线：用来连接各种用电设备或器件，使之形成完整的电路，并在其中引导电流，传输能量。

实际电路除了以上三个基本部分以外，还常根据需要增添一些辅助设备，如接通、断开电路的控制电器(如刀开关)、控制环节和保障安全用电的保护电器等。

在电路理论中，通常把电源或信号源称为激励，激励可以是电压激励，也可以是电流激励。激励源推动电路工作，电激励在电路各部分产生的电压和电流统称为响应。所谓电路分析，就是在已知电路结构和元件参数的条件下，讨论电路中激励与响应之间的关系问题。

思考练习1.1

1.2　电　路　模　型

在电工技术中，组成电路的实际元器件种类繁多，其电磁性质往往比较复杂，可能同时发生多种电磁现象，难以用统一的简单的数学公式描述。如白炽灯，除了具有消耗电能的性质(电阻性)之外，通过电流时还会产生磁场，即还具有电感性，尽管电感很微小。为了便于分析和研究，通常采取科学的抽象将实际元件理想化，即在一定条件下，突出其主要电磁性质，忽略次要因素，可近似地看作理想元件。例如，理想电阻元件表示将电能转换成其他形式的能量且不可逆消耗的物理过程。上面讨论的白炽灯、电炉等实际电路器件都可以用理想电阻元件来代替。理想电压源元件表示将其他形式的能量转换成电能并可对外提供确定电压的电路器件。干电池、蓄电池等实际电路器件在不考虑电池内部对电能的消耗的条件下，可以用理想电压源元件代替；否则，用理想电压源元件和理想电阻元件的串联组合来代替。

电路元件理想化之后，实际电路就可用理想电路元件及其组合来代替，这就是实际电路的电路模型，它是对实际电路的电磁性质的科学抽象和概括。对图 1-3(a)所示的实际电路，用理想电阻元件 R 代替电灯，用理想电压源元件 U_S 代替干电池(电池内部对电能的消耗忽略不计),用线段代替连接导线(导线电阻忽略不计),就可以得到与之对应的电路模型。

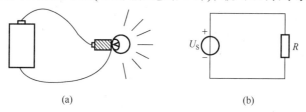

$$(a) \qquad\qquad (b)$$

图 1-3 实际电路与电路模型

这种由理想电路元件(简称电路元件)组成、反映实际电路连接关系的电路模型图,又称电路图,通常简称为电路,如图 1-3(b)所示。电路图中,各种电路元件须用规定的图形符号来表示。

今后在电路的分析与计算中,直接的对象不是实际的电路,而是实际电路的理想化模型。

思考练习1.2

1.3 电路的物理量和参考方向

描述电路性能的基本物理量有电流、电压,复合物理量有功率和能量等。这些物理量是进行电路分析必备的考量依据。

1.3.1 电流

电荷(带电粒子)有规则的定向运动就形成电流。习惯上把电流的方向规定为正电荷运动的方向。电流的大小用电流强度来表示。在数值上等于单位时间内通过某一导体横截面的电荷量,设在极短的时间 $\mathrm{d}t$ 内通过导体横截面 S 的微小电荷量为 $\mathrm{d}q$,则电流为

$$i(t) = \frac{\mathrm{d}q}{\mathrm{d}t} \tag{1-1}$$

式中,电荷量 q 的单位为库仑(C);时间 t 的单位为秒(s);电流强度 $i(t)$(简记 i)的单位为安培(A),也可以用千安(kA)、毫安(mA)、微安($\mu\mathrm{A}$)作为电流单位,其换算关系如下:$1\mathrm{kA} = 10^3\,\mathrm{A} = 10^6\,\mathrm{mA} = 10^9\,\mu\mathrm{A}$ 。

式(1-1)表示的电流是随时间变化的,是时间的函数,称为瞬时电流。若电流不随时间变化,即 $\mathrm{d}q/\mathrm{d}t$ 为常数,则这种电流称为恒定电流,简称直流,用大写字母 I 表示。式(1-1)可改写为

$$i(t) = I = \frac{Q}{t} \tag{1-2}$$

电荷在电场力作用下运动形成电流。电荷本身既不能被创造也不会被消灭,这种特性称为电荷守恒性。

电流的方向是客观存在的。在分析较复杂的电路时,往往事先难以判定具体一段电路电流的实际方向。为便于分析,事先指定一个电流方向,当然这一方向不一定是电流的实际方向。这一事先任意指定的电流方向称为电流的参考方向。电流的参考方向一般用有箭

头的线段及相应的代表符号直接标注在电路上，如图 1-4 所示的 i，其中图 1-4(a)所示的 i 表示电流的参考方向是由 A 指向 B；图 1-4(b)所示的 i 表示电流的参考方向是由 B 指向 A。图 1-4 中的框图表示任意的电路元件。

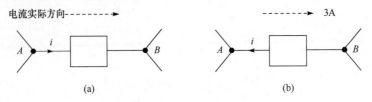

图 1-4　电流的参考方向与实际方向的关系

电流的参考方向指定后，电流的数值将有正负之分，电流被视为代数量。当电流的实际方向与参考方向一致时，计算出的电流值为正值；电流的实际方向与参考方向相反时，电流值为负值。图 1-4 所示的一段电路，电流的实际方向如虚线箭头所示，由 A 流向 B。若指定的参考方向如图 1-4(a)所示，则电流 $i > 0$；若指定的参考方向如图 1-4(b)所示，则电流 $i = -3\text{A}$。

1.3.2　电位、电压与电动势

电路的电位、电压、电动势是既彼此关联又有区别的物理量。

1. 电位

单位正电荷在电路中某点所具有的电位能，称为该点的电位。

电位用字母 v 表示，如 A 点的电位用 v_A 来表示。电位的数值是相对于所选定的参考点而言的。电位参考点是规定其电位能为零的点，可以任意指定。通常都是选取电路中接地或接机壳的公共端为参考点。当 A 点的电位高于参考点时，$v_A > 0$；反之，$v_A < 0$。电路中某点的电位将随参考点的不同而不同。但参考点一旦确定，电路中各点的电位便都有了唯一的确定值，具有单值性。参考点在电路图中标上接地 "$\perp$" 符号。所谓接地，并非真与大地相接，仅代表电路的零电位点。

2. 电压

电路中某两点之间的电位差，称为这两点之间的电压。在一般情况下，电压是任意的时间函数，用小写字母 $u(t)$ 表示两点间的瞬时电压。如果电压的大小和方向均与时间无关，为一恒定量，则称为直流电压，可用大写字母 U 表示。

电压的方向规定为从高电位端指向低电位端的方向，即两点间的电压就是指这两点之间的电位降落。习惯上用 "+" "−" 极性表示电压的方向，即规定电压方向由 "+" 指向 "−"。如图 1-5(a)中表示 A 点的电位高于 B 点的电位，电压方向由 A 点指向 B 点，数值为 $u = v_A - v_B$。当电荷在电路中运动时，电场力将对这些电荷做功，电压实际是电场力做功本领的量度。因此，电路中某两点之间的电压在数值上等于将单位正电荷由一点移到另一点电场力所做的功，即

$$u = v_A - v_B = \frac{\text{d}w}{\text{d}q} \tag{1-3}$$

式中，电位能 w 的单位为焦耳(J)，电荷量 q 的单位为库仑(C)，电压 u 的单位为伏特，简

称伏(V)。电位和电压的单位相同。

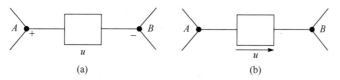

图 1-5　电压参考方向示意图

实际计算中，也可以用千伏(kV)、毫伏(mV)、微伏(μV)作为电压的单位，其换算关系如下：$1kV = 10^3 V = 10^6 mV = 10^9 μV$。

需要注意电位和电压的相互区别。电位是对电路中某点而言的，其值与参考点的选取有关。参考点选取不同，电路中各点的电位值会随之改变。电压则是对电路中某两点而言的，其值与参考点的选取无关。参考点选取不同，但电路中任意两点的电压是不变的。因此电路中各点电位的高低是相对的，而两点间的电压是绝对的。电路中某点的电压，实际上是指该点与参考点之间的电压，此时它与该点的电位是一致的。

与电流相似，电路中某两点间电压的实际方向有时也很难判别。为分析方便，可以事先指定任一方向为电压的参考方向；当电压的实际方向与参考方向一致时，电压值为正；反之，电压值为负。在指定参考方向下，根据电压数值的正或负，就可以确定电压的实际方向。

电压的参考方向可用参考极性，即"+""−"极性来标示；也可以如图 1-5(b)所示，在两点间的电路旁用箭头标示；还可以用符号双下标来表示，如 u_{AB} 表示该电压的参考方向为由 A 指向 B。显然 u_{AB} 与 u_{BA} 是不同的，虽然它们都表示 A、B 两点间的电压，但由于参考方向不同，两者之间相差一个负号，即 $u_{AB} = -u_{BA}$。

3. 电动势

电动势只存在于电源内部，其数值等于将单位正电荷由低电位端经电源内部移动到高电位端时电源所做的功，它将非电能转化为电能，方向由低电位指向高电位。

电动势用 $e(t)$ 表示，直流电动势也可用 E 表示。与电压用来描述电源之外的电路中正电荷的电位降落相反，电动势一般用来描述电源内部正电荷电位的升高。其方向为由低电位指向高电位。对电源来讲，其外部的电压和内部的电动势大小相等而方向相反。例如，图 1-5(a)的方框中的元件若为电源元件，则 A、B 两点之间的电动势为 $e_{AB} = v_B - v_A = -u_{AB}$。电动势和电压的单位相同。

1.3.3　电压、电流的关联参考方向

在对任何具体电路进行实际分析之前，都应先指定各相关电流和电压的参考方向，否则分析将无法进行。这充分表明电流和电压的参考方向在电路分析中的重要作用。由于电流与电压的参考方向可以各自独立地任意指定，电路的电流和电压会出现相互一致的参考方向，如图 1-6 所示，我们称这样选取的参考方向为关联参考方向。若两者方向选取不一致，则称为非关联参考方向，如图 1-7 所示。一般而言，习惯上电压和电流常常选取关联参考方向。电源由于其特性，在电路分析中，电源两端的电压和电流一般是非关联方向。

图 1-6　关联参考方向　　　　　　　　图 1-7　非关联参考方向

需要强调的是，后面在提到电流和电压的方向时，如无特别声明，图中标示的方向均指参考方向，而不是实际方向。特别对初学者而言，这一点必须要逐步加以适应。

1.3.4　功率及能量

一段电路上电压、电流取关联参考方向时，正电荷在电场力的作用下由高电位端移动到低电位端，通过这段电路将失去一部分电位能，这部分能量被这段电路所吸收。把单位时间内这段电路吸收的能量定义为电功率(简称功率)。功率的符号为 $p(t)$ ，简写成 p 。

$$p(t) = \frac{\mathrm{d}w}{\mathrm{d}t} = \frac{\mathrm{d}w}{\mathrm{d}q} \times \frac{\mathrm{d}q}{\mathrm{d}t} = ui \tag{1-4}$$

功率的单位为瓦特，简称瓦(W)，也可以用千瓦(kW)、毫瓦(mW)。其换算关系如下：$1\mathrm{kW} = 10^3\mathrm{W} = 10^6\mathrm{mW}$ 。直流时的功率常用 P 来表示。

式(1-4)说明，在关联参考方向下，一段电路吸收的功率等于其电压和电流的乘积。

当电压和电流为非关联参考方向时(图 1-7)，这段电路吸收的功率应为

$$p = -ui$$

显而易见，功率的计算结果就有了正、负值。若计算结果为 $p > 0$ ，表明这段电路的确是吸收功率的，在电路中实际起负载的作用；若 $p < 0$ ，则表明这段电路实际上是发出功率的，在电路中实际起电源的作用。这就是从电压和电流参考方向出发，进行功率计算及判断某段电路或元件在电路中实际性质的原则。

实际用电设备或元器件都有额定功率标在铭牌上或写在参数说明中。额定功率是指用电器在额定电压与额定电流条件下工作时的功率。若用电器的实际功率大于额定功率，则用电设备或元器件可能会损坏；反之，则得不到正常合理的工作，用电设备的能力也得不到充分的利用。

图 1-6 所示的一段电路在时间区间 $t_0 \sim t$ 内从外界吸收的电能为

$$w = \int_{t_0}^{t} p(\xi)\mathrm{d}\xi = \int_{t_0}^{t} u(\xi)i(\xi)\mathrm{d}\xi \tag{1-5}$$

若 $w > 0$ ，表明这段电路的确是吸收电能的；若 $w < 0$ ，则表明该段电路实际是发出电能的。

电能的单位为焦耳(J)。工程上常用瓦秒或千瓦时(kW·h)作电能的单位，千瓦时又称度，$1\mathrm{kW}\cdot\mathrm{h}$ 俗称一度，即一个电字。

例 1-1　图 1-8 所示为一个完整电路，其中各元件电流、电压分别为 $I_1 = -4\mathrm{A}$ ，$I_2 = 10\mathrm{A}$ ，$I_3 = -6\mathrm{A}$ ，$U_1 = 14\mathrm{V}$ ，$U_2 = 6\mathrm{V}$ ，$U_3 = -9\mathrm{V}$ ，$U_4 = -8\mathrm{V}$ ，$U_5 = 3\mathrm{V}$ ，试求各元件吸收或发出的功率。

解 根据功率判断原则，

元件 1：U_1、I_1 参考方向关联，其吸收的功率为

$P_1 = U_1 I_1 = 14 \times (-4) = -56(\text{W}) < 0$，实际发出 56W

元件 2：U_2、I_2 参考方向关联，其吸收的功率为

$P_2 = U_2 I_2 = 6 \times 10 = 60(\text{W}) > 0$，实际吸收 60W

元件 3：U_3、I_3 参考方向非关联，其吸收的功率为

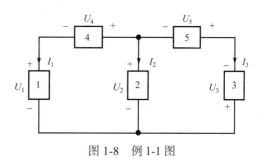

图 1-8 例 1-1 图

$$P_3 = -U_3 I_3 = -(-9) \times (-6) = -54(\text{W}) < 0, \quad 实际发出 54\text{W}$$

元件 4：U_4、I_1 参考方向关联，其吸收的功率为

$$P_4 = U_4 I_1 = (-8) \times (-4) = 32(\text{W}) > 0, \quad 实际吸收 32\text{W}$$

元件 5：U_5、I_3 参考方向非关联，其吸收的功率为

$$P_5 = -U_5 I_3 = -3 \times (-6) = 18(\text{W}) > 0, \quad 实际吸收 18\text{W}$$

观察各元件的功率情况，可以发现，电路总发出功率

$$P_{发出} = P_1 + P_3 = 56 + 54 = 110(\text{W})$$

电路总吸收功率

$$P_{吸收} = P_2 + P_4 + P_5 = 60 + 32 + 18 = 110(\text{W})$$

因此，对于一个完整电路有 $P_{发出} = P_{吸收}$，称为电路的功率平衡。

思考练习1.3

1.4 电 路 元 件

实际电路元件的物理性质，从能量转换的角度来看，有电能的产生、电能的消耗以及电场能量和磁场能量的储存。理想元件就是用来表征上述这些单一物理性质的元件，它有理想无源元件和理想电源元件两类。

1.4.1 理想无源元件

理想无源元件包括理想电阻元件、理想电容元件及理想电感元件三种，简称电阻元件(电阻)、电容元件(电容)、电感元件(电感)。

1. 电阻元件

电阻元件是电路中应用最广泛、最基本的组成元件，许多实际的电路器件(如电阻器、电热器、电灯泡、扬声器等)都可以用电阻元件来表示。电阻元件的确切定义为其电压和电流的关系(简称为伏安关系)可用代数函数表示的元件。也可表述为电阻元件是其特性可以用 u-i 平面上的一条曲线来表示的二端电路元件。在 u-i 平面上表示电阻元件特性的曲线称为电阻元件的伏安特性曲线，简称伏安特性。图 1-9(a)是某电阻元件的伏安特性曲线，这种元件称为非线性电阻元件；如果元件的电流与电压成正比，其伏安特性曲线是一条通过原点的直线，如图 1-9(b)所示，则该元件称为线性电阻元件，简称电阻元件。线性电阻元件的符号可用图 1-10 表示。图 1-11 为多种类型电阻的实物图。

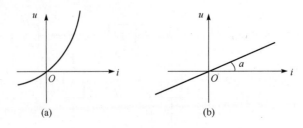
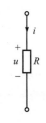

图 1-9 电阻元件伏安特性   图 1-10 电阻电路符号

图 1-11 电阻实物图

在图 1-10 所示的关联参考方向条件下，线性电阻的电压电流关系满足欧姆定律，可写成

$$R = \frac{u}{i} \ (或 \ u = Ri) \tag{1-6}$$

或

$$G = \frac{i}{u} \ (或 \ i = Gu) \tag{1-7}$$

式中，$G = 1/R$，R 表示电阻元件的电阻值，反映了元件对电流的阻碍能力；G 表示元件的电导值，单位是西门子，简称西，用 S 表示。电阻值和电导值统称为电阻元件的参数。

电阻的单位是欧姆，简称欧，用 Ω 表示，也可以用兆欧（MΩ）、千欧（kΩ）作为电阻的单位。其换算关系如下：$1M\Omega = 10^3 k\Omega = 10^6 \Omega$。电阻上标有电阻的数值称为标称值。

在应用式(1-6)和式(1-7)时，一定要注意 u、i 取关联参考方向。若 u、i 取非关联参考方向，则应用 $u = -Ri$ 或 $i = -Gu$ 进行分析。可以很明显看出，给定线性电阻元件的电阻值（电导值）后，其电流与电压的关系便可确定。

当 $R = 0$（$G \to \infty$）时，电阻元件的伏安特性将与 i 轴重合，如图 1-12(a)所示。只要 i 为有限值，将恒有 $u = 0$，称为短路。任何一个元件或一段电路只要其两端电压为零，便可视为短路。

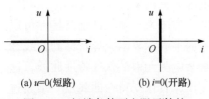

(a) $u=0$（短路）   (b) $i=0$（开路）

图 1-12 极端条件下电阻元件的
伏安特性

同理，当 $R \to \infty$（$G = 0$）时，电阻元件的伏安特性将与 u 轴重合，如图 1-12(b)所示。只要 u 为有限值，将恒有 $i = 0$，称为断路或开路。任何元件或一段电路，只要流经其中的电流为零，便可视为开路。

由电阻元件的伏安关系可知，任何时刻电阻元件的电压（或电流）完全由同一时刻的电流（或电压）所决定，而与该时刻以前的电流（或电压）无关。因此，电阻元件是一种瞬时元件。

当电压、电流取关联参考方向时，电阻元件吸收的瞬时功率为

$$p = ui = Ri^2 = u^2 / R = Gu^2 = i^2 / G$$

通常 $R > 0$，因此 $p > 0$。这说明电阻元件总在消耗电功率，它是一种耗能元件，具有把电能转换成热能的特性。

在 $t_1 \sim t_2$ 区间内，电阻元件消耗的电能为

$$w = \int_{t_1}^{t_2} p\mathrm{d}t = \int_{t_1}^{t_2} ui\mathrm{d}t = R\int_{t_1}^{t_2} i^2\mathrm{d}t = G\int_{t_1}^{t_2} u^2\mathrm{d}t$$

实际电阻元件在工作时，如果电流太大或电压过高，会因发热过度而被烧毁，因此电阻都规定有电流、电压或功率的额定值。额定值是电器工作的最佳值，是制造厂家提供的，是规定设备或元件运行时所允许的上限值，故使用时不能超过，当然也不宜低于额定值工作。在电工技术中，用下标"N"表示额定值。

2. 电容元件

电容元件是用来表征电压引起电荷聚集和储存电场能这一物理过程和电磁现象的理想元件。

如图 1-13(a)所示，当电路中有电容器存在时，它的两个被绝缘体隔开的金属极板上会聚集起等量的异号电荷。电压越高，聚集的电荷 q 越多，产生的电场越强，储存的电场能就越多，q 与 u 的比值为

$$C = \frac{q(t)}{u(t)} \tag{1-8}$$

C 称为电容元件的电容，一般为正实常数。电荷的单位为库仑（C），电压的单位为伏特（V），电容的单位为法拉，简称法（F）。工程中也常用微法（μF）和皮法（pF）作电容的单位，它们之间的换算关系如下：$1F = 10^6 \mu F = 10^{12} pF$。

电容元件值

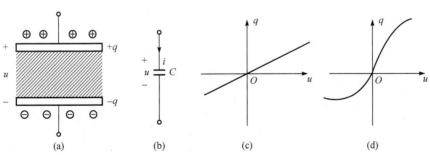

图 1-13　电容元件的库伏特性及符号

电容元件是指其特性可以用 q-u 平面上的一条曲线（库伏特性曲线）来表示的二端电路元件。如果其库伏特性是一条通过 q-u 平面坐标原点的直线，如图 1-13(c)所示，则称其对应的电容元件为线性电容元件；否则为非线性电容元件，如图 1-13(d)所示。线性电容元件的电路符号如图 1-13(b)所示。若无特殊声明，后面涉及的电容均为线性电容元件，简称电容元件。图 1-14 为电容的实物图。

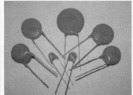

图 1-14　电容实物图

从库伏特性可以看出，电压与聚集的电荷量呈线性关系。随着加在电容两端的电压的变化，电容两极板上存储的电荷也随之变化。电荷增加的过程称为充电，电荷减少的过程称为放电。在充放电的过程中，必有电流产生。当电压电流为关联参考方向时，将有

$$i(t) = \frac{\mathrm{d}q}{\mathrm{d}t} = \frac{\mathrm{d}(Cu)}{\mathrm{d}t}$$

即

$$i(t) = C\frac{\mathrm{d}u}{\mathrm{d}t} \tag{1-9}$$

这就是线性电容元件的伏安关系。式(1-9)说明，线性电容元件的电流与其电压的变化率成正比，而与电压的大小无关。这表明电容元件是一种动态元件，且电压变化越快，电流越大；当电压恒定不变时(即直流)，电流为零，故电容元件对直流而言相当于开路。

式(1-9)是用电压来表示电流的，是一种导数关系。如果用电流来表示电压，则电容元件的伏安关系又可以写成式(1-10)的积分形式：

$$u(t) = \frac{1}{C}\int_{-\infty}^{t} i(\xi)\mathrm{d}\xi = \frac{1}{C}\int_{-\infty}^{t_0} i(\xi)\mathrm{d}\xi + \frac{1}{C}\int_{t_0}^{t} i(\xi)\mathrm{d}\xi = u(t_0) + \frac{1}{C}\int_{t_0}^{t} i(\xi)\mathrm{d}\xi \tag{1-10}$$

式中，t_0 为积分过程中的某个指定时刻，称为初始时刻；而

$$u(t_0) = \frac{1}{C}\int_{-\infty}^{t_0} i(\xi)\mathrm{d}\xi$$

是 t_0 时刻的电容电压，称为电容的初始电压。

式(1-10)表明，任一时刻电容的电压不仅与该时刻的电流有关，而且与该时刻以前所有时刻的电流均有关。这说明，电容元件具有记忆功能，是一种有记忆的元件。与之相比，电阻元件就是一种无记忆元件。

如果 $t_0 = 0$，且 $u(0) = 0$，由式(1-10)得

$$u(t) = \frac{1}{C}\int_{0}^{t} i(\xi)\mathrm{d}(\xi)$$

在关联参考方向下，电容元件吸收的功率为

$$p = ui = Cu\frac{\mathrm{d}u}{\mathrm{d}t}$$

电容元件吸收的电能等于对瞬时功率的积分，即

$$w_C(t) = \int_{-\infty}^{t} p\mathrm{d}t = \int_{-\infty}^{t} Cu\frac{\mathrm{d}u}{\mathrm{d}t}\mathrm{d}t = \frac{1}{2}C\left[u^2(t) - u^2(-\infty)\right] \tag{1-11}$$

因 $u(-\infty)$ 为储能之初的电容电压，故 $u(-\infty) = 0$。则有

$$w_C(t) = \frac{1}{2}Cu^2(t) \qquad\qquad (1\text{-}12)$$

式(1-12)表明，电容储存的能量与电压的平方成正比，与电压建立的过程无关。电压增加时，吸收功率为正，能量增加，电源供给的能量转换为电场能量储存在电容中；电压减小时，吸收功率为负，能量减少，储存的电场能量以某种方式释放出来。因此，电容是既不消耗能量，也不会产生新能量的储能元件。同时，电容元件储存或释放能量的过程表现为电容元件两端电压的升高或降低，由于能量一般是不能突变的，所以电容元件两端的电压一般情况下是不能突变的。

各种电容器上一般都标有电容的标称值、误差和额定工作电压。额定工作电压是电容器长期($\geqslant 10000\text{h}$)可靠、安全工作的最高电压，用"WV"表示。当电压达到某一值时，电容器中的介质便会被击穿，这个电压称为击穿电压。电容器的额定工作电压一般设为击穿电压的 $1/3\sim 2/3$。此外，有的电容器还标有试验电压，它是电容器短时间内($5\text{s}\leqslant t \leqslant 1\text{min}$)能承受而不会被击穿的电压，用"TV"来表示。额定工作电压(WV)一般为试验电压(TV)的 $50\%\sim 70\%$。电容器上标明的额定工作电压和试验电压通常为直流电压。

例 1-2　图 1-15 中所示电容 $C=1\text{F}$，已知 $u(0)=0$，外加电流波形如图 1-15(a)所示，求电压 $u(t)$ 并画出其波形。

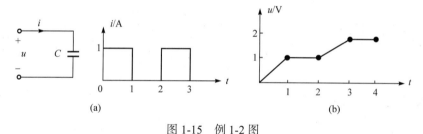

图 1-15　例 1-2 图

解　外加电流 $i(t)$ 的表达式为

$$i(t)=\begin{cases} 1\ \text{A}, & 0<t<1 \\ 0, & 1<t<2 \\ 1\ \text{A}, & 2<t<3 \\ 0, & t>3 \end{cases}$$

由式(1-10)可得

$$u(t)=u(t_0)+\frac{1}{C}\int_{t_0}^{t}i(t)\mathrm{d}t=\begin{cases} u(0)+\displaystyle\int_0^t 1\mathrm{d}t=t\ \text{V}, & 0\leqslant t\leqslant 1 \\[2mm] u(1)+\displaystyle\int_1^t 0\mathrm{d}t=u(1)=1\ \text{V}, & 1\leqslant t\leqslant 2 \\[2mm] u(2)+\displaystyle\int_2^t 1\mathrm{d}t=1+t-2=t-1\ \text{V}, & 2\leqslant t\leqslant 3 \\[2mm] u(3)+\displaystyle\int_3^t 0\mathrm{d}t=u(3)=2\ \text{V}, & t\geqslant 3 \end{cases}$$

其电容电压 $u(t)$ 的波形如图 1-15(b)所示。从波形图中可以看出，每来一个电流脉冲，电容电压就增加 1V，由电压的数值即可知道通过电容的电流脉冲的个数。由此我们可进一步体会到电容电压具有记忆的特性。

3. 电感元件

电感元件是用来表征电感线圈储存磁场能这一物理性质的理想元件。当电路中有电感(线圈)存在时，电流通过线圈会产生比较集中的磁场。

在图 1-16(a)中，设线圈的匝数为 N ，电流 i 通过线圈时产生的磁通为 $\varPhi$ ，二者乘积称为线圈的磁链

$$\varPsi = N\varPhi \tag{1-13}$$

电感元件是指其特性可以用 $\varPsi$ - i 平面上的一条曲线(韦安特性曲线)来表示的二端电路元件。 $\varPsi$ 、 i 之间的关系是一条通过原点的直线，如图 1-16(c)所示，这种电感称为线性电感，简称电感；否则便是非线性电感，如图 1-16(d)所示。通常空心线圈是线性电感，而铁心线圈都是非线性电感。电感元件符号如图 1-16(b)所示。对于线性电感而言，有

$$L = \frac{\varPsi}{i} \tag{1-14}$$

称为电感元件(线圈)的电感量，为常数。式中， $\varPsi$ 和 $\varPhi$ 的单位为韦伯(Wb)， i 的单位为安培(A)， L 的单位为亨利(H)。工程中也常用毫亨(mH)和微亨(μH)作电感的单位，它们之间的换算关系如下： $1H = 10^3 mH = 10^6 \mu H$ 。图 1-17 为电感的实物图。

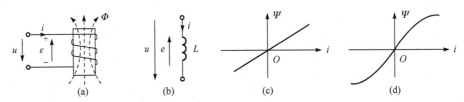

图 1-16　电感的韦安特性及符号

图 1-17　电感实物图

当电感线圈中的电流变化时，磁通 $\varPhi$ 将随之改变，于是，变化的磁通又会在线圈中产生感生电动势，设它的参考方向与电流 i 的参考方向相反，如图 1-16(a)所示。根据楞次定律可知感生电动势将抵抗电流的变化。在图 1-16(a)中，当 i 增加时， e 的实际方向与参考方向一致， e 取正值；当 i 减小时， e 的实际方向与参考方向相反， e 取负值。因此，感生电动势 e 的大小可由式(1-15)确定：

$$e = \frac{\mathrm{d}\varPsi}{\mathrm{d}t} \tag{1-15}$$

对于线性电感，由式(1-15)可得

$$e = \frac{\mathrm{d}\,\varPsi}{\mathrm{d}t} = \frac{\mathrm{d}(Li)}{\mathrm{d}t} = L\frac{\mathrm{d}i}{\mathrm{d}t} \tag{1-16}$$

则电感两端的电压为

$$u = e = L\frac{\mathrm{d}i}{\mathrm{d}t} \tag{1-17}$$

这就是线性电感元件的伏安关系。式(1-17)说明，线性电感元件的电压与其电流的变化率成正比，而与电流的大小无关，是动态关系，故电感元件是一种动态元件。当电流恒定不变(即直流)时，电压为零，电感元件对直流而言相当于短路。

式(1-17)是用电流来表示电压的，是一种导数关系。如果用电压来表示电流，则电感元件的伏安关系又可以写成式(1-18)的积分形式：

$$i(t) = \frac{1}{L}\int_{-\infty}^{t}u(\xi)\,\mathrm{d}\xi = \frac{1}{L}\int_{-\infty}^{t_0}u(\xi)\,\mathrm{d}\xi + \frac{1}{L}\int_{t_0}^{t}u(\xi)\,\mathrm{d}\xi = i(t_0) + \frac{1}{L}\int_{t_0}^{t}u(\xi)\,\mathrm{d}\xi \tag{1-18}$$

式中，t_0 是积分过程中的某个指定时刻，称为初始时刻；而

$$i(t_0) = \frac{1}{L}\int_{-\infty}^{t_0}u(\xi)\,\mathrm{d}\xi$$

是 t_0 时刻的电感电流，称为电感的初始电流。

式(1-18)表明，任一时刻电感的电流不仅与该时刻的电压有关，而且与该时刻以前所有时刻的电压均有关。这说明，电感元件和电容元件一样也具有记忆功能，是一种有记忆的元件。

在关联参考方向下，电感元件吸收的功率为

$$p = ui = Li\frac{\mathrm{d}i}{\mathrm{d}t} \tag{1-19}$$

当 $\frac{\mathrm{d}i}{\mathrm{d}t} > 0$ 时，$p > 0$，说明此时电感元件吸收电能，将电能转化为磁能；当 $\frac{\mathrm{d}i}{\mathrm{d}t} < 0$ 时，$p < 0$，说明此时电感释放电能，即它将内部磁能又转化为电能。因此，电感是既不消耗能量，也不会产生新能量的储能元件。

电感元件吸收的电能为

$$w_L(t) = \int_{-\infty}^{t}p\mathrm{d}t = \int_{-\infty}^{t}Li\frac{\mathrm{d}i}{\mathrm{d}t}\mathrm{d}t = \frac{1}{2}L\left[i^2(t) - i^2(-\infty)\right]$$

由于 $i(-\infty) = 0$，则

$$w_L(t) = \frac{1}{2}Li^2(t) \tag{1-20}$$

式(1-20)说明：电感元件储存的能量与电流的平方成正比，与电流的建立过程无关。由于能量一般是不能突变的，所以电感元件流过的电流一般情况下是不能突变的。

例 1-3 有一个电感元件如图 1-18(a)所示，$L = 0.2\mathrm{H}$，通过电流 i 的波形如图 1-18(b)所示，求电感元件中产生的感生电动势 e_L 和两端电压 u 的波形。

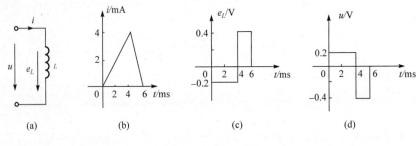

图 1-18   例 1-3 图

解   由式(1-18)可得

当 $0 \leqslant t \leqslant 4\text{ms}$ 时，$i = t\,\text{mA}$，则当 e_L 和 i 的参考方向一致时，有

$$e_L = -L \frac{\mathrm{d}i}{\mathrm{d}t} = -0.2 \text{ V}$$

$$u = -e_L = 0.2 \text{ V}$$

当 $4\text{ms} \leqslant t \leqslant 6\text{ms}$ 时，$i = 12 - 2t\,\text{mA}$，故

$$e_L = -L \frac{\mathrm{d}i}{\mathrm{d}t} = -0.2 \times (-2) = 0.4 \ (\text{V}), \qquad u = -e_L$$

e_L 和 u 的波形分别见图 1-18(c)和(d)。读者可以求出 e_L 与 i 的参考方向相反时的 e_L 及 u 值，并画出它们的波形，由此总结电感元件的 e_L 与 i 在两种参考方向条件下，e_L 的表达式有何不同。由图可见：①电流增大时，e_L 为负；电流减小时，e_L 为正。②电流的变化率 $\dfrac{\mathrm{d}i}{\mathrm{d}t}$ 小，则 e_L 也小；电流的变化率 $\dfrac{\mathrm{d}i}{\mathrm{d}t}$ 大，则 e_L 也大。

无源元件特征比较

最后，可将电阻元件、电感元件和电容元件的特征相互进行比较，以便明确掌握。

1.4.2   理想电源元件

理想电源元件是从实际电源元件抽象出来的，当实际电源本身的功率损耗可以不计时，这种电源便可用一个理想电源元件来表示，理想电源元件分为理想电压源和理想电流源两种，也可称为独立电压源和独立电流源。

1. 理想电压源

对外能够提供按给定规律变化的确定电压的二端电路元件，称为理想电压源，简称电压源，用 $u_S(t)$ 表示。电路符号如图 1-19(a)所示。

若电压源的端电压 $u_S(t)$ 为恒定值 U_S，则称其为恒压源或直流电压源，如图 1-19(b)所示；若电压源的端电压 $u_S(t)$ 随时间按正弦规律变动，则称其为正弦电压源，又称交流电压源。

电压源与外电路的连接如图 1-20(a)所示。电压源的特点是其端电压由其本身决定，与输出电流和外电路的情况无关；电压源电流则由电压源和外电路来确定。电压源的伏安特性曲线如图 1-20(b)所示。例如，恒压源空载时，输出电流 $i = 0$；短路时 $i = \infty$；输出端接有电阻 R 时，$i = \dfrac{u_S(t)}{R}$，但电压 $u_S(t)$ 却保持不变。因此，凡是与理想电压源并联的元件，两端的电压都等于理想电压源的电压。

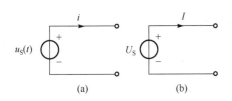

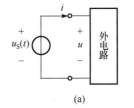
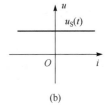

图 1-19　电压源电路符号　　　　　　图 1-20　电压源与外电路连接及特性曲线

若取电压源的电压和电流为非关联参考方向，如图 1-19(a)所示，则电压源发出的功率为

$$p_{u_S} = u_S i$$

这也是外电路吸收的功率。

实际的电源，如干电池和蓄电池，在其内部损耗，即电池的内电阻可忽略不计时，就可用理想电压源来代替。

2. 理想电流源

对外能够提供按给定规律变化的确定电流的二端电路元件，称为理想电流源，简称电流源，用 $i_S(t)$ 表示。电路符号如图 1-21(a)所示。理想直流电流源 I_S 为常数，又称恒流源，如图 1-21(b)所示。

电流源与外电路的连接如图 1-22(a)所示。电流源的特点是电流源电流由其本身决定，与输出电压和外电路情况无关；其输出电压由电流源和外电路来决定。电流源的伏安特性如图 1-22(b)所示。短路时，输出电压 $u = 0$；空载时，输出电压 $u \to \infty$；输出端接有电阻 R 时，$u = i_S(t)R$，但电流 $i_S(t)$ 始终不变。因此，凡是与理想电流源串联的元件，其电流都等于理想电流源的电流。

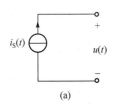

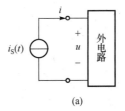
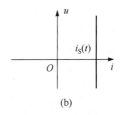

图 1-21　电流源电路符号　　　　　　图 1-22　电流源与外电路连接及特性曲线

实际电源，如充电电池在一定的光照下，能产生一定的电流，在其内部的功率损耗可忽略不计时，便可用理想电流源来代替，其输出电流就等于电源的电流。

理想电源工作状态有两种，当它们的电压和电流的实际方向相反时，它们输出(产生)电功，起电源作用；反之起负载作用，吸收电功。

电压源与电流源的实物图如图 1-23 所示。

图 1-23　电压源与电流源的实物图

例1-4　在图1-24所示的电路中,已知电压源电压$U_S = 5V$,理想电流源的电流$I_S = 5A$,电阻$R = 2\Omega$。求:

(1) 电压源的电流和电流源的电压;

(2) 讨论电路的功率转换关系。

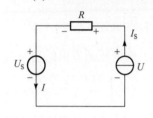

图1-24　例1-4图

解　(1) 由于理想电压源与电流源串联,故电压源电流$I = I_S = 5A$。

根据电流的方向可知,电流源电压$U = U_S + I_S R = 15V$。

(2) 由电路元件功率状况的判断原则,可知:

电压源的电压和电流参考方向关联,则吸收的功率为

$$P_{U_S} = U_S \cdot I = 25W > 0$$

实际吸收功率25W,电压源起负载作用。

电流源的电压和电流参考方向非关联,则吸收的功率为

$$P_{I_S} = -U \cdot I_S = -75W < 0$$

实际发出功率75W,电流源起电源作用。

电阻R上消耗的功率　　　　$P_R = I_S^2 \cdot R = 50W$

可见,电流源作为电源提供功率为75W,电阻和电压源作为负载共消耗吸收功率为75W,电路功率平衡。

思考练习1.4

以上介绍的电阻、电容和电感元件均为线性元件。由线性元件和独立源构成的电路称为线性电路。若含有非线性元件,则称为非线性电路。本书讨论的电路都是线性电路。

1.5　基尔霍夫定律

组成电路的各元件的电流和电压受到两个方面的约束:一是元件本身特有的电压和电流关系所形成的约束;二是元件相互之间的连接所构成的约束,基尔霍夫定律就反映了这方面的约束关系。

基尔霍夫定律是电路的基本定律,是分析各种电路问题的基础。

基尔霍夫定律包括两个定律,即基尔霍夫电流定律(Kirchhoff's Current Law,KCL)和基尔霍夫电压定律(Kirchhoff's Voltage Law,KVL)。为了更好地掌握这个定律,以图1-25为例,先介绍描述电路或网络常用的概念或术语。

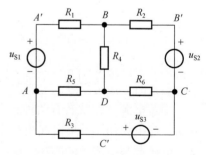

图1-25　网络概念示例

1.5.1　网络概念或术语

1. 支路

两端元件或若干两端元件串联组成的不分岔的一段电路称为支路。支路中的元件流过

同一电流。含有电源元件的支路称为有源支路，不含电源的支路称为无源支路。在图 1-25 中，有 R_1、u_{S1}，R_2、u_{S2}，R_3、u_{S3}，R_4、R_5、R_6 共 6 条支路。支路 R_4、R_5、R_6 不含电源，称为无源支路；其余 3 条支路均含有电源，称为有源支路。

2. 节点

电路中三条或三条以上支路的连接点称为节点。图 1-25 中有 A、B、C、D 共 4 个节点。由此可见，每条支路必定连至两个节点上，故节点也称为支路的端节点。

3. 回路

电路中由若干条支路构成的任一闭合的路径称为回路。图 1-25 中共有 7 个回路，分别是 $AA'BDA$、$BB'CDB$、$CC'ADC$、$AA'BB'CDA$、$BB'CC'ADB$、$CC'AA'BDC$ 和 $AA'BB'CC'A$。

4. 网孔

电路中没有被其他支路穿过的回路称为网孔。在图 1-25 中的 7 个回路中，只有回路 $AA'BDA$，$BB'CDB$，$CC'ADC$ 是网孔。显然网孔是回路的一种特殊情况。

1.5.2　基尔霍夫电流定律

基尔霍夫电流定律(KCL)又称基尔霍夫第一定律，是描述电路中各支路电流约束关系的定律。由于电流的连续性，电路中任何一点(包括节点在内)均不能堆积电荷。基尔霍夫电流定律指出；对于任一电路中的任一节点，在任一时刻，流入某一节点的电流之和等于由该节点流出的电流之和。在图 1-26 所示的电路中对节点 A 可写出下面表达式：

$$i_1 + i_2 = i_3$$

或将上式写成 $i_1 + i_2 - i_3 = 0$，即

$$\sum i = 0 \tag{1-21}$$

式(1-21)是 KCL 的数学表达式，也就是说，在任一瞬间，某一节点上电流的代数和恒等于零。如规定流入节点电流的参考方向取正号，则流出节点的就取负号。

基尔霍夫电流定律常用于节点，也可以把它推广应用于包围若干个节点的任一假想闭合面(广义节点)。如图 1-27 所示的闭合面包围的是一个三角形电路，它有三个节点，应用 KCL 可列出

$$I_A = I_{AB} - I_{CA}$$
$$I_B = I_{BC} - I_{AB}$$
$$I_C = I_{CA} - I_{BC}$$

上列三式相加便得　　　　　　　$I_A + I_B + I_C = 0$

或　　　　　　　　　　　　　　$\sum I = 0 \tag{1-22}$

可见在任一瞬间，通过任一闭合面的电流的代数和恒等于零。

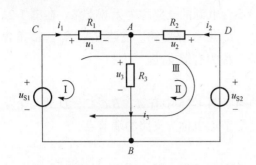

图 1-26　KCL、KVL 分析示例

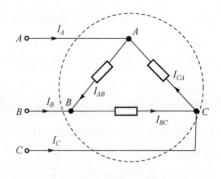

图 1-27　广义 KCL 示例

例 1-5　电路如图 1-28 所示，已知 $i_1 = -2A$，$i_4 = 3A$，$i_5 = -4A$，求流经电阻 R_2、R_3 的电流。

解　在应用 KCL 之前，应先设定 R_2、R_3 两支路电流的参考方向，如图 1-28 所示。将 KCL 应用于节点 B，可得

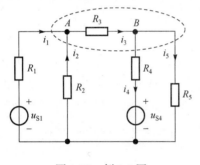

图 1-28　例 1-5 图

$$i_3 = i_4 + i_5 = 3 + (-4) = -1(A)$$

再将 KCL 应用于节点 A，可得

$$i_1 + i_2 = i_3$$

即

$$i_2 = i_3 - i_1 = (-1) - (-2) = 1(A)$$

i_2 也可以通过将 KCL 应用于虚线所示的闭合面来求，即由

$$i_1 + i_2 = i_4 + i_5$$

得

$$i_2 = i_4 + i_5 - i_1 = 3 + (-4) - (-2) = 1(A)$$

由本例可知，式中有两套正负号，i 前的正负号是由 KCL 根据电流的参考方向确定的，括号内数字前的正负号则是表示电流本身数值的正负。

1.5.3　基尔霍夫电压定律

基尔霍夫电压定律(KVL)又称基尔霍夫第二定律，是描述回路中各支路电压约束关系的定律，实质是能量守恒定律的体现。基尔霍夫电压定律指出：对于任一电路中的任一回路，在任一时刻，沿该回路绕行一周途经各元件或支路电压的代数和等于零。其数学表达式为

$$\sum u = 0$$

沿回路绕行一周回到原出发点时，该点的电位是不会发生变化的，即电路中任一点瞬时电位具有单值性。

在应用 KVL 时，需先指定好回路，从该回路中的任一点出发，按顺时针方向或逆时针方向沿回路绕行一周，并指定各电压的参考方向，然后根据各电压方向与回路绕行方向是否一致来决定求和过程中的正和负。若元件或支路电压参考方向与回路绕行方向相同应取正号，相反则取负号。例如，对图 1-26 中的回路Ⅲ应用 KVL，可得回路电压方程：

$$u_1 - u_2 + u_{S2} - u_{S1} = 0 \tag{1-23}$$

它反映了构成回路Ⅲ的各元件电压之间的约束关系。

对图 1-26 所示回路Ⅲ再应用欧姆定律可得

$$i_1 R_1 - i_2 R_2 + u_{S2} - u_{S1} = 0$$

即

$$i_1 R_1 - i_2 R_2 = u_{S1} - u_{S2}$$

或

$$\sum(iR) = \sum u_S \tag{1-24}$$

式(1-24)是 KVL 的另一种数学表达式。该式说明：任一回路内，电阻上电压降的代数和等于电压源的代数和。

KVL 通常应用于回路，但对于一段不闭合回路或称一条路径也可以应用。例如，对图 1-29 所示的一段电路，由于在节点①、②之间并无支路相连而没有形成回路。但可以设想在①、②之间有一条支路，如图中虚线所示，该支路实际上是开路的，并设其电压为 u_{12}，于是按图中所示的回路方向应用 KVL，可得

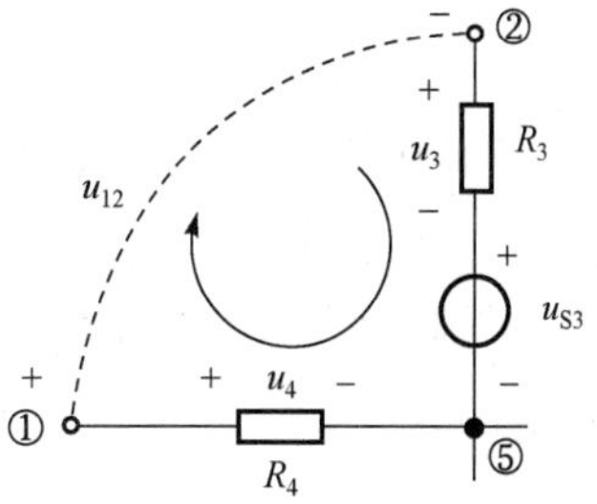

$$u_{12} + u_3 + u_{S3} - u_4 = 0$$

由此可进一步求得①、②两点之间的电压为

图 1-29　广义 KVL 示例

$$u_{12} = u_4 - u_{S3} - u_3 \tag{1-25}$$

式(1-25)表明，电路中任意两点之间的电压等于由起点到终点沿途各电压的代数和，电压方向与路径方向(由起点到终点的方向)一致时为正，相反时为负。

式(1-25)还表明，①、②两端开口电路的电压等于①、②两端另一支路各段电压之和，这表明电路中任意两点间的电压与所选择路径无关。

例 1-6　求图 1-30 所示电路中 I_1、I_2、I_3、I_x 和 U_1、U_S 及 U_{ac}。已知 $R_1 = 5\Omega$，$R_3 = 4\Omega$，$U = 10\text{V}$。

解　在图 1-30 电流参考方向下，由 KCL 可求出各电流如下。

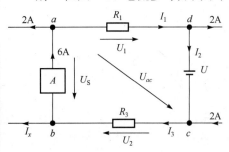

图 1-30　例 1-6 图

a 节点处：　　$6 - 2 - I_1 = 0$　　得 $I_1 = 4\text{A}$

d 节点处：　　$I_1 - 2 - I_2 = 0$　　得 $I_2 = 2\text{A}$

c 节点处：　　$I_2 + 2 - I_3 = 0$　　得 $I_3 = 4\text{A}$

b 节点处：　　$I_3 - 6 - I_x = 0$　　得 $I_x = -2\text{A}$

在此例中还可以用广义 KCL 求 I_x，则有

$$2 - 2 - 2 - I_x = 0$$

$$I_x = -2\text{A}$$

根据 KVL，可求出 U_S 电压。在 $adcba$ 回路按顺时针方向绕行，列写 KVL 方程得

$$U_1 + U + U_2 - U_S = 0$$

根据欧姆定律求得

$$U_1 = I_1 R_1 = 4 \times 5 = 20(\text{V})$$

$$U_2 = I_3 R_3 = 4 \times 4 = 16(\text{V})$$

故
$$U_S = 20 + 10 + 16 = 46(\text{V})$$

根据 KVL 在开口电路中的应用，得
$$U_{ac} = U_{ad} + U_{dc} = U_1 + U = 30\text{V}$$

或
$$U_{ac} = U_{ab} + U_{bc} = U_S - U_2 = 30\text{V}$$

从该例电压 U_{ac} 的计算结果也可以看出，两点间的电压与路径选择无关。需要注意：不论是应用基尔霍夫定律或欧姆定律，首先都要在电路图上标出电压、电流的参考方向，因为所列方程中各项前的正、负号是由它们的参考方向决定的，如果方向选得相反，则会相差一个负号。

在分析电子电路时，常会用到电位的求解与计算，前面介绍了电位、电压和电动势的联系和区别，也能够计算出两点间的电压，但不能计算出某一点的电位值。下面通过例题来说明电位的求解方法。

例 1-7 在图 1-31 所示的电路中，求当开关 S 断开和闭合两种情况下 A 点的电位 V_A。

解 图中电源采用的是电源的简记画法。

A 点的电位 V_A 即 A 点与参考点间的电压。

(1) 当开关 S 断开时，图示电路可画为图 1-32(a)所示电路，可得
$$\frac{-12 - U_A}{(6+4) \times 10^3} = \frac{U_A - 12}{20 \times 10^3}, \qquad U_A = -4\text{V}$$

(2) 当开关 S 闭合时，原电路可画为图 1-31(b)所示电路，可得
$$\frac{U_B - U_A}{4 \times 10^3} = \frac{U_A - 12}{20 \times 10^3}$$

求得
$$U_A = 2\text{V}$$

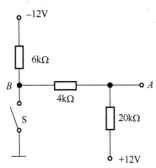

图 1-31　例 1-7 图

思考练习 1.5

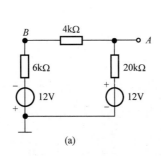

(a)

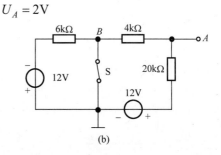

(b)

图 1-32　开关状态改变时对应电路

第1章小结

读者可通过本例题自行计算检验，电路中某点的电位将随参考点的不同而不同；两点间的电压将不随电位参考点的改变而变化，即保持不变。

阅读与应用

受控源简介

● 受控源

在某些电路中，还存在这样的电源：它不能独立存在，它的电压或电流受电路中其他

某处电压或电流的控制，这种电源称为受控电源，简称受控源。它实际是某些电子器件的理想化模型。

历 史 人 物

基尔霍夫简介

基尔霍夫(Gustav Robert Kirchhoff, 1824—1887 年)是德国物理学家。他对电路理论和光谱学基本原理有重要贡献，两个领域中各有根据其名字命名的基尔霍夫定律。

历 史 故 事

电话发明

当你拿起电话筒向远方的亲人问候，或向异地相思的恋人传递绵绵情意时，你想不想知道当初把这种两地通话、妙不可言的设想变为现实的人是谁?原来这个发明家并非电学专家，而是个语音学者，他的名字叫贝尔。

习 题 1

1-1　题 1-1 图中各方框代表一段电路,在图示参考方向下,已知各电压、电流的数值分别为 $u_1 = 6\text{V}$, $i_1 = 2\text{A}$; $u_2 = 6\text{V}$, $i_2 = -20\text{mA}$; $u_3 = -6\text{V}$, $i_3 = 3\text{A}$; $u_4 = -6\text{V}$, $i_4 = -0.5\text{A}$。

(1) 指出各段电路电压、电流的实际方向;

(2) 计算各段电路吸收的功率,并说明实际是吸收还是发出。

1-2　求题 1-2 图所示各元件或电路的功率。图中 $u_1 = 2\text{V}$, $i_1 = 0.3\text{A}$, $u_2 = -3\text{V}$, $i_2 = 0.8\text{A}$, $u_S = 5\text{V}$, $i = 1\text{mA}$。

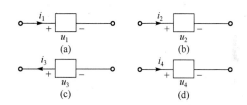

题 1-1 图

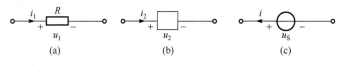

题 1-2 图

1-3　在题 1-3 图所示电路中,已知 $I_1 = 3\text{mA}$, $I_2 = 1\text{mA}$,试确定电路元件 3 中的电流 I_3 和其端电压 U_3 ,并说明它是电源还是负载,校验整个电路功率是否平衡。

习题1答案1

1-4　有一直流电源如题 1-4 图所示,其额定功率 $P_N = 200\text{W}$,额定电压 $U_N = 50\text{V}$,内阻 $R_0 = 0.5\Omega$,负载 R 可调,电路如图所示,求:

(1) 额定工作状态下电流及负载电阻;

(2) 开路状态下的电源端电压;

(3) 电源短路时的电流。

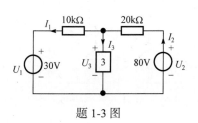

题 1-3 图

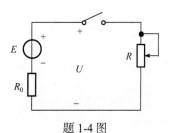

题 1-4 图

1-5　题 1-5 图中已知电导 $G = 0.2\mathrm{S}$，电压 $u = 10\cos 100t$ V，求电流 i 和功率 p。

1-6　题 1-6 图中已知电容 $C = 1\mu\mathrm{F}$，电压 $u = 10\cos 1000t$ V，求电流 i。

1-7　题 1-7 图中已知电感 $L = 0.1\mathrm{H}$，电流 $i = 0.1\cos 1000t$ A，求电压 u。

题 1-5 图　　　　　　　　题 1-6 图　　　　　　　　题 1-7 图

1-8　题 1-8 图(a)所示电容器，$C = 1\mu\mathrm{F}$，其端电压的波形如题 1-8 图(b)所示。

(1) 画出电流 i 的波形；

(2) 画出功率 p 及储能 w 的波形。

1-9　题 1-9 图中已知电容 $C = 1\mu\mathrm{F}$，电压 u、电流 i 参考方向如图(a)所示，电流 i 的波形如图(b)所示，若初始电压 $u(0) = 0$，

(1) 求电压 u 并画出其波形；

(2) 求 $t_1 = 1\mathrm{s}$ 时电容的储能。

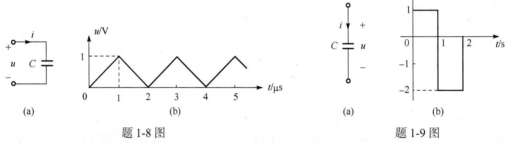

习题1答案2

题 1-8 图　　　　　　　　　　　　　　题 1-9 图

1-10　题 1-10 图(a)为电感元件，其电流如图(b)所示，试画出其电压 u 的波形。

1-11　题 1-11 图中已知电感 $L = 2\mathrm{H}$，电压、电流参考方向如图(a)所示，电压 u 的波形如图(b)所示，若初始电流 $i(0) = 0$，

(1) 求电流 i 并画出其波形；

(2) 求 $t = 2\mathrm{s}$ 时电感的储能。

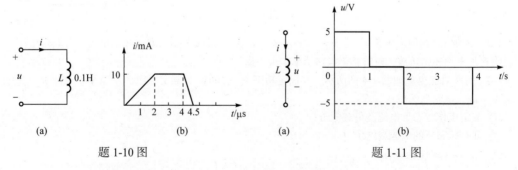

题 1-10 图　　　　　　　　　　　题 1-11 图

1-12　求题 1-12 图中各元件功率，指出它们是消耗还是产生功率。

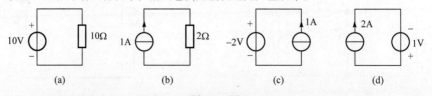

(a)　　　　　　(b)　　　　　　(c)　　　　　　(d)

题 1-12 图

1-13　求题 1-13 图中各元件的电压、电流和功率。

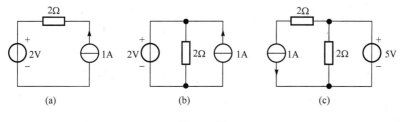

(a)　　　　　　　(b)　　　　　　　(c)

题 1-13 图

1-14　电路如题 1-14 图所示，求各电路中标示出的电压和电流的值。

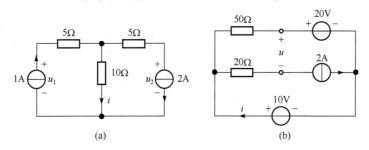

(a)　　　　　　　　　　(b)

题 1-14 图

习题1答案3

1-15　求题 1-15 图所示电路的 I 、U 。

1-16　求题 1-16 图所示电路中的电压 U_{ab} 、U_{bc} 、U_{ca} 。

1-17　求题 1-17 图所示电路中的电流 I 。

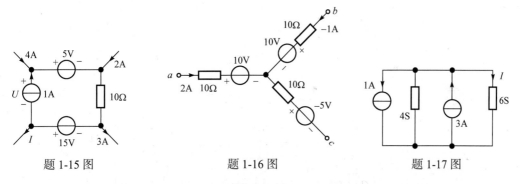

题 1-15 图　　　　　　题 1-16 图　　　　　　题 1-17 图

1-18　一只 110V、8W 的指示灯，现接在 380V 的电源上，问需串联多大阻值的电阻?

1-19　在题 1-19 图所示电路中，要在 12V 的直流电源上使 6V、50mA 的电灯正常发光,应用哪个连接电路?

1-20　在题 1-20 图所示电路中，$I_1 = 0.01\mu A$，$I_2 = 0.3\mu A$，$I_5 = 9.61\mu A$，求 I_3 、I_4 、I_6 。

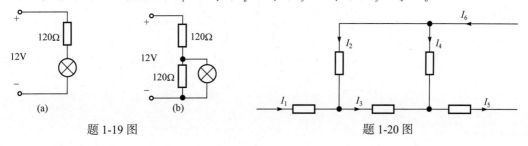

(a)　　　　　　　(b)

题 1-19 图　　　　　　　　　题 1-20 图

1-21 在题 1-21 图所示电路中，$U_1 = 10\text{V}, E_1 = 4\text{V}, E_2 = 2\text{V}, R_1 = 2R_2 = 4\Omega, R_3 = 5\Omega$， a 、 b 间处于开路状态，试计算开路电压 U_{ab} 。

1-22 试求题 1-22 图所示电路的 A 点和 B 点的电位。

1-23 求题 1-23 图所示电路中 A 点、 B 点的电位，如将 A 、 B 两点直接连接或接一电阻，对电路有无影响？

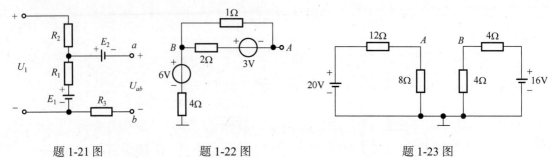

习题1答案4

题 1-21 图   题 1-22 图   题 1-23 图

1-24 求题 1-24 图所示电路中 A 点电位 V_A 。

1-25 电路如题 1-25 图所示，已知 $i = 2\text{A}$ ，求电阻 R 及各电源功率。

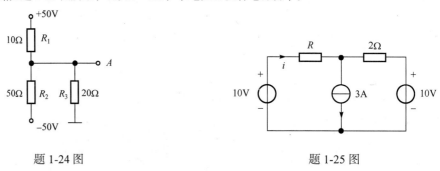

题 1-24 图   题 1-25 图

1-26 电路如题 1-26 图所示，若 $i_1 = i_2 = 1\text{A}$ ，求电阻 R 。

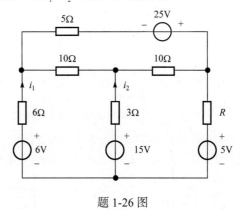

题 1-26 图

第2章　电路的基本分析方法和基本定理

章节导读

对电路的分析与计算要应用欧姆定律和基尔霍夫定律。若电路较为复杂，计算过程会变得繁复。因此，必须寻找进行电路分析与计算更简便的方法。本章在第 1 章的基础上，针对由线性电阻和电源构成的线性电路，重点介绍较复杂电路的等效变换法、支路电流法、叠加定理、戴维南定理及诺顿定理,重点掌握利用这些常用的基本方法和定理进行电路分析和等效化简，为后续学习打下电路解析的基础。

知 识 点

(1) 等效电路的概念。

(2) 无源电阻电路的等效变换。

(3) 含源电阻电路的等效变换。

(4) 支路电流法。

(5) 叠加定理。

(6) 戴维南定理和诺顿定理。

(7) 负载获得的功率。

掌　　握

(1) 等效电路的概念。

(2) 无源电阻电路的串、并联等效化简。

(3) 实际电源的两种电路模型及其等效互换。

(4) 支路电流法的特点及应用。

(5) 叠加定理的理解及应用。

(6) 戴维南定理的理解及应用。

(7) 负载获得最大功率的条件。

了　解

(1) 无源电阻电路的 Y–△ 等效变换。

(2) 诺顿定理的应用。

(3) 负载获得的功率。

2.1　等效的概念

进行电路分析时，常可以把电路中较为复杂的部分用简单的其他的电路代换，若将图 2-1(a)虚框内的部分用图 2-1(b)中的电阻 R 来代换，明显可以看出整个电路简单了，后续的电路分析相应也会变得简单。二者是否可以代换，关键要看代换前后 a、b 端子间的电压 u 和电流 i 的关系，若保持不变，则可以说，二者在整个电路中的效果是相同的，这就是"等效"的含义。

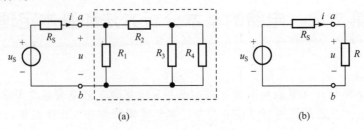

图 2-1　等效电路示例

一般地说，如果将电路的一部分[图 2-2(a)中的 A]代之以另一部分[图 2-2(b)中的 B]，电路其余部分(图 2-2 中的 N)各处的电流和电压(包括端钮间的电压和电流)均保持不变，就称这两部分电路(图 2-2 中的 A 与 B)相互等效。将电路的一部分用与之等效的另一部分代换，称为等效代换或等效变换。两部分电路等效需要满足的条件称为等效条件。

应该注意的是，电流和电压保持不变的部分是等效电路以外的部分，这就是"对外等效"的概念。至于等效电路内部，两者结构显然是不同的，各处的电流和电压没有相互对应的关系，也就没有什么约束条件可言了。

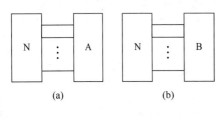

思考练习2.1

图 2-2　等效变换

2.2　无源电阻电路的等效变换

在电路中，电阻的连接形式多种多样，而其中最常用的是电阻的串联、并联、并串联混合、星形和三角形连接。不管电阻是哪种连接形式，它均可以用一个等效电阻来代替，而不影响电路的总电压、总电流和总功率。下面分别讨论其等效电阻的计算。

2.2.1　电阻的串联

各电路元件依次首尾相接，称为串联。其特征是各元件流过同一个电流。

图 2-3(a)所示为 n 个电阻相串联的电路。根据 KVL 及电阻元件的伏安关系，可得

$$u = u_1 + u_2 + \cdots + u_n = R_1 i + R_2 i + \cdots + R_n i = (R_1 + R_2 + \cdots + R_n)i$$

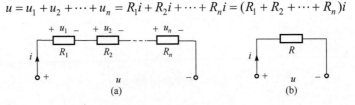

图 2-3　电阻的串联

此时，若用一个电阻 R 代替这 n 个相互串联的电阻，如图 2-3(b)所示，且使

$$R = R_1 + R_2 + \cdots + R_n \qquad (2\text{-}1)$$

显然，电路两端的电压 u 和电流 i 关系不变，则把电阻 R 称为串联电阻的等效电阻。式(2-1)说明，几个电阻相串联，可以等效成一个电阻，且等效电阻的阻值等于相互串联的各个电阻的阻值之和。显然，串联等效电阻的阻值将大于其中任一串联电阻的阻值。

电阻串联时，各个电阻(如第 k 个电阻 R_k)上的电压和总电压的关系为

$$u_k = R_k i = \frac{R_k}{R} u \qquad (k = 1, 2, \cdots, n) \qquad (2\text{-}2)$$

即各个电阻的电压与该电阻的阻值成正比。式(2-2)称为串联分压公式，R_k / R 也称为分压比。

如果电路仅由 R_1 、R_2 两个电阻串联构成，则两个串联电阻上的电压分别为

$$\begin{cases} u_1 = R_1 i = \dfrac{R_1}{R_1 + R_2} u \\[2mm] u_2 = R_2 i = \dfrac{R_2}{R_1 + R_2} u \end{cases} \qquad (2\text{-}3)$$

电阻串联的应用很多，如在负载的额定电压低于电源电压的情况下，通常需要与负载串联一个电阻，以降落一部分电压。有时为了限制负载中通过过大的电流，也可以与负载串联一个限流电阻。另外，也常采用改变串联电阻的大小，以得到不同的输出电压。

2.2.2 电阻的并联

各电路元件首尾两端分别接在一起，称为并联。其特征是各元件两端所加的是同一个电压。

图 2-4(a)所示为 n 个电阻相并联的电路。其中为分析计算方便，各电阻的参数均用电导 G 表示，根据 KVL 及电阻元件的伏安关系，可得

$$i = i_1 + i_2 + \cdots + i_n = G_1 u + G_2 u + \cdots + G_n u = (G_1 + G_2 + \cdots + G_n)u$$

此时，若用一个电阻代换这 n 个相互并联的电阻，如图 2-4(b)所示，且使该电阻的电导

$$G = G_1 + G_2 + \cdots + G_n \qquad (2\text{-}4)$$

显然，电路两端的电压 u 和电流 i 关系不变。把电导 G 称为并联电阻的等效电导。式(2-4)说明，几个电阻相并联，可以等效成一个电阻，且等效电阻的电导值等于相互并联的各个电阻的电导值之和。显然，并联等效电阻的电导值将大于任一并联电阻的电导值。

电阻并联时，各个电阻(如第 k 个电阻，其电导为 G_k)中的电流与总电流的关系为

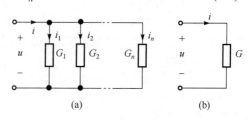

图 2-4 电阻的并联

$$i_k = G_k u = \frac{G_k}{G} i \qquad (k = 1, 2, \cdots, n) \qquad (2\text{-}5)$$

即各个电阻中的电流与该电阻的电导值成正比。式(2-5)称为并联分流公式，其比例系

数 $\dfrac{G_k}{G}$ 称为分流比。

以上电阻并联导出的关系都是用电导 G 作为电阻元件参数得出的结论。如果用电阻 R 作为各并联电阻和等效电阻的参数，则由式(2-4)可得

$$\frac{1}{R} = \frac{1}{R_1} + \frac{1}{R_2} + \cdots + \frac{1}{R_n}$$

$$R = \frac{1}{\dfrac{1}{R_1} + \dfrac{1}{R_2} + \cdots + \dfrac{1}{R_n}} \tag{2-6}$$

式中，R_1，R_2，$\cdots$，R_n 为 n 个相互并联的电阻的阻值，R 为其等效电阻的阻值。显然，并联等效电阻的阻值将小于任一并联电阻的阻值。如果 n 个相同的电阻 r 相并联，则其等效电阻为 $R = \dfrac{r}{n}$。

在电路分析中，经常遇到两个电阻相并联的情形，如图 2-5 所示。此时，其并联等效电阻由式(2-6)推导得出为

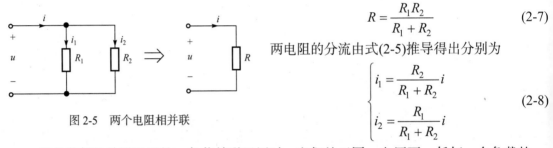

图 2-5　两个电阻相并联

$$R = \frac{R_1 R_2}{R_1 + R_2} \tag{2-7}$$

两电阻的分流由式(2-5)推导得出分别为

$$\begin{cases} i_1 = \dfrac{R_2}{R_1 + R_2} i \\[3mm] i_2 = \dfrac{R_1}{R_1 + R_2} i \end{cases} \tag{2-8}$$

一般负载都是并联运用的。负载并联运用时，它们处于同一电压下，任何一个负载的工作情况基本上不受其他负载的影响。并联的负载电阻越多(负载增加)，则总电阻越小，电路中总电流和总功率也就越大，但是每个负载的电流和功率却没有变动(严格地讲，基本上不变)。

2.2.3　电阻的混联

如果相互连接的各个电阻之间既有串联又有并联，则称为电阻的混联或串并联。对于这种电路，可根据其串、并联关系逐次对电路进行等效变换或化简，最终等效成一个电阻。

例 2-1　图 2-6 为电阻串并联电路，求 a、b 两点间的等效电阻 R_{ab}。

解　由于电路连接比较复杂，串并联关系不易一下看清，为此首先根据电阻串联和并联的特征，将电路改画成图 2-7(a)所示的形式，从而清楚地显示电阻中串、并联关系，然后再用等效电阻进一步简化电路图。等效后，电路如图 2-7(b)所示，最终结果如图 2-7(c)所示。

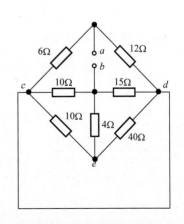

图 2-6　例 2-1 图

$$R_{ab} = (6//12) + [(10//40) + 4]//(10//15) = 8(\Omega)$$

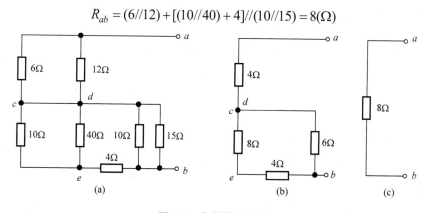

图 2-7 化简等效电路

2.2.4 电阻的星形和三角形连接

在电路中，各电路元件之间的相互连接，有时既非串联，也非并联。如图 2-8(a)所示的桥形电路(又称电桥)，各电阻之间的连接就是如此。

电路中，R_1、R_3、R_5 三个元件互相连成一个三角形，三角形的三个顶点就是电路中的三个节点，这种连接称为三角形连接或△连接；R_1、R_2、R_5 三个元件的各一端连在一起形成一个节点，另一端分别接在电路的三个节点上，这种连接称为星形连接或 Y 连接。

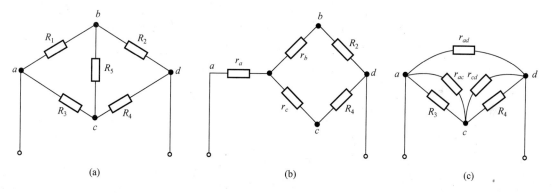

图 2-8 电阻的星形和三角形连接

对于这种电路，就无法用串、并联关系对其进行等效化简。但如果能把 R_1、R_3、R_5 构成的△连接等效变换成 Y 连接，或把由 R_1、R_2、R_5 构成的 Y 连接等效变换成△连接，分别如图 2-8 中(b)、(c)所示，就可以进一步通过串、并联关系对其进行等效化简了。

设电阻的△连接和 Y 连接都是通过三个端子与外部相连的，图 2-9(a)、(b)分别将它们单独画出。图中①、②、③为其与外部电路相连的三个端子，通常就是电路中的三个节点。

根据等效的概念，当两者等效时，两者以外电路的电压、电流应保持不变。具体到图 2-9，当两种连接的对应端子之间分别具有相同的电压 u_{12}、u_{23}、u_{31} 时，流入对应端子的电流也应分别相等，即应有 $i_1 = i_1'$，$i_2 = i_2'$，$i_3 = i_3'$。

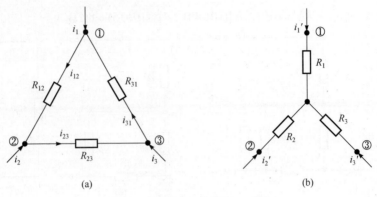

图 2-9　电阻的 △ 连接和 Y 连接

Y-△等效推导

据此就可以导出两者之间相互等效应满足的关系。可以推导出相互等效条件，若已知 Y 连接的三个电阻，欲求等效成 △ 连接的三个电阻时，可用式(2-9)计算：

$$\begin{cases} R_{12} = \dfrac{R_1R_2 + R_2R_3 + R_3R_1}{R_3} = R_1 + R_2 + \dfrac{R_1R_2}{R_3} \\[3mm] R_{23} = \dfrac{R_1R_2 + R_2R_3 + R_3R_1}{R_1} = R_2 + R_3 + \dfrac{R_2R_3}{R_1} \\[3mm] R_{31} = \dfrac{R_1R_2 + R_2R_3 + R_3R_1}{R_2} = R_3 + R_1 + \dfrac{R_3R_1}{R_2} \end{cases} \tag{2-9}$$

若已知 △ 连接的三个电阻，欲求等效成 Y 连接的三个电阻时，可用式(2-10)计算：

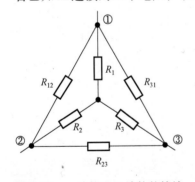

图 2-10　△ 连接和 Y 连接的等效
变换

$$\begin{cases} R_1 = \dfrac{R_{31}R_{12}}{R_{12} + R_{23} + R_{31}} \\[3mm] R_2 = \dfrac{R_{12}R_{23}}{R_{12} + R_{23} + R_{31}} \\[3mm] R_3 = \dfrac{R_{23}R_{31}}{R_{12} + R_{23} + R_{31}} \end{cases} \tag{2-10}$$

为了便于记忆，可将两种连接套画在一起，如图 2-10 所示，并将以上等效互换公式归纳为

$$△电阻(如R_{12}) = \frac{Y电阻两两乘积之和}{相对的Y电阻(如R_3)}$$

$$Y电阻(如R_1) = \frac{相邻两△电阻之积(如R_{31}R_{12})}{△三电阻之和}$$

当一种连接的三个电阻相等时，等效成另一种连接的三个电阻也相等，且有

$$R_△ = 3R_Y \quad 或 \quad R_Y = \frac{1}{3}R_△ \tag{2-11}$$

思考练习2.2

2.3　含源电阻电路的等效变换

电路中存在多个电源元件时，电源元件间也有串联、并联、△ 连接和 Y 连接等不同的

连接形式。本节只介绍其串联和并联形式，△连接和 Y 连接将在第 4 章中引入介绍。

2.3.1　理想电源的串联和并联

图 2-11(a)为三个理想电压源相串联，根据 KVL 其串联总电压为

$$u = u_{S1} - u_{S2} + u_{S3}$$

若用一个 $u_S = u_{S1} - u_{S2} + u_{S3}$ 的理想电压源代换这三个串联的电压源如图 2-11(b)所示，则对外电路显然是等效的。由此可知：n 个理想电压源相串联可以等效为一个理想电压源，等效理想电压源的电压为相互串联各理想电压源电压的代数和，其中方向与等效电源一致者为正，相反为负。

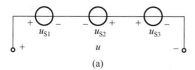

图 2-11　电压源的串联

图 2-12(a)为三个理想电流源相并联，根据 KCL，其并联总电流为

$$i = i_{S1} - i_{S2} + i_{S3}$$

若用一个 $i_S = i_{S1} - i_{S2} + i_{S3}$ 的理想电流源代换这三个并联的理想电流源，如图 2-12(b)所示，则对外电路显然是等效的。由此可知：n 个理想电流源相并联可以等效为一个理想电流源，等效理想电流源的电流为相互并联各理想电流源电流的代数和，其中方向与等效电源一致者为正，相反为负。

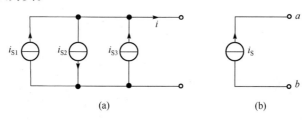

图 2-12　电流源的并联

只有极性一致且电压相等的理想电压源才允许并联，否则将违反 KVL。n 个这样的电压源相并联可以等效为一个同样的理想电压源。但各个电压源所分别提供的电流无法确定，只有这一并联组合对外提供的总电流可以通过外电路确定。

只有方向一致且电流相等的理想电流源才允许串联，否则将违反 KCL。n 个这样的电流源相串联可以等效为一个同样的理想电流源。但各个电流源所分别提供的电压无法确定，只有这一串联组合对外提供的总电压可以通过外电路确定。

此外，电压源和其他任何元件相并联，对外可等效为该电压源，如图 2-13(a)所示；电流源和其他任何元件相串联，对外可等效为该电流源，如图 2-13(b)所示。当然，等效后的电源和原来的电源并不一样，例如，它们提供的功率一般是不同的，但其对 a、b 两端以外的电路(图中网络 N)的作用效果是相同的。这正体现了"对外等效"这一概念。

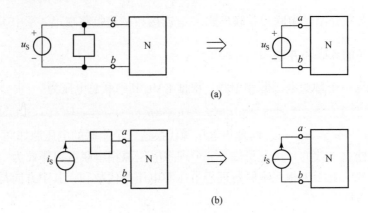

图 2-13   理想电压源、理想电流源的等效

2.3.2   实际电源的串联和并联

一个实际电源可以用两种不同的电路模型来表示：一种是用电压的形式来表示，称为实际电压源；另一种是用电流的形式来表示，称为实际电流源。二者实际都可看作含源的电阻电路。

1. 实际电压源

实际电压源可用理想电压源 u_S 和内阻 R_0 相串联的电路模型表示。

在图 2-14 中，u_S 是电源端电压，R_L 是负载电阻，i 是负载电流。

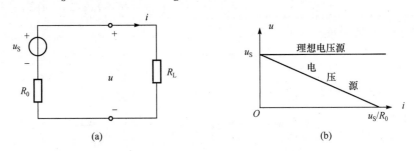

图 2-14   实际电压源模型及外特性

根据图 2-14(a)所示的电路，可得

$$u = u_S - R_0 i \tag{2-12}$$

由此可作出理想和实际电压源的外特性曲线，如图 2-14(b)所示。从实际电压源的外特性可以归纳出以下特点。

(1) 外特性为一条向下倾斜的直线。当负载开路即 $R_L = \infty$ 时，$i = 0$，实际电压源不输出电流，$u = u_S$。随着 i 的增大，R_0 上的压降增大，u 随之下降。R_0 越大，在同样电流值的情况下，u 值下降越大，直线倾斜程度越大，与理想电压源差距越大，特性越差。

(2) 电源内阻 $R_0 = 0$ 时，端电压 u 恒等于 u_S。而其中的电流 i 由负载电阻 R_L 及电压 u_S 本身决定，这样的电压源即 1.4.2 节介绍的理想电压源。

对图 2-15(a)所示的由两个实际电压源相串联的电路，根据 KVL，有

$$u = u_{S1} - R_1 i - u_{S2} - R_2 i = (u_{S1} - u_{S2}) - (R_1 + R_2)i = u_S - Ri$$

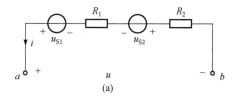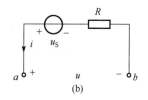

图 2-15 实际电压源串联的等效

这一结果表明，该串联组合可以等效为一个电压源与一个电阻相串联的实际电压源电路，如图 2-15(b)所示。其中

$$u_S = u_{S1} - u_{S2}, \qquad R = R_1 + R_2$$

即等效实际电压源的电压为相互串联的各理想电压源电压的代数和，等效电阻为相互串联各内阻之和。

2. 实际电流源

理想电流源 I_S 与内阻 R_S 的并联电路即为实际电流源的模型。如图 2-16(a)所示，i 为负载 R_L 上的电流，R_S 为与理想电流源并联的内阻，为了和电压源内阻 R_0 区别，此处用 R_S 代替 R_0。根据图 2-16(a)所示电路，可得出

$$i = i_S - \frac{u}{R_S} \tag{2-13}$$

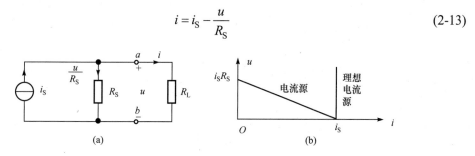

图 2-16 实际电流源模型及外特性

由式(2-13)可作出电流源的外特性曲线，如图 2-16(b)所示。可以看出，电流源的外特性具有以下特点。

(1) 外特性也是一条向下倾斜的直线。当 $R_L = \infty$ 即电流源开路时，$i = 0$，$u = i_S R_S$，随着 R_L 的减小，i 值增大。由于电流源两端的并联电阻值 $R_S /\!/ R_L$ 的减小，输出电压 u 值随之下降，当 $R_L = 0$ 时，即负载短接时，$i = i_S, u = 0$。电流源的内阻 R_S 越小，在同样的 u 值情况下，由于 R_S 的分流越大而使输出的电流 i 越小，电流源的外特性越差。

(2) 电流源的内阻 $R_S = \infty$ 时，i 恒等于 i_S，而且两端电压 u 则是任意的，是由负载电阻 R_L 和电流源 i_S 本身决定的，这样的电流源即 1.4.2 节介绍的理想电流源。

对图 2-17(a)所示的由两个实际电流源相并联的电路，根据 KCL，有

$$i = i_{S1} - G_1 u - i_{S2} - G_2 u = (i_{S1} - i_{S2}) - (G_1 + G_2)u = i_S - Gu$$

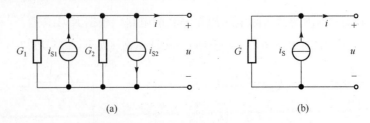

图 2-17　电流源和电阻并联的等效

这一结果表明，该并联组合可以等效为一个理想电流源与一个等效内阻相并联的电路，如图 2-17(b)所示。其中：

$$i_S = i_{S1} - i_{S2} , \qquad G = G_1 + G_2$$

即等效实际电流源的电流为相互并联各理想电流源电流的代数和，等效内阻的电导值为相互并联内阻的电导值之和。

2.3.3　实际电压源和电流源间的等效变换

电压源的外特性[图 2-14(b)]和电流源的外特性[图 2-16(b)]是相同的，因此，实际电压源和电流源相互间是等效的，对图 2-18(a)所示的实际电压源，在图示参考方向下，其对外的电压、电流关系为

$$u = u_S - Ri \tag{2-14}$$

对图 2-18(b)所示的实际电流源，在同样参考方向下，其对外的电压、电流关系为

$$u = R'i' = R'(i_S - i) = R'i_S - R'i \tag{2-15}$$

若两者等效，则其对外的电压、电流关系

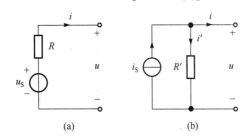

图 2-18　实际电源两种模型的等效互换

应一致，比较式(2-14)和式(2-15)，可得

$$\begin{cases} R = R' \\ u_S = R'i_S \end{cases} \tag{2-16}$$

或

$$\begin{cases} R' = R \\ i_S = \dfrac{u_S}{R} \end{cases} \tag{2-17}$$

式(2-16)是由实际电流源等效变换为实际电压源的对应参数；式(2-17)是由实际电压源等效变换为实际电流源的对应参数。相互等效时，两种组合中的电阻是相等的，可以统一用 R 来表示，可称为实际电源的等效内阻。

电压源和电流源做等效变换时，应注意以下几点：

(1) 电压源和电流源的参考方向在变换前后应保持对外电路等效，即图 2-18(a)和(b)中的 i 和 u 方向应注意对应关系。

(2) 电源的等效变换仅对外电路而言，而对电源内部是不等效的。

(3) 理想电压源和理想电流源不能互相变换，因为两者的外特性完全不同。

在满足等效变换条件下，图 2-18 的两种电源模型对外效果是相同的，可画出任一时刻

其对外的电压、电流关系，如图 2-19 所示，称为外特性。可以看出其外特性是一条与 u、i 两轴分别相交的直线。直线与 u 轴的交点是在 $i=0$ 即对外开路时的电压，称为开路电压，用 u_{oc} 表示；直线与 i 轴的交点是在 $u=0$ 即对外短路时的电流，称为短路电流，用 i_{sc} 表示。则有

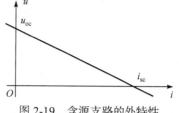

图 2-19　含源支路的外特性

$$R = \frac{u_{oc}}{i_{sc}} \tag{2-18}$$

即含源电路的等效电阻等于其开路电压与短路电流的比值。

在分析和计算电路时，将与恒压源串联的电阻、与恒流源并联的电阻，分别视为各自的内阻，利用电压源与电流源的等效变换，可以使串联连接形式转变为并联形式、并联形式转变为串联形式，从而实现电路的简化。这就是经常采用的等效变换法。

例 2-2　电路如图 2-20(a)所示，$U_S = 10\text{ V}$，$I_S = 2\text{ A}$，$R_1 = 1\Omega$，$R_2 = 2\Omega$，$R_3 = 5\Omega$，$R = 1\Omega$。求：

(1) 利用等效变换将图 2-20(a)中 a、b 两端以左的电路化成最简形式，并求电阻 R 中的电流 I；

(2) 计算恒压源 U_S 中的电流 I_{U_S} 和恒流源 I_S 两端的电压 U_{I_S}。

解　与恒流源 I_S 串联的电阻 R_2 不会影响该支路的电流，若将 R_2 短路，该支路仍向外提供恒流 I_S，因此，不会改变电路中其他元件上的电压、电流分配；同理，与恒压源 U_S 并联的电阻 R_3，也不影响并联支路两端的电压，若将 R_3 开路，电路中其他元件(除 U_S 外)上的电压、电流也不会发生变化。故可将图 2-20(a)所示电路等效化简为图 2-20(b)所示的电路，这样在待求支路中的电压、电流也不会改变。

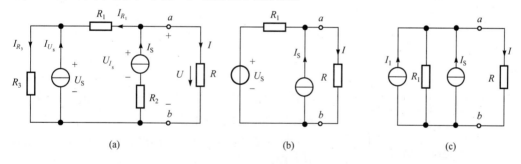

| (a) | (b) | (c) |

图 2-20　例 2-2 图

在图 2-20(b)中，将电压源(U_S、R_1)等效转换为图 2-20(c)中的电流源(I_1、R_1)，于是可得

$$I_1 = \frac{U_S}{R_1} = \frac{10}{1} = 10(\text{A})$$

$$I = \frac{I_1 + I_S}{2} = \frac{10 + 2}{2} = 6(\text{A})$$

应注意，求恒压源 U_S 和电阻 R_3 中的电流和恒流源 I_S 两端的电压以及电源的功率时，

应回到原电路图 2-20(a)中求解。在图 2-20(a)中，有

$$I_{R_1} = I_S - I = 2 - 6 = -4(\text{A})$$

$$I_{R_3} = \frac{U_S}{R_3} = \frac{10}{5} = 2(\text{A})$$

于是，恒压源 U_S 中的电流

$$I_{U_S} = I_{R_3} - I_{R_1} = 2 - (-4) = 6(\text{A})$$

思考练习2.3

恒流源 I_S 的两端电压

$$U_{I_S} = U + R_2 I_S = 1 \times 6 + 2 \times 2 = 10(\text{V})$$

2.4　支路电流法

对于应用电阻串并联等效变换难以进行化简的复杂电路，可以用其他方法进行分析。对于一个具体的电路，可以用不同的方法进行分析，得出的结论是一致的。但方法选择恰当，可使分析过程避繁就简，取得事半功倍的效果。在计算复杂电路的各种方法中，支路电流法是最基本的分析方法。

以各支路电流为网络变量列方程求解的分析方法，称为支路电流法。实质是应用 KCL 和 KVL 分别对节点和回路列出节点电流和回路电压方程组，从而解出各未知的支路电流。以图 2-21 的电路为例，电路共有 2 个节点、3 条支路。图中电压源和电阻均为已知。设各支路电流分别为 i_1、i_2、i_3，方向如图 2-21 所示。在 a、b 两个节点处分别应用 KCL，可以列出以下两个节点电流方程。

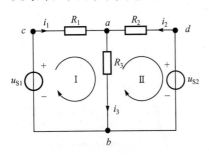

图 2-21　示例图

节点 a 　　　　$i_1 + i_2 - i_3 = 0$ 　　　　(2-19)

节点 b 　　　　$-i_1 - i_2 + i_3 = 0$ 　　　(2-20)

式(2-19)和式(2-20)相同，这说明只能列出一个独立方程。一般地说，对具有 n 个节点的电路只能列出 $(n-1)$ 个独立的 KCL 方程。现由 KCL 只列出一个独立的节点电流方程。要确定 3 个未知电流，还需要两个方程，可以运用 KVL 列出。

图 2-21 电路共有 3 个回路，应用 KVL 可以列出三个方程：

回路 I 　　　　$R_1 i_1 + R_3 i_3 - u_{S1} = 0$ 　　　　(2-21)

回路 II 　　　　$-R_2 i_2 - R_3 i_3 + u_{S2} = 0$ 　　　(2-22)

回路($cadbc$)III 　　　$R_1 i_1 - R_2 i_2 - u_{S1} + u_{S2} = 0$ 　　　(2-23)

显然，式(2-23)是式(2-21)和式(2-22)相加的结果，这说明该式是非独立的方程，只有两个方程是独立的，即按网孔 I、II 列出的两个方程是独立的。

一般而言，当电路中有 b 条支路，n 个节点，可列出 $l = b - (n-1)$ 个独立的 KVL 方程，

其中 l 即为网孔数。为保证所取回路均为独立回路，可使所取的每个回路至少包含一条其他回路所没有的新支路。网孔其实就是一组独立回路。选网孔作为一组独立回路既方便又直观。

综上所述，用支路法分析电路的步骤归纳如下：设电路中有 b 条支路，n 个节点，

(1) 设定各支路电流方向；

(2) 由 KCL 列出 $n-1$ 个独立的节点电流方程；

(3) 由 KVL 列出余下的 $b-n+1$ 个独立的回路电压方程；

(4) 将以上所得 b 个方程联立求解，求出各支路电流。

例 2-3　在图 2-22 所示电路中，已知 $U_S=100\text{ V}$，$I_S=9\text{A}$，$R_1=20\ \Omega$，$R_2=4\ \Omega$，$R_3=5\ \Omega$，用支路电流法求各未知的支路电流。

解　该电路有 2 个节点、4 条支路、6 个回路。设除电流源支路外的其余各支路电流分别为 I_1、I_2、I_3，参考方向如图 2-22 所示。

将 KCL 应用于节点 a，可列出

$$I_1+I_S-I_2-I_3=0$$

将 KVL 分别应用于回路 I 和回路 II，可列出

$$R_1I_1+R_2I_2-U_S=0$$
$$R_3I_3-R_2I_2=0$$

将各元件数值代入上述方程，整理得

$$\begin{cases} I_1+9-I_2-I_3=0 \\ 20I_1+4I_2-100=0 \\ 5I_3-4I_2=0 \end{cases}$$

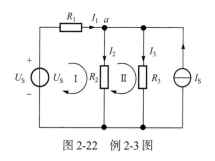

图 2-22　例 2-3 图

解得 $I_1=3.6\text{A}$，$I_2=7\text{A}$，$I_3=5.6\text{A}$

需要注意的是，图 2-22 中电路有一条电流源支路，在列写 KVL 方程时，应尽量采用不包含电流源的独立回路进行列写；如若必须列写包含电流源回路的 KVL 方程，要注意电流源两端的电压是未知的，可增设电流源两端的电压为新的变量，通过增补方程式完成列写，读者可自行完成方程列写。

支路电流法的缺点是，当电路较为复杂时，未知变量多，联立的方程数目多，求解过程较繁杂。

思考练习2.4

2.5　叠 加 定 理

线性电路的一个显著特点就是具有叠加性，归纳总结即为线性电路的叠加定理，它是线性电路中的一条重要定理，叙述如下。

在线性电路中，电路某处的电流或电压(即响应)等于各独立源(即激励)分别单独作用时在该处产生的电流或电压的代数和，数学表达式为

$$x=\sum_{j=1}^{n}k_je_j$$

式中，x 为电路的响应，可以是电路中任何一处的电流或电压；e 为电路的激励，可以是

独立电压源的电压，也可以是独立电流源的电流；k 为常数，由网络结构和元件参数决定。

利用叠加定理分析线性电路时，实质就是把一个多电源的复杂电路化为几个单电源电路计算，然后进行叠加。各个激励分别作用时的电路称为相应激励下的分电路，这样就把各个激励对电路的作用分别进行考虑和计算，为进一步分析电路提供了方便。某电源不作用时，该电源应置零。对电压源而言，该电源处应代之以短路；对电流源而言，该电源处应代之以开路。

例2-4 用叠加定理(也称叠加法)计算图 2-23(a)中各支路电流及3Ω 电阻吸收的功率。其中 $R_1 = 6\Omega$，$R_2 = 2\Omega$，$R_3 = 3\Omega$，$I_S = 10A$，$U_S = 6V$。

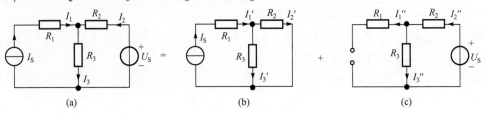

图 2-23 例 2-4 图

解 恒流源 I_S 和恒压源 U_S 单独作用时的分电路如图 2-23(b)和(c)所示。当恒流源 I_S 单独作用时，恒压源置零，相当于短路，分电路如图 2-23(b)所示，此时有

$$I_1' = I_S = 10A$$

$$I_2' = \frac{R_3}{R_2 + R_3} I_S = 6A$$

$$I_3' = \frac{R_2}{R_2 + R_3} I_S = 4A$$

当恒压源 U_S 单独作用时，分电路如图 2-23(c)所示。此时，由于恒流源置零，相当于开路，则 $I_1'' = 0$，$I_2'' = I_3'' = \dfrac{U_S}{R_2 + R_3} = 1.2A$。

两个电源共同作用时，电流取各分电流的代数和。

$$I_1 = I_1' - I_1'' = 10A$$

$$I_2 = I_2'' - I_2' = -4.8A$$

$$I_3 = I_3'' + I_3' = 5.2A$$

3Ω 电阻吸收的功率为

$$P = 3I_3^2 = 3 \times (5.2)^2 = 81.12(W)$$

在该例中，两电源各自单独作用时，3Ω 电阻吸收的功率分别是

$$P' = 3(I_3')^2 = 3 \times 4^2 = 48(W)$$

$$P'' = 3(I_3'')^2 = 3 \times 1.2^2 = 4.32(W)$$

显然

$$P \neq P' + P''$$

这说明，功率不能像电流或电压那样进行叠加，这是因为功率与电流或电压之间不呈线性关系。

例 2-5　图 2-24 电路中 N 为不含独立源的线性电阻网络，若 $u_S = 10\text{V}$ ，$i_S = 2\text{A}$ 时，$i = 3\text{A}$ ；$u_S = 0$ ，$i_S = 3\text{A}$ 时，$i = 1.2\text{A}$ 。求 $u_S = 10\text{V}$ ，$i_S = 2.5\text{A}$ 时的电流 i 。

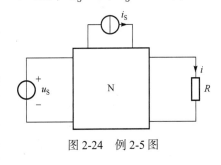

图 2-24　例 2-5 图

解　电路中 u_S 与 i_S 为两个激励，i 为响应，根据叠加定理，有

$$i = k_1 u_S + k_2 i_S \tag{1}$$

将已知条件代入，得

$$\begin{cases} 10k_1 + 2k_2 = 3 \\ 3k_2 = 1.2 \end{cases}$$

解得

$$k_1 = 0.22 , \quad k_2 = 0.4$$

将 k_1 、k_2 之值及 $u_S = 10\text{V}$ ，$i_S = 2.5\text{A}$ 代入式(1)，可得

$$i = 0.22 \times 10 + 0.4 \times 2.5 = 3.2(\text{A})$$

总结以上各例，应用叠加法时应注意的问题归纳如下：

(1) 叠加定理适用于线性电路中的电流或电压；叠加为取代数和，应在原电路和各分电路中标出待求量(电流或电压)的参考方向，根据各分电路中所求电流或电压与原电路中所求电流或电压的方向是否一致来决定取和过程中的"+"或"–"，不要将运算时"加"、"减"符号与代数值的正、负符号相混淆。

(2) 在各分电路中，原电路中所有电阻均应当保留。不作用的电源应置零，即电压源处应短路，电流源处应开路。

(3) 各独立源作用情况可以逐个考虑，也可以分组考虑。

(4) 功率不能通过叠加计算。

从数学上来看，叠加定理就是线性方程的可加性。前面讲过的支路电流法得出的都是线性代数方程，因此，支路电流可以用叠加定理来求解，但功率计算就不能用叠加定理。

在线性电路中，当所有的激励(电压源和电流源)都同时增大或缩小若干倍时，响应(电流或电压)也将增大或缩小同样的倍数。这就是齐性定理(或称齐性原理)。显然，当电路中只有一个激励时，响应将与激励成正比。对于梯形电路常使用基于齐性定理的倒推法来求解响应。

齐性定理

倒推法

思考练习2.5

2.6　戴维南定理和诺顿定理

2.6.1　戴维南定理

凡是只有一个输入或输出端口的电路都称为二端网络。内部不含有电源的二端网络称为无源二端网络，含有电源的二端网络称为有源(含源)二端网络。图 2-25(a)左边 N_S 为一个含有独立源的线性二端电阻网络(简称为线性含源二端网络)，右边的小方框是与 N_S 相连的外电路，它可以是一条任意的支路，也可以是一个任意的二端网络。如果外电路断开，如图 2-25(b)所示，由于 N_S 内部含有独立源，此时在 a、b 两端会有电压，称这一电压为 N_S 的开路电压，用 u_{oc} 表示。若把 N_S 中所有的独立源均置零，即把 N_S 中的独立电压源代之以短路，独立电流源代之以开路，得到的二端网络用 N_0 表示，如图 2-25(c)所示，N_0 可以等效成一个电阻，用 R_0 表示。

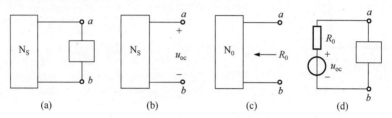

图 2-25　戴维南定理等效电路图

戴维南定理指出：一个含有独立源的线性二端电阻网络，对外可以等效为一个电压源和一个电阻相串联的电路。此电压源的电压等于该二端网络的开路电压，电阻则等于该二端网络中所有独立源均置零时的等效电阻。根据戴维南定理，图 2-25(a)所示电路可等效为图 2-25(d)所示电路。图中取代 N_S 的 u_{oc} 与 R_0 的串联组合称为 N_S 的戴维南等效电路，u_{oc} 与 R_0 则称为戴维南等效电路的参数。用戴维南等效电路取代 N_S 之后，外电路中的电压和电流均将保持不变。这又一次体现了"对外等效"的概念。

应用戴维南定理，可以把一个任意复杂的含源二端电阻网络等效成一个电压源和一个电阻的串联组合，使电路得到简化，为进一步分析提供了方便。其关键在于确定含源二端电阻网络的等效参数 u_{oc} 与 R_0。

例 2-6　求图 2-26(a)电路的戴维南等效电路。

解　(1) 求该电路的开路电压 u_{oc}。

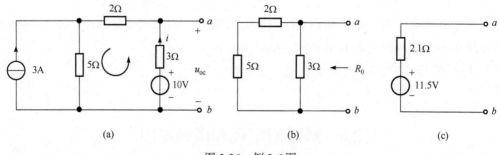

图 2-26　例 2-6图

设开路电压 u_{oc} 和电流 i 的方向如图 2-26(a)所示。因 a、b 端开路，按图中回路方向可列出回路 KVL 方程

$$(3+2)i + 5(i+3) = 10$$

解得

$$i = -0.5\text{A}$$

故　　　　　　$$u_{\text{oc}} = 10 - 3i = 10 - 3 \times (-0.5) = 11.5(\text{V})$$

(2) 求其等效电阻 R_0。

将电路中所有独立源均置零，即将电压源用短路替代，将电流源用开路替代，得电路如图 2-26(b)所示，由此求得

$$R_0 = \frac{3 \times (2 + 5)}{3 + (2 + 5)} = 2.1(\Omega)$$

由以上可得图 2-26(a)电路的戴维南等效电路如图 2-26(c)所示。

实际电路分析中，若需求解电路中某一支路的电压或电流，可以先把该支路以外的电路视为含源二端网络，应用戴维南定理将其等效化简，再做进一步的分析，这是利用戴维南定理进行电路分析的常用思路。

例 2-7　在图 2-27(a)所示电路中，已知 $U_{\text{S1}} = 8\text{V}, U_{\text{S2}} = 5\text{V}, I_{\text{S}} = 3\text{A}$，$R_1 = 2\Omega, R_2 = 5\Omega$，$R_3 = 2\Omega, R_4 = 8\Omega$。试用戴维南定理求通过负载 R_4 的电流。

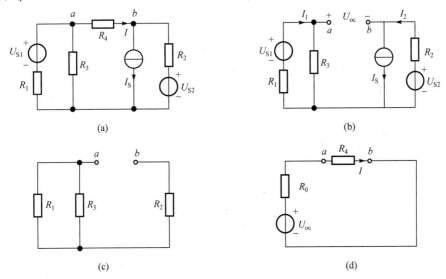

图 2-27　例 2-7 图

解　(1) 将待求支路两端断开，使剩下的电路成为有源二端网络，如图 2-27(b)所示。

(2) 求出有源二端网络的开路电压 U_{oc}。由图 2-27(b)可求出：

$$I_1 = \frac{U_{\text{S1}}}{R_1 + R_3} = 2\text{A}$$

$$I_2 = I_{\text{S}} = 3\text{A}$$

$$U_{\text{oc}} = I_1 R_3 - U_{\text{S2}} + I_2 R_2 = 14\text{V}$$

(3) 求等效电阻 R_0。等效除源后电路如图 2-27(c)所示，有

$$R_0 = R_1 // R_3 + R_2 = 6\Omega$$

(4) 通过 R_4 的电流 I。把去掉的支路即电阻 R_4 接入戴维南等效电路中，如图 2-27(d)所示，则流过电阻 R_4 的电流为

$$I = \frac{U_{oc}}{R_0 + R_4}$$

代入数据得

$$I = \frac{14}{6+8} = 1(\text{A})$$

综上所述，运用戴维南定理的解题步骤一般如下：

(1) 待求电路(或支路)暂时移开(开路)，得到一个有源二端网络。

(2) 根据有源二端网络的具体结构，用适当方法计算有源二端网络的开路电压 u_{oc}。

(3) 将有源二端网络中的全部电源置零(恒压源短路，恒流源开路)，计算该无源二端网络的等效电阻 R_0。当然，还有外加电源法和开路短路法来求解 R_0，读者可自学掌握。

(4) 画出戴维南等效电路，根据此电路计算待求电压或电流。

2.6.2　最大功率传输定理

一个线性有源二端网络，当外接不同负载时，负载上所获得功率的大小也不同。例如，电子电路中的收音机电路，当接入不同阻值的喇叭时，可发现喇叭发出的音量大小不同，这说明负载上获得的功率不同。那么，在什么条件下，负载能从同一电路中获得最大功率呢？

由戴维南等效电路可知，任一线性的有源二端网络均可以用戴维南等效电路替代。当戴维南等效电路外接负载电阻为 R_L 时，如图 2-28 所示，则负载电阻 R_L 获得的功率为

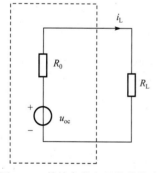

图 2-28　外接负载电阻的戴维南等效电路

$$p_L = i_L^2 R_L = \left(\frac{u_{oc}}{R_0 + R_L}\right)^2 R_L \tag{2-24}$$

由数学分析知，若使 p_L 为最大值，只需对式(2-24)中的 R_L 求导，并令 $\dfrac{\mathrm{d}p_L}{\mathrm{d}R_L}=0$ 即可，即

$$\frac{\mathrm{d}p_L}{\mathrm{d}R_L} = \frac{(R_0 + R_L)^2 - 2R_L(R_0 + R_L)}{(R_0 + R_L)^4} u_{oc}^2$$

$$= \frac{(R_0 - R_L)u_{oc}^2}{(R_0 + R_L)^3} = 0$$

得到

$$R_L = R_0 \tag{2-25}$$

式(2-25)就是负载获得最大功率的条件，当负载电阻 R_L 与给定的含源二端电阻网络(或具有内阻的电源)的内阻 R_0 相等，即 $R_L = R_0$ 时，负载可由给定网络(或电源)获取最大功率。这在工程上称为功率"匹配"，也称为最大功率传输定理。在功率匹配的情况下，负载吸收的最大功率为

$$p_{L\max} = \frac{u_{oc}^2}{4R_0} \tag{2-26}$$

电路在阻抗匹配条件下，负载虽然获得最大功率，但是电源输出功率的效率却仅有 50%，其余 50%的能量损耗于电源内阻上了。在弱电系统中，如通信系统中，通过阻抗匹

配使负载获得最大功率时，尽管效率低，但其传输的功率不大，故电源内阻上的能量损耗也无关紧要。但在强电系统中，因传输的功率很大，如果效率低，则将造成可观的能量损耗，因此应尽量提高效率。

例 2-8　在图 2-27(a)中，求：

(1) R_4 为何值时，可获得最大功率？并求最大功率；

(2) 计算此时电源输出功率的效率。

解　(1) 由最大功率传输定理，当 $R_4 = R_0 = 6\Omega$ 时，R_4 可获得的功率最大，最大功率为

$$P_{L\max} = \frac{U_{oc}^2}{4R_0} = \frac{14^2}{4\times6} = 8.17(\text{W})$$

(2) 电源输出功率的效率为

$$\eta = \frac{I^2 R}{I^2 R_0 + I^2 R} \times 100\% = 50\%$$

计算结果表明：负载获得的最大功率与内阻消耗的功率相等，所以此时负载只获得(等效)电源发出功率的一半。电源输出功率的效率仅有 50%。

2.6.3　诺顿定理

一个线性含源二端电阻网络既然可以等效成一个电压源和一个电阻的串联组合，也就可以等效成一个电流源和一个电阻的并联组合，这就引出了诺顿定理。诺顿定理指出：一个含有独立源的线性二端电阻网络，可以等效成一个电流源和一个电阻相并联的电路。此电流源的电流即为该二端网络的短路电流 i_{sc}，电阻则为该二端网络中所有独立源均置零时的等效电阻 R_0。诺顿定理可通过图 2-29 来说明。仍用 N_S 表示含源二端网络，如图 2-29(a)所示；用 i_{sc} 表示 N_S 二端对外短路时的电流，如图 2-29(b)所示；N_S 中所有独立源均置零时得到的网络仍用 N_0 表示，R_0 仍为 N_0 的等效电阻，如图 2-29(c)所示。根据诺顿定理，图 2-29(a)的电路可等效为图 2-29(d)的电路，图中取代 N_S 的 i_{sc} 与 R_0 的并联组合称为 N_S 的诺顿等效电路，i_{sc} 和 R_0 则为诺顿等效电路的参数。

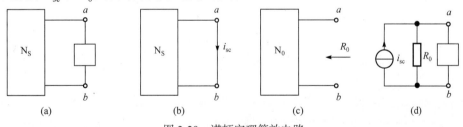

图 2-29　诺顿定理等效电路

诺顿定理在应用时应该注意的问题与戴维南定理一样，只是在求其等效参数时需求短路电流而不是开路电压。两种等效电路共有三个参数：u_{oc}、i_{sc} 和 R_0，而且三者关系为 $u_{oc} = R_0 i_{sc}$。故只要求出其中的任意两个，便可由上述关系求出第三个。例如，可以通过 u_{oc} 和 i_{sc} 求得 $R_0\left(=\dfrac{u_{oc}}{i_{sc}}\right)$。

例 2-9　用诺顿定理求图 2-30(a)中 R 支路中的电流 I。已知 $U_{S1} = 30\text{V}$，$U_{S2} = 24\text{V}$，

$R_1 = 5\Omega$，$R_2 = 3\Omega$，$R = 1\Omega$。

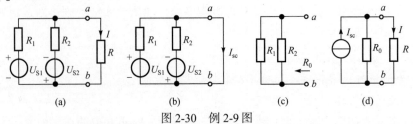

图 2-30　例 2-9 图

解　断开待求支路两端，将有源二端网络用等效电流源代替。

(1) 有源二端网络的短路电流 I_{sc} 由图 2-30(b) 求得

$$I_{sc} = \frac{U_{S1}}{R_1} - \frac{U_{S2}}{R_2} = \frac{30}{6} - \frac{24}{3} = -3(\text{A})$$

(2) 由图 2-30(c) 求无源二端网络的等效内阻 R_0。

$$R_0 = R_1 /\!/ R_2 = \frac{R_1 R_2}{R_1 + R_2} = \frac{6 \times 3}{6 + 3} = 2(\Omega)$$

(3) 求出诺顿等效电路，在 a、b 间接上待求支路 R，如图 2-30(d)，则待求电流 I 为

$$I = \frac{R_0}{R_0 + R} I_{sc} = \frac{2}{2 + 1} \times (-3) = -2(\text{A})$$

思考练习2.6

负号表示设定的参考方向与实际方向相反。

第2章小结

戴维南定理和诺顿定理可以统称为含源二端网络定理，有时也称为等效电源定理或等效发电机原理。

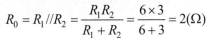
阅读与应用

- **节点电压法**

与支路电流法不同，节点电压法是以电路中的节点电压为未知量的电路分析法。所谓节点电压，就是节点对参考点的电位。节点电压法用于多支路少节点的电路分析，也是进行电路分析的基本方法之一。

节点电压法

- **含受控源电路**

含受控电源的线性电路，均可以用前面所介绍的电路分析方法进行分析与计算。但在对含受控电源电路进行分析与计算时，要注意保留受控电源；做电路变换时，不能把受控电源的控制量变换掉。

含受控源电路

- **非线性电阻电路**

前面讨论的电路中的电阻均为线性电阻，其特点是电阻两端的电压和通过的电流成正比，即电阻、电压和电流三者符合欧姆定律。其中线性电阻值不随其两端电压或通过的电流的变化而变化。如果电阻值随其两端电压或通过电流变化而改变，则称为非线性电阻。对含有非线性电阻的电路，一般都采用图解法进行分析和计算。

非线性电阻
电路

历史人物

戴维南简介

莱昂·夏尔·戴维南(Léon Charles Thévenin, 1857—1926 年)是法国的电信工程师。在研究了基尔霍夫电路定律以及欧姆定律后，他提出了著名的戴维南定理，用于更为复杂

电路的分析与计算。

历 史 故 事

伯乐和千里马的故事，时时刻刻在地球的每个角落上演，因为有了他们，我们的历史得以传承，我们的故事得以延续，我们的智慧得以累加，我们的人生价值更是得到了提升。伟大的科学家法拉第和大化学家戴维之间的小趣事，向人们展示了一个科学家应有的风度和胸襟。

戴维的风度

习　题　2

2-1　求下列各图中二端电阻网络的等效电阻 R_{ab}。

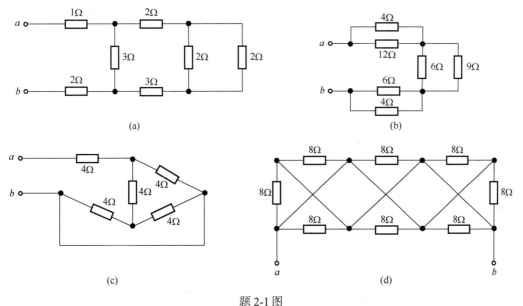

(a)　　　　　　　(b)

(c)　　　　　　　(d)

题 2-1 图

习题2答案1

2-2　在题 2-2 图所示电路中，$R_1 = R_2 = R_3 = R_4 = 300\Omega$，$R_5 = 600\Omega$，求开关 S 断开、闭合时 ab 间的等效电阻。

2-3　题 2-3 图所示电路是直流电动机的一种调速电阻，由四个固定电阻串联而成。利用几个开关的闭合，可得到多种电阻值。设 4 个电阻均为 1Ω，求在下面三种情况下，ab 间的阻值。

(1) S_1、S_5 闭合，其他断开；

(2) S_2、S_3、S_5 闭合，其他断开；

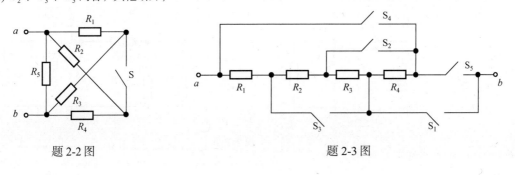

题 2-2 图　　　　　　　　题 2-3 图

(3) S_1、S_3、S_4 闭合，其他断开。

2-4 题 2-4 图所示电路是由电位器组成的分压电路，电位器的电阻 $R_P = 270\Omega$，两边串联电阻 $R_1 = 350\Omega, R_2 = 550\Omega$，设输入电压 $U_1 = 12V$，试求输出电压 U_2 的变化范围。

2-5 题 2-5 图所示电路中，R_{P1}、R_{P2} 是同轴电位器，试求当活动触点 a、b 移到最右端、最左端和中点时 U_{ab} 的大小。

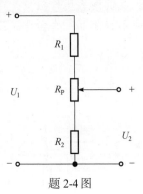

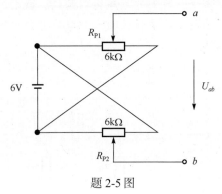

题 2-4 图　　　　　　　　　　　　　　题 2-5 图

2-6 通过等效变换化简下列含源电路(题 2-6 图)。

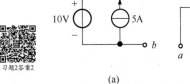

(a)

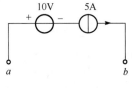

(b)

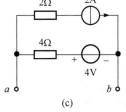

(c)

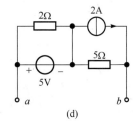

(d)

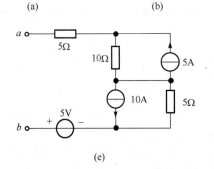

(e)

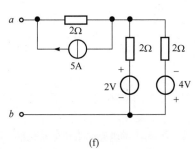

(f)

题 2-6 图

2-7 用电源等效变换方法求题 2-7 图(a)和(b)所示电路的 U 和 I。

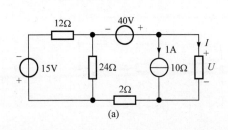

(a)

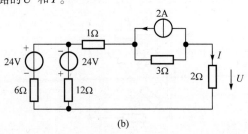

(b)

题 2-7 图

习题2答案2

2-8　在题 2-8 图所示电路中，$U_S = 24V$，$I_S = 2A$，$R_1 = 3\Omega$，$R_2 = R_3 = 6\Omega$，用支路电流法求各支路电流。

2-9　题 2-9 图电路中，已知：$U_{S1} = 30V$，$U_{S2} = 24V$，$I_S = 1A$，$R_1 = 6\Omega$，$R_2 = 12\Omega$，$R_3 = 12\Omega$。用支路电流法求未知支路电流。

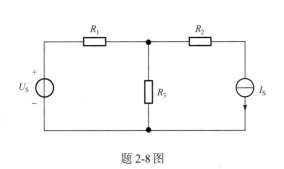
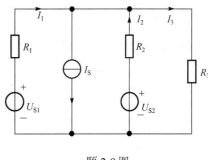

题 2-8 图　　　　　　　　　　　　题 2-9 图

2-10　用支路电流法求题 2-10 图所示电路的各支路电流。

2-11　用支路电流法求题 2-11 图所示电路的各支路电流。

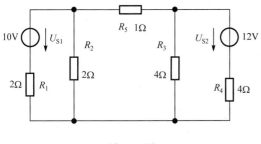
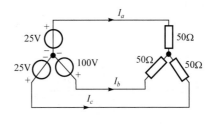

题 2-10 图　　　　　　　　　　　　题 2-11 图

2-12　用支路电流法求题 2-12 图所示电路的各支路电流(列写方程即可)。

2-13　题 2-13 图所示电路中，已知 C 点电位 $V_C = 36V$，$I_{S1} = 7A$，$I_{S2} = 4A$，$R_3 = 14\Omega$，$R_4 = 8\Omega$，$R_5 = 12\Omega$，用基尔霍夫定律求电流 I_1。

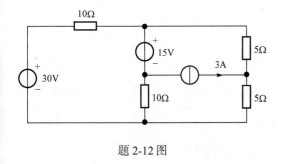
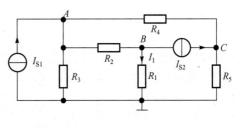

题 2-12 图　　　　　　　　　　　　题 2-13 图

2-14　求题 2-14 图所示电路中 A 点的电位，$U_1 = 12V$，$U_2 = -6V$，$U_3 = 2V$，$R_1 = R_2 = 20k\Omega$，$R_3 = R_4 = 10k\Omega$。

2-15　用叠加定理求题 2-15 图所示电路的电压 U。

2-16　用叠加法求题 2-16 图电路中的电流 i，并求 6Ω 电阻吸收的功率。

2-17　用叠加法求题 2-17 图所示电路中的电流源的电压。

2-18　用叠加定理求题 2-18 图所示电路中 ab 支路流过的电流。

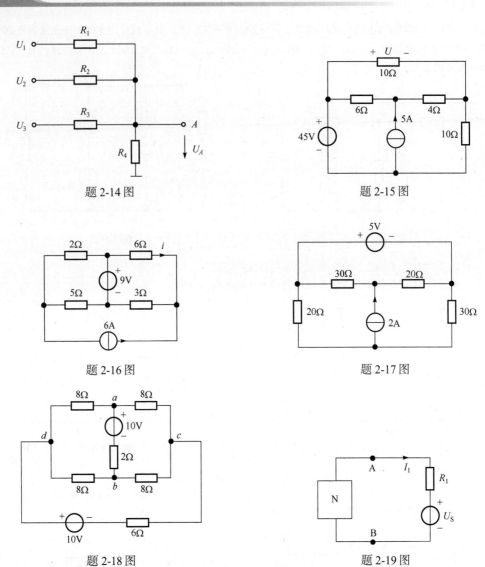

题 2-14 图

题 2-15 图

题 2-16 图

题 2-17 图

习题2答案4

题 2-18 图

题 2-19 图

2-19　题 2-19 图所示电路中，已知：$U_S = 10V, I_1 = 1A, R_1 = 10\Omega$，N 为有源二端网络，其等效电压源内阻 $R_0 = 10\Omega$，试用叠加定理求当 U_S 增为 20V 时的电流 I_1。

2-20　电路如题 2-20 图(a)所示，$E = 12V, R_1 = R_2 = R_3 = R_4, U_{ab} = 10V$。若将理想电压源除去后如题 2-20 图(b)所示，试问此时 U_{ab} 等于多少？

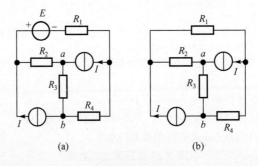

(a)　　　　　　　　(b)

题 2-20 图

2-21　电路如题 2-21 图所示，试填表中所缺项。

U_{S1}/V	1	5	( )	0	4	( )
U_{S2}/V	0	0	0	3	2	4
I/mA	20	( )	−40	−30	( )	0

*2-22　试用倒推法求题 2-22 图所示电路中各支路电流。

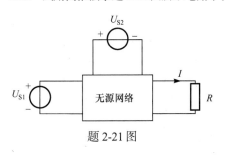

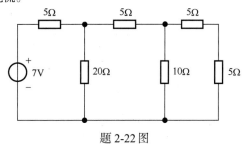

题 2-21 图　　　　　　　　　题 2-22 图

2-23　求题 2-23 图所示各电路的戴维南等效电路。

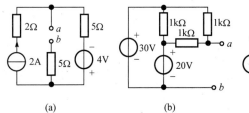

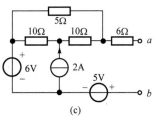

(a)　　　　　　　(b)　　　　　　　(c)

题 2-23 图

2-24　分别用戴维南定理和诺顿定理求题 2-24 图所示电路的电压 u 。

2-25　题 2-25 图所示电路中，已知：$I_S=1A$，$U_S=12V$，$R_1=4\Omega$，$R_2=2\Omega$，$R_3=8\Omega$，$R_4=R=3\Omega$。用戴维南定理求电阻 R 上消耗的功率。

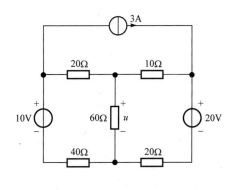

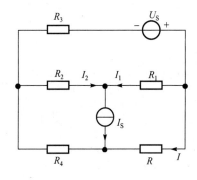

题 2-24 图　　　　　　　　　题 2-25 图

2-26　电路如题 2-26 图所示。求：

(1) $R=10\Omega$ 时的电流 i ；

(2) 若 $i=1A$ ，则 R 应为何值？

(3) R 为何值时可获最大功率? 最大功率为多少?

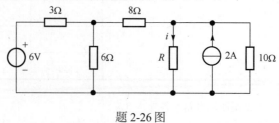

题 2-26 图

2-27 电路如题 2-27 图所示，求当 $R=2\Omega$ 时流经其中的电流及消耗的功率。

2-28 电路如题 2-28 图所示，$R_1=1\Omega$，$R_2=5\Omega$，$R_3=3\Omega$，$R_4=4\Omega$，$R_5=1\Omega$，$E_1=6V$，$I_S=3A$，试问当 $E_2=9V$ 时，I 为多少?

习题2答案6

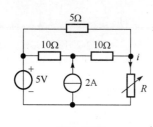

题 2-27 图

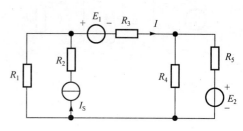

题 2-28 图

2-29 题 2-29 图所示电路中，已知：$I_{S1}=3A$，$I_{S2}=1A$，$R_1=1\Omega$，$R_2=2\Omega$，$R_3=1\Omega$，$R_4=3\Omega$。用戴维南定理求电流 I。

2-30 在题 2-30 图中，有源二端网络 N 接成图(a)电路，已知 $R=4\Omega$，电流 $I=2A$。当在 R 两端并联一个电流源 I_S 时，如图(b)所示，电流 $I=4.5A$。试求有源二端网络 N 的等效电压源。

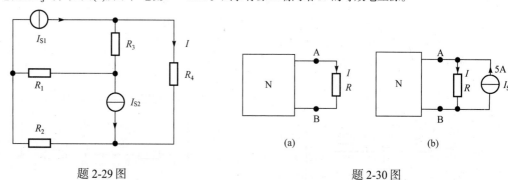

题 2-29 图   题 2-30 图

第3章 正弦交流电路

章节导读

正弦电路是指含有正弦电源(激励)且电路各部分产生的电压和电流(响应)均按正弦规律变化的电路，工程上也称交流电路。

正弦电路较之直流电路有很多优点，如激励能源便于产生(发电机多产生正弦电压)、能量便于传输(变压器可以升高和降低正弦电压)、使用维护方便(交流电机结构简单、运行可靠)等。因此，正弦电路在电力系统和电子技术领域得到了广泛的应用。另外，正弦信号是一种基本信号，任何非正弦周期信号都可以分解为一系列不同频率的正弦信号，所以，非正弦周期信号电路可以按照正弦电路进行处理，研究正弦电路的分析方法具有非常重要的理论意义和实用价值。

本章对正弦电源激励下线性电路的稳态响应进行分析，重点介绍相量法，即用相量表示正弦量进行正弦电路分析的方法，同时将上一章介绍的电路分析方法和电路定律引入正弦电路的稳态分析中。

知识点

(1) 正弦量的三要素和正弦量的相量表示法及相量图。

(2) 电路基本定律的相量形式，电阻、电容、电感伏安关系的相量形式，复阻抗和复导纳。

(3) 正弦交流电路瞬时功率、有功功率、无功功率、视在功率和功率因数的概念，提高功率因数的方法及其意义。

(4) 正弦交流电路串联谐振和并联谐振的条件及特征。

(5) 非正弦周期信号线性电路的基本概念及分析方法。

掌握

(1) 正弦量的相量表示法。

(2) 基尔霍夫定律的相量形式，单一参数交流电路电压与电流关系。

(3) 复阻抗的概念及计算。

(4) 用相量法分析简单正弦交流电路的方法。

(5) 有功功率、无功功率、视在功率和功率因数的概念及计算。

了解

(1) 复导纳的概念。

(2) 正弦交流电路瞬时功率的概念。

(3) 提高功率因数的方法及意义。

(4) 正弦交流电路串联谐振和并联谐振的条件及特征。

(5) 非正弦周期信号线性电路的基本概念及分析方法。

3.1　正弦量的基本概念

一切随时间按正弦规律变化的物理量统称正弦量。正弦量可以用时间的正弦函数表示，也可以用时间的余弦函数表示，两者相差 $\pi/2$ 角度，本书采用余弦函数表示正弦量。

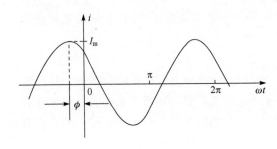

图 3-1　正弦电流波形

下面以正弦电流为例，介绍正弦量的有关概念。

图 3-1 所示为正弦电流的波形图，电流方向周期性变化，电路图中所标参考方向代表正半周方向。

正弦电流的表达式为

$$i = I_m \cos(\omega t + \phi) \tag{3-1}$$

式中，i 表示电流在 t 时刻的值，称为瞬时值。

瞬时值中的最大值称为正弦电流的幅值或振幅，用带下标 m 的大写字母 I_m 表示。

在正弦电路中，计量正弦量的大小往往不是用瞬时值而是用有效值来表示。有效值的概念不仅仅适用于正弦量，也适用于周期性变化的非正弦量(也称周期量)。

周期量在一个周期内的做功能力换算成具有相同做功能力的直流量，这个直流量称为周期量的有效值。下面以周期电流通过线性电阻做功为例，推导有效值的计算公式。

周期电流 i 流过电阻 R，在一个周期内所做的功为

$$W_1 = \int_0^T Ri^2 \mathrm{d}t$$

直流电流 I 流过电阻 R，相同时间所做的功为

$$W_2 = RI^2 T$$

电流 i 和 I 做功能力相同，即

$$\int_0^T Ri^2 \mathrm{d}t = RI^2 T$$

由此可得

$$I = \sqrt{\frac{1}{T}\int_0^T i^2 \mathrm{d}t} \tag{3-2}$$

由式(3-2)可见，周期量的有效值等于其瞬时值的平方在一个周期内平均值的平方根，因此又称均方根值，用大写字母表示。

正弦量是周期量的特殊情况，将正弦电流 $i = I_m\cos(\omega t + \phi)$ 代入式(3-2)，得

$$I = \sqrt{\frac{1}{T}\int_0^T I_m^2 \cos^2(\omega t + \phi)\mathrm{d}t} = \frac{I_m}{\sqrt{2}} = 0.707 I_m \tag{3-3}$$

可见，正弦量的有效值为幅值的 $1/\sqrt{2}$，且与角频率和初相无关。

通常所讲正弦电压和电流的大小，如交流电压 380V 或 220V，指的是有效值；各种电气设备铭牌上标明的额定电压和电流也是指有效值；一般交流电压表和电流表的读数也是有效值。但说明各种电路器件和电气设备绝缘水平的耐压值，则是指电压的最大值。

正弦电流变化一次所用的时间称为周期(T)，单位时间变化的次数称为频率(f)，单位时间变化的角度称为角频率。周期 T、频率 f、角频率 ω 之间有如下关系：

$$\omega = 2\pi f = \frac{2\pi}{T} \tag{3-4}$$

式中，T 的单位为秒(s)，f 的单位为赫兹(Hz)，ω 的单位为弧度/秒(rad/s)。我国电力系统采用的标准频率 $f=50\text{Hz}$，习惯称工频，对应的角频率 $\omega=100\pi=314(\text{rad/s})$。

正弦电流随时间变化的角度 ($\omega t + \phi$) 称为相位，$t=0$ 时的相位 ϕ 称为初相位，单位为弧度，取值范围 $|\phi| \leqslant \pi$。由于 $t=0$ 时 $i(0)=I_\text{m}\cos\phi$，所以初相决定了正弦电流的初始值，即 $t=0$ 时刻的值。初相 ϕ 的大小与计时起点(即 $t=0$ 之点)的选择有关。在波形图中，初相 ϕ 等于离计时起点最近的正弦量最大值所对应的相位角相反值。

综上所述，正弦量的特征可以通过频率(或周期、角频率)、幅值(或有效值)、初相位这三个量来表示，它们分别反映了正弦量变化的快慢、大小和初始状态，称为正弦量的三要素。正弦电路的分析中，不仅要计算各正弦量的大小，还要比较它们的相位关系，这就要用到相位差的概念。

正弦电路的稳态响应与激励是同频率的，两个同频率的正弦电流

$$i_1 = I_\text{m}\cos(\omega t + \phi_1)$$
$$i_2 = I_\text{m}\cos(\omega t + \phi_2)$$

二者相位差

$$\Delta\phi = (\omega t + \phi_1) - (\omega t + \phi_2) = \phi_1 - \phi_2$$

可见，相位差即为初相之差，与时间无关。

根据相位差的不同，正弦量的相位关系有以下几种情况。当 $\Delta\phi > 0$ 时，i_1 比 i_2 先到达最大值，如图 3-2(a)所示，称 i_1 超前 i_2；当 $\Delta\phi < 0$ 时，i_1 比 i_2 后到达最大值，如图 3-2(b)所示，称 i_1 滞后 i_2；当 $\Delta\phi = 0$ 时，i_1 和 i_2 同时到达最大值，如图 3-2(c)所示，称 i_1 和 i_2 同相；当 $\Delta\phi = 180°$ 时，i_1 和 i_2 一个达到正最大值，一个达到负最大值，如图 3-2(d)所示，称 i_1 和 i_2 反相。

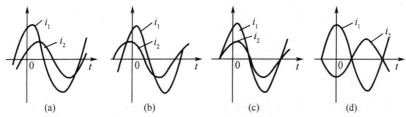

图 3-2　同频率正弦量的几种相位关系

正弦量的初相与计时起点的选择有关，但两个正弦量的相位差却与计时起点无关。因

此，正弦电路分析时，可以任意指定某个正弦量的初相为零，这个正弦量称为参考正弦量，其他正弦量的初相即为它们与参考正弦量的相位差。

同频率正弦量的代数和，以及这些正弦量任意阶导数的代数和，仍是同频率的正弦量，这是正弦量的一个重要性质。

例 3-1　已知某正弦电流的波形如图 3-3 所示，试写出其瞬时值表达式。

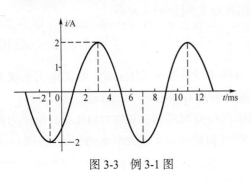

图 3-3　例 3-1 图

思考练习3.1

解　由图可以看出，电流的幅值 $I_m = 2A$，周期 $T = 8ms$，故

$$\omega = \frac{2\pi}{T} = 785 rad/s$$

每个周期 8 小格，每小格对应的相角为 $\frac{2\pi}{8} = \frac{\pi}{4}$，离计时起点最近的最大值点所对应的相角为 $\frac{3}{4}\pi$，可知初相 $\phi = -\frac{3}{4}\pi$。

综合以上，可得电流的瞬时值表达式为

$$i = I_m \cos(\omega t + \phi) = 2\cos\left(785t - \frac{3}{4}\pi\right) A$$

3.2　正弦量的相量表示

如前所述，正弦量是由幅值、角频率和初相三要素决定的。除表达式外，正弦量还可以用复数表示，称为相量。用复数运算代替正弦量运算，可以简化正弦电路的稳态分析。

复数 A 可以用复平面上的矢量 $\overrightarrow{OA}$ 表示，如图 3-4 所示。矢量在实轴上的投影 a 称为复数的实部，记作 $a = \mathrm{Re}[A]$；矢量在虚轴上的投影 b 称为复数的虚部，记作 $\mathrm{Im}[A]$；矢量的长度 ρ 称为复数的模；矢量与正实轴之间的夹角 θ 称为复数的辐角。它们之间的关系如下：

$$\begin{cases} a = \rho\cos\theta \\ b = \rho\sin\theta \\ \rho = \sqrt{a^2 + b^2} \\ \theta = \arctan\dfrac{b}{a} \end{cases}$$

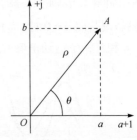

图 3-4　复数

复数 A 可以表示为

$$A = a + jb = \rho(\cos\theta + j\sin\theta) \tag{3-5}$$

分别称为代数式和三角函数式。

根据欧拉公式

$$\begin{cases} \cos\theta = \dfrac{e^{j\theta} + e^{-j\theta}}{2} \\ \sin\theta = \dfrac{e^{j\theta} - e^{-j\theta}}{2j} \end{cases}$$

得出

$$\cos\theta + j\sin\theta = e^{j\theta}$$

代入式(3-5)，复数 A 也可以表示为

$$A = \rho e^{j\theta} = \rho\angle\theta \tag{3-6}$$

分别称为指数式和极坐标式。

复数在进行加减运算时用代数式比较方便，在进行乘除运算时用极坐标式比较方便。例如，有两个复数

$$A_1 = a_1 + jb_1 = \rho_1\angle\theta_1$$
$$A_2 = a_2 + jb_2 = \rho_2\angle\theta_2$$

则

$$A_1 \pm A_2 = (a_1 \pm a_2) + j(b_1 \pm b_2)$$
$$A_1 \cdot A_2 = \rho_1\rho_2\angle(\theta_1 + \theta_2)$$
$$\frac{A_1}{A_2} = \frac{\rho_1}{\rho_2}\angle(\theta_1 - \theta_2)$$

复数进行加法运算时还可以用复平面上的矢量进行。如图 3-5(a)所示，已知三个复数 A_1、A_2、A_3，求 $A = A_1 + A_2 + A_3$。可以采用平行四边形法则，如图 3-5(b)所示；也可以采用多边形法则，如图 3-5(c)所示。对于两个以上的复数，显然多边形法则更为方便。

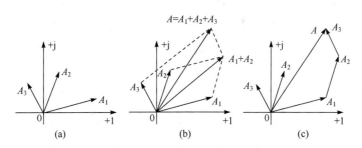

图 3-5　矢量加法运算

在正弦稳态电路中，所有的响应都是与激励同频率的正弦量。在已知频率的情况下，只需关注两个要素就可以确定正弦量。例如，正弦电压 $u = U_m\cos(\omega t + \phi) = \sqrt{2}U\cos(\omega t + \phi)$，只要确定其幅值 U_m(或有效值 U)和初相 ϕ 即可。联系到复数的极坐标式，如果用复数的模对应正弦量的幅值(或有效值)，用复数的辐角对应正弦量的初相，则复数完全可以代表正弦量，称为正弦量的相量。为了与一般复数相区别，通常用正弦量符号顶部加一个小圆点来表示相量。当复数的模对应正弦量幅值时，用 $\dot{U}_m = U_m\angle\phi$ 表示 u，称为最大值相量；当复数的模对应正弦量有效值时，用 $\dot{U} = U\angle\phi$ 表示 u，称为有效值相量。显然，最大值相量和

有效值相量的关系为

$$\dot{U}_{\mathrm{m}} = \sqrt{2}\dot{U} \tag{3-7}$$

相量是一个复数，自然可以用复平面上的矢量表示，这种表示相量的图形称为相量图。通常在画相量图时，可以省略实轴和虚轴。在图 3-6 中，分别表示了电流相量 $\dot{I} = I\angle\phi_i$ 和电压相量 $\dot{U} = U\angle\phi_u$。将多个相量表示在一个相量图中，往往可以直接反映相量之间的关系。

图 3-6 相量图

应该注意，相量和正弦量之间是相互对应的关系，它们并不相等。根据欧拉公式

$$U_{\mathrm{m}}\mathrm{e}^{\mathrm{j}(\omega t+\phi)} = U_{\mathrm{m}}\cos(\omega t+\phi) + \mathrm{j}U_{\mathrm{m}}\sin(\omega t+\phi)$$

正弦量 $u = U_{\mathrm{m}}\cos(\omega t+\phi)$ 可以表示为

$$u = \mathrm{Re}\left[U_{\mathrm{m}}\mathrm{e}^{\mathrm{j}(\omega t+\phi)}\right] = \mathrm{Re}\left[U_{\mathrm{m}}\mathrm{e}^{\mathrm{j}\phi}\mathrm{e}^{\mathrm{j}\omega t}\right] = \mathrm{Re}\left[\dot{U}_{\mathrm{m}}\mathrm{e}^{\mathrm{j}\omega t}\right]$$

式中，$\dot{U}_{\mathrm{m}}$ 为最大值相量；$\mathrm{e}^{\mathrm{j}\omega t}$ 对应复平面上长度为 1，角速度为 ω，逆时针方向旋转的矢量，称为旋转因子；二者的乘积 $\dot{U}_{\mathrm{m}}\mathrm{e}^{\mathrm{j}\omega t}$ 对应复平面上的长度为 U_{m}，初始位置（$t = 0$ 时）与正实轴夹角为 ϕ，角速度为 ω 的逆时针方向旋转矢量，称为旋转相量，其任何时刻在实轴上的投影即为正弦量 u。图 3-7 清楚地说明了正弦量和相量之间的关系。

由图 3-7 可以看出，相量 $\dot{U}_{\mathrm{m}}$ 乘以旋转因子 $\mathrm{e}^{\mathrm{j}\omega t}$，相当于把相量逆时针方向旋转 ωt 角度，而模的大小不变。当 $\omega t = \pm 90°$ 时，$\mathrm{e}^{\pm\mathrm{j}90°} = \pm\mathrm{j}$，即相量乘以 $+\mathrm{j}$ 相当于逆时针方向旋转 $90°$，相量乘以 $-\mathrm{j}$ 相当于顺时针方向旋转 $90°$，故 j 称为 $90°$ 旋转因子。

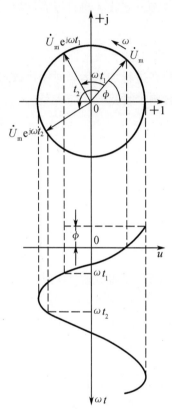

图 3-7 复平面中的旋转矢量

例 3-2 试分别写出代表电流

$$i_1 = 14.14\cos\omega t \ \mathrm{A}$$

$$i_2 = 4\sqrt{2}\cos(\omega t+45°) \ \mathrm{A}$$

$$i_3 = 5\sin\omega t \ \mathrm{A}$$

的相量，并画出其相量图。

解 代表 i_1 和 i_2 的相量可直接写出如下：

$$\dot{I}_1 = \frac{14.14}{\sqrt{2}}\angle 0° = 10\angle 0°(\mathrm{A})$$

$$\dot{I}_2 = 4\angle 45°\mathrm{A}$$

或

$$\dot{I}_{1m} = 14.14\angle 0°\ \text{A}$$

$$\dot{I}_{2m} = 4\sqrt{2}\angle 45°\ \text{A}$$

电流 i_3 可先做如下变换：

$$i_3 = 5\sin\omega t = 5\cos\left(\omega t - \frac{\pi}{2}\right)\ \text{A}$$

再写出代表 i_3 的相量为

$$\dot{I}_3 = \frac{5}{\sqrt{2}}\angle(-90°)\ \text{A}\quad \text{或}\quad \dot{I}_{3m} = 5\mathrm{e}^{-\mathrm{j}90°} = -\mathrm{j}5(\text{A})$$

电流相量图如图 3-8 所示。

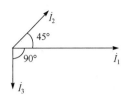

图 3-8　例 3-2 图

例 3-3　已知电压相量 $\dot{U}_1 = 220\angle(-30°)\ \text{V}$（工作频率 $f = 50\text{Hz}$），$\dot{U}_2 = \mathrm{j}10\ \text{V}$（角频率 $\omega = 100\text{rad/s}$，$\dot{U}_{3m} = 3 + \mathrm{j}4\ \text{V}$，试写出它们所对应的正弦量。

解　由 $\dot{U}_1 = 220\angle(-30°)\ \text{V}$ 和 $f=50\text{Hz}$，可直接写出它所对应的正弦电压为

$$u_1 = 220\sqrt{2}\cos(314t - 30°)\ \text{V}$$

由 $\dot{U}_2 = \mathrm{j}10 = 10\angle90°(\text{V})$ 和 $\omega=100\text{rad/s}$，可写出它所对应的正弦电压为

$$u_2 = 10\sqrt{2}\cos(100t + 90°)\ \text{V}$$

$\dot{U}_{3m}$ 应先由代数式转换为指数式，即

$$\dot{U}_{3m} = 3 + \mathrm{j}4 = 5\mathrm{e}^{\mathrm{j}53.13°}(\text{V})$$

进而写出它所对应的正弦电压为(设角频率为 ω)

$$u_3 = 5\cos(\omega t + 53.13°)\ \text{V}$$

思考练习3.2

3.3　基尔霍夫定律和电路元件伏安关系的相量形式

3.3.1　基尔霍夫定律的相量形式

在正弦稳态电路中，相同频率的正弦量可以分别用相量表示，但正弦量和相量并不相等。正弦量等于其最大值相量乘以旋转因子后取实部。因此，对于图 3-9 中的各支路，同频率的正弦电流 i_1、i_2 和 i_3 分别有 $i_1 = \mathrm{Re}\left[\dot{I}_{1m}\mathrm{e}^{\mathrm{j}\omega t}\right]$，$i_2 = \mathrm{Re}\left[\dot{I}_{2m}\mathrm{e}^{\mathrm{j}\omega t}\right]$，$i_3 = \mathrm{Re}\left[\dot{I}_{3m}\mathrm{e}^{\mathrm{j}\omega t}\right]$，根据 KCL，$i_1 - i_2 + i_3 = 0$。

由于

$$
\begin{aligned}
i_1 - i_2 + i_3 &= \mathrm{Re}\left[\dot{I}_{1m}\mathrm{e}^{\mathrm{j}\omega t}\right] - \mathrm{Re}\left[\dot{I}_{2m}\mathrm{e}^{\mathrm{j}\omega t}\right] + \mathrm{Re}\left[\dot{I}_{3m}\mathrm{e}^{\mathrm{j}\omega t}\right] \\
&= \mathrm{Re}\left[\dot{I}_{1m}\mathrm{e}^{\mathrm{j}\omega t} - \dot{I}_{2m}\mathrm{e}^{\mathrm{j}\omega t} + \dot{I}_{3m}\mathrm{e}^{\mathrm{j}\omega t}\right] \\
&= \mathrm{Re}\left[(\dot{I}_{1m} - \dot{I}_{2m} + \dot{I}_{3m})\mathrm{e}^{\mathrm{j}\omega t}\right]
\end{aligned}
$$

图 3-9　例 3-4 图

即正弦量 $i_1 - i_2 + i_3$ 的最大值相量为 $\dot{I}_{1m} - \dot{I}_{2m} + \dot{I}_{3m}$，这说明正弦量代数和的相量等于对应相量的代数和，相量具有可加性。因此 $\dot{I}_{1m} - \dot{I}_{2m} + \dot{I}_{3m} = 0$，$\dot{I}_1 - \dot{I}_2 + \dot{I}_3 = 0$，即基尔霍夫电流定律的相量形式仍然成立。类似的，基尔霍夫电压定律的相量形式也成立。

根据基尔霍夫电流定律，在正弦稳态电路中，针对任一节点有 $\sum i = 0$。将正弦电流均用相量表示，可得 KCL 的相量形式

$$\sum \dot{I}_m = 0 \quad \text{或} \quad \sum \dot{I} = 0 \tag{3-8}$$

即流出(或流入)电路任一节点所有支路电流相量的代数和等于零。

根据基尔霍夫电压定律，在正弦稳态电路中，针对任一回路有 $\sum u = 0$。将正弦电压均用相量表示，可得 KVL 相量形式

$$\sum \dot{U}_m = 0 \quad \text{或} \quad \sum \dot{U} = 0 \tag{3-9}$$

即沿电路任一回路所有电压相量的代数和等于零。

应该指出，在正弦稳态电路中，KCL 和 KVL 只对电流相量和电压相量成立，而对最大值和有效值不成立，除非各电流或各电压同相位。

例 3-4 若已知图 3-9 中 $i_1 = 10\cos(\omega t + 30°)$ A，$i_2 = 5\cos(\omega t - 45°)$ A，求 i_3。

解 由 KCL 知

$$i_3 = i_2 - i_1$$

采用相量形式计算，由

$$\dot{I}_{1m} = 10\angle 30° \text{ A} , \quad \dot{I}_{2m} = 5\angle(-45°) \text{ A}$$

可得

$$\begin{aligned}
\dot{I}_{3m} &= \dot{I}_{2m} - \dot{I}_{1m} = 5\angle(-45°) - 10\angle 30° \\
&= (3.54 - j3.54) - (8.66 + j5) \\
&= -5.12 - j8.54 = 9.96\angle(-121°)(\text{A})
\end{aligned}$$

故

$$i_3 = 9.96\cos(\omega t - 121°) \text{ A}$$

3.3.2 电路元件伏安关系的相量形式

1. 电阻元件

线性电阻的伏安关系满足欧姆定律，在关联参考方向下有

$$u = Ri$$

若流过电阻的电流为正弦电流

$$i = I_m \cos(\omega t + \phi_i)$$

则电阻上的电压为

$$u = RI_m \cos(\omega t + \phi_i) = U_m \cos(\omega t + \phi_u)$$

式中

$$U_m = RI_m \quad \text{或} \quad U = RI$$

$$\phi_u = \phi_i \quad \text{或} \quad \phi_u - \phi_i = 0$$

以上关系说明，电阻元件的电压和电流是同频率的正弦量，且两者相位相同。它们的最大值或有效值仍满足欧姆定律。

将电阻上的电压和电流用相量表示，可得

$$\dot{U}_{\mathrm{m}} = R\dot{I}_{\mathrm{m}} \quad 或 \quad \dot{U} = R\dot{I} \tag{3-10}$$

这是电阻元件伏安关系的相量形式。电阻元件电压与电流的波形图、相量图分别如图 3-10(b) 和(c)所示。

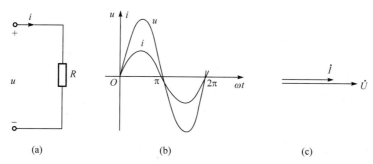

图 3-10   电阻元件电压与电流的波形图、相量图

2. 电感元件

在关联参考方向下，线性电感的伏安关系为

$$u = L\frac{\mathrm{d}i}{\mathrm{d}t}$$

若流过电感的电流为正弦电流

$$i = I_{\mathrm{m}}\cos(\omega t + \phi_i)$$

则电感上的电压为

$$u = \omega L I_{\mathrm{m}}\cos\left(\omega t + \phi_i + \frac{\pi}{2}\right) = U_{\mathrm{m}}\cos(\omega t + \phi_u)$$

式中

$$U_{\mathrm{m}} = \omega L I_{\mathrm{m}} \quad 或 \quad U = \omega L I$$

$$\phi_u = \phi_i + \frac{\pi}{2} \quad 或 \quad \phi_u - \phi_i = \frac{\pi}{2}$$

以上关系说明，电感元件的电压和电流是同频率的正弦量，且电压比电流在相位上超前 $\pi/2$。它们的最大值或有效值有类似欧姆定律的关系。若将电压和电流的最大值或有效值之比记为 X_L，则

$$X_L = \omega L = 2\pi f L \tag{3-11}$$

称为电感的电抗，简称感抗，单位为欧姆(Ω)，它反映了电感元件反抗电流通过的能力。感抗与频率成正比，频率越高感抗越大。当 $f \to \infty$ 时，$X_L \to \infty$，电感相当于开路；当 $f = 0$(直流)时，$X_L = 0$，电感相当于短路。

感抗的倒数称为电感的电纳，简称感纳，单位为西门子(S)，用 B_L 表示，即

$$B_L = \frac{1}{\omega L} = \frac{1}{2\pi f L} \tag{3-12}$$

将电感上的电压和电流用相量表示，则

$$\dot{U}_{\mathrm{m}} = \mathrm{j}\omega L\dot{I}_{\mathrm{m}} \quad 或 \quad \dot{U} = \mathrm{j}\omega L\dot{I} \tag{3-13}$$

这是电感元件伏安关系的相量形式。电感元件电压与电流的波形图、相量图分别如图 3-11(b)
和(c)所示。

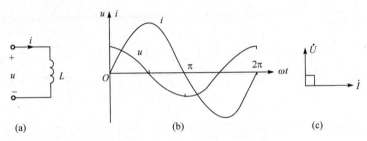

图 3-11　电感元件电压与电流的波形图、相量图

3. 电容元件

在关联参考方向下，线性电容的伏安关系为

$$i = C\frac{\mathrm{d}u}{\mathrm{d}t}$$

若电容上的电压为正弦电压

$$u = U_{\mathrm{m}}\cos(\omega t + \phi_u)$$

则流过电容的电流为

$$i = \omega C U_{\mathrm{m}}\cos\left(\omega t + \phi_u + \frac{\pi}{2}\right) = I_{\mathrm{m}}\cos(\omega t + \phi_i)$$

式中

$$U_{\mathrm{m}} = \frac{1}{\omega C}I_{\mathrm{m}} \quad 或 \quad U = \frac{1}{\omega C}I$$

$$\phi_i = \phi_u + \frac{\pi}{2} \quad 或 \quad \phi_u - \phi_i = -\frac{\pi}{2}$$

以上关系说明，电容元件的电压和电流是同频率的正弦量，且电压比电流在相位上滞
后 $\pi/2$。它们的最大值或有效值有类似欧姆定律的关系。若将电压和电流的最大值或有效
值之比记为 X_C，则

$$X_C = \frac{1}{\omega C} = \frac{1}{2\pi f C} \tag{3-14}$$

称电容的电抗，简称容抗，单位为欧姆(Ω)，它反映了电容元件反抗电流通过的能力。容抗
与频率成反比，频率越高容抗越小。当 $f \to \infty$ 时，$X_C = 0$，电容相当于短路；当 $f = 0$(直
流)时，$X_C \to \infty$，电容相当于开路。

容抗的倒数称为电容的电纳，简称容纳，单位为西门子(S)，用 B_C 表示，即

$$B_C = \omega C = 2\pi f C \tag{3-15}$$

将电容上的电压和电流用相量表示，则

$$\dot{U}_\text{m} = -\text{j}\frac{1}{\omega C}\dot{I}_\text{m} \quad 或 \quad \dot{U} = -\text{j}\frac{1}{\omega C}\dot{I} \tag{3-16}$$

这是电容元件伏安关系的相量形式。电容元件电压与电流的波形图、相量图分别如图 3-12(b) 和(c)所示。

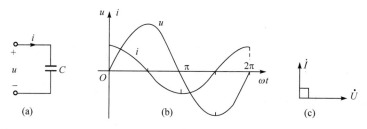

图 3-12　电容元件电压与电流的波形图、相量图

例 3-5　在图 3-13(a)所示的 R、L、C 串联电路中，已知 $R = 30\Omega$，$L = 0.05\text{H}$，$C = 25\mu\text{F}$，通过电路的电流为 $i = 0.5\sqrt{2}\cos(1000t + 30°)\,\text{A}$。求各元件电压 u_R、u_L、u_C 和总电压 u，并画它们的相量图。

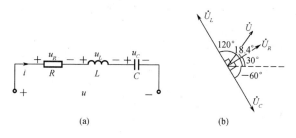

图 3-13　例 3-5 图

解　电流 i 可用相量表示为

$$\dot{I} = 0.5\angle 30° \text{ A}$$

且

$$\omega = 1000\text{rad/s}$$

各电压也用相量表示，可得

$$\dot{U}_R = R\dot{I} = 30 \times 0.5\angle 30° = 15\angle 30°\text{(V)}$$

$$\dot{U}_L = \text{j}\omega L\dot{I} = \text{j}1000 \times 0.05 \times 0.5\angle 30° = 25\angle 120°\text{(V)}$$

$$\dot{U}_C = -\text{j}\frac{1}{\omega C}\dot{I} = -\text{j}\frac{1}{1000 \times 25 \times 10^{-6}} \times 0.5\angle 30° = 20\angle(-60°)\text{(V)}$$

$$\dot{U} = \dot{U}_R + \dot{U}_L + \dot{U}_C = 15\angle 30° + 25\angle 120° + 20\angle(-60°) = 5\sqrt{10}\angle 48.4°\text{(V)}$$

它们所对应的瞬时值表达式分别为

$$u_R = 15\sqrt{2}\cos(1000t + 30°)\text{ V}$$

$$u_L = 25\sqrt{2}\cos(1000t + 120°)\text{ V}$$

$$u_C = 20\sqrt{2}\cos(1000t - 60°)\text{ V}$$

$$u = 5\sqrt{10}\cos(1000t + 48.4°)\ \text{V}$$

各电压相量图如图 3-13(b)所示。

3.4　复阻抗和复导纳

前面分析了线性元件(R、L、C)在正弦电路中的特征，但实际的正弦电路往往是由几种元件组成的，如电动机、继电器等都含有线圈，且线圈的电阻不容忽视；放大器、信号源等内部含有电阻、电容或电感等。因此，分析多种元件构成的正弦电路更有实际意义。

3.4.1　复阻抗和复导纳的概念及其意义

在正弦稳态电路中，由线性元件任意连接而成的、不含独立电源的二端网络(图 3-14)，其端口的电压和流过的电流可用相量表示，电压相量和电流相量的比值称为网络的复阻抗，简称阻抗，用 Z 表示，单位为欧姆(Ω)，即

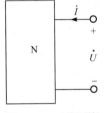

图 3-14　二端网络

$$Z = \frac{\dot{U}}{\dot{I}} \tag{3-17}$$

该式称为相量形式的欧姆定律。

复阻抗可以用代数式表示为

$$Z = R + jX$$

式中，R 为电阻；X 为电抗。

复阻抗也可以用极坐标式表示为

$$Z = |Z| \angle \phi_Z$$

式中，$|Z|$ 为阻抗模；ϕ_Z 为阻抗角。

根据定义可知电阻、电感、电容元件的复阻抗分别为

$$Z_R = R$$
$$Z_L = j\omega L = jX_L$$
$$Z_C = -j\frac{1}{\omega C} = -jX_C$$

可见，电阻元件的复阻抗只有电阻分量，电感和电容元件的复阻抗只有电抗分量。

由 $\dot{U} = U\angle\phi_u$ 和 $\dot{I} = I\angle\phi_i$ 可知

$$|Z|\angle\phi_Z = \frac{U}{I}\angle(\phi_u - \phi_i)$$

即

$$\begin{cases} |Z| = \dfrac{U}{I} \\ \phi_Z = \phi_u - \phi_i \end{cases}$$

上式说明，阻抗模为电压和电流有效值之比，阻抗角为电压和电流之间的相位差。当

$\phi_Z > 0$ 时，电压超前于电流，网络呈电感性；当 $\phi_Z < 0$ 时，电压滞后于电流，网络呈电容性；当 $\phi_Z = 0$ 时，电压和电流同相位，网络呈电阻性，此时网络发生谐振，将于 3.7 节讨论。

下面以例 3-6 的 RLC 串联电路为例，说明阻抗的性质。

例 3-6　(1) 求图 3-15(a) 所示 RLC 串联电路的等效复阻抗，并讨论其性质；

(2) 若 $R = 30\Omega, X_L = 60\Omega, X_C = 20\Omega$，所加电压 $U = 100\text{V}$，求流经电路的电流 I，各元件上的电压 U_R、U_L、U_C 和电抗元件 $(L、C)$ 上的串联总电压 U_X (称作电抗电压)，并画出反映各电压关系的相量图。

解　(1) 可以分析电路的等效复阻抗为

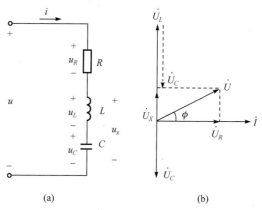

$$Z = Z_R + Z_L + Z_C = R + \text{j}\omega L - \text{j}\frac{1}{\omega C}$$

$$= R + \text{j}\left(\omega L - \frac{1}{\omega C}\right)$$

若将 Z 写作

$$Z = R + \text{j}X$$

则

$$X = \omega L - \frac{1}{\omega C} = X_L - X_C$$

图 3-15　例 3-6 图

即 RLC 串联电路的电抗为感抗和容抗之差。X 表示 L、C 串联在一起总的"限流"作用。电感和电容在"限流"方面的作用是相互削弱的。当 $X_L > X_C$ 时，$X > 0$，$\phi_Z > 0$，电路为感性；当 $X_L < X_C$ 时，$X < 0$，$\phi_Z < 0$，电路为容性；当 $X_L = X_C$ 时，$X = 0$，$\phi_Z = 0$，电路为阻性，此时 $Z = R$ 为纯电阻。由于 X_L 与 ω 成正比，X_C 与 ω 成反比，所以随着 ω 由低到高的变化，电路的性质会发生由容性经阻性到感性的变化，尽管电路元件的参数并未改变。

(2) 若 $R = 30\Omega, X_L = 60\Omega, X_C = 20\Omega$，则复阻抗

$$Z = R + \text{j}(X_L - X_C) = 30 + \text{j}(60 - 20)$$

$$= 30 + \text{j}40 = 50\angle 53.13°(\Omega)$$

电流

$$I = \frac{U}{|Z|} = \frac{100}{50} = 2(\text{A})$$

各元件上的电压

$$U_R = RI = 30 \times 2 = 60(\text{V})$$

$$U_L = X_L I = 60 \times 2 = 120(\text{V})$$

$$U_C = X_C I = 20 \times 2 = 40(\text{V})$$

由于 $\dot{U}_L$ 与 $\dot{U}_C$ 反相，所以总的电抗电压

$$U_X = |U_L - U_C| = |120 - 40| = 80(\text{V})$$

以 $\dot{I}$ 为参考相量，可得反映各电压关系的相量图如图 3-15(b) 所示。其中

$$\dot{U}_X = \dot{U}_L + \dot{U}_C$$

$$\dot{U} = \dot{U}_R + \dot{U}_L + \dot{U}_C = \dot{U}_R + \dot{U}_X$$

$\dot{U}_R$、$\dot{U}_X$ 和 $\dot{U}$ 三者构成直角三角形。

二端网络电流相量和电压相量的比值(即复阻抗的倒数)称网络的复导纳，简称导纳，用 Y 表示，单位为西门子(S)，即

$$Y = \frac{\dot{I}}{\dot{U}} \tag{3-18}$$

复导纳可以用代数式表示为

$$Y = G + jB$$

式中，G 为电导；B 为电纳。

复导纳也可以用极坐标式表示为

$$Y = |Y| \angle \phi_Y$$

式中，$|Y|$ 为导纳模；ϕ_Y 为导纳角。

因此

$$|Y| = \frac{1}{|Z|}$$

$$\phi_Y = -\phi_Z$$

即阻抗模和导纳模互为倒数，阻抗角和导纳角互为相反数。

复阻抗和复导纳是由网络的拓扑结构、元件参数和频率共同决定的，只有在确定的频率下，才会有确定的复阻抗或复导纳。另外，复阻抗和复导纳是正弦电路的专有概念，它们是复数，但不是相量，所以符号顶部不加小圆点。

3.4.2 复阻抗和复导纳的串并联

在正弦电路中，如果用相量表示电压和电流，则满足相量形式的基尔霍夫定律和欧姆定律，其中复阻抗(或复导纳)对应替代了电阻(或电导)。因此，引入相量和复阻抗的概念后，正弦稳态电路可以按照线性电阻电路的方法进行分析，复阻抗采用与电阻相同的电路符号。

与电阻相同，n 个复阻抗串联，可以等效为一个复阻抗 Z，且

$$Z = Z_1 + Z_2 + \cdots + Z_n$$

这个关系可由 KVL 和欧姆定律的相量形式直接导出。

与电导相同，n 个复导纳并联，可以等效为一个复导纳 Y，且

$$Y = Y_1 + Y_2 + \cdots + Y_n$$

这个关系可由 KCL 和欧姆定律的相量形式直接导出。

思考练习3.4

此外，串联复阻抗的分压公式、并联复阻抗的分流公式、复阻抗的 △-Y 等效互换公式，都与电阻的对应公式形式相同。

3.5　正弦电路的分析方法

正弦稳态电路使用相量和复阻抗之后，可以列出与电阻电路类似的电路方程，因此，

电阻电路中的各种分析方法，同样适用于正弦电路。

例 3-7　图 3-16 所示的电路中，已知 $R_1 = 4\Omega$，$R_2 = 6\Omega$，$X_L = 8\Omega$，$X_C = 5\Omega$，$U_S = 12V$。求各支路电流。

说明：在正弦电路的分析中，若所求电流或电压没有明确是瞬时值还是有效值，只需求出其相量即可；在已知电压或电流中若没给初相，可根据方便，任设某个电流或电压为参考相量。

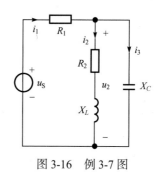

图 3-16　例 3-7 图

解　用 Z_1、Z_2 和 Z_3 分别表示三条支路的阻抗，有

$$Z_1 = R_1 = 4\Omega$$
$$Z_2 = R_2 + jX_L = 6 + j8 = 10\angle 53.1°(\Omega)$$
$$Z_3 = -jX_C = -j5 = 5\angle(-90°)(\Omega)$$

电路总的等效复阻抗为

$$Z = Z_1 + \frac{Z_2 Z_3}{Z_2 + Z_3} = 4 + \frac{(6+j8)(-j5)}{6+j8-j5} = 9.9\angle(-42.3°)(\Omega)$$

设 $\dot{U}_S = 12\angle 0°$ V，各支路电流如图 3-16 所示，则

$$\dot{I}_1 = \frac{\dot{U}_S}{Z} = \frac{12\angle 0°}{9.9\angle -42.3°} = 1.21\angle 42.3°(A)$$

$$\dot{I}_2 = \frac{Z_3}{Z_2 + Z_3}\dot{I}_1 = \frac{-j5}{6+j8-j5} \times 1.21\angle 42.3° = 0.9\angle(-74.3°)(A)$$

$$\dot{I}_3 = \frac{Z_2}{Z_2 + Z_3}\dot{I}_1 = \frac{6+j8}{6+j8-j5} \times 1.21\angle 42.3° = 1.8\angle 68.8°(A)$$

也可以在求出 $\dot{I}_1$ 以后，先求出 $\dot{U}_2$，再求出 $\dot{I}_2$ 和 $\dot{I}_3$：

$$\dot{U}_2 = \dot{U}_S - R_1\dot{I}_1 = 12\angle 0° - 4 \times 1.21\angle 42.3° = 9.03\angle(-21.2°)(V)$$

于是

$$\dot{I}_2 = \frac{\dot{U}_2}{Z_2} = \frac{9.03\angle(-21.2°)}{10\angle 53.1°} = 0.9\angle(-74.3°)(A)$$

$$\dot{I}_3 = \frac{\dot{U}_2}{Z_3} = \frac{9.03\angle(-21.2°)}{5\angle(-90°)} = 1.8\angle 68.8°(A)$$

结果是一样的。

例 3-8　在图 3-17 所示的电路中，已知 $R = 15\Omega$，$X_L = 20\Omega$，所加电压 $U = 100V$，电流 $\dot{I}$ 与电压 $\dot{U}$ 同相位，且在 Z_2 并联前后 $\dot{I}$ 的有效值保持不变，求 Z_2。

说明：欲求某个未知的复阻抗，最直接的办法就是求出该复阻抗上的电压相量和电流相量，然后将两者相除。

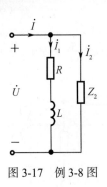

图 3-17 例 3-8 图

解 设 $\dot{U} = 100\angle 0°\text{V}$，两并联支路的电流分别为 $\dot{I}_1$ 和 $\dot{I}_2$ 如图 3-17 所示。则

$$\dot{I}_1 = \frac{\dot{U}}{R + jX_L} = \frac{100\angle 0°}{15 + j20} = 4\angle(-53.13°)(\text{A})$$

由题给条件知，此时 $I = 4\text{A}$（因为在并联 Z_2 之前，$\dot{I}$ 即 $\dot{I}_1$，其有效值为 4A），且 $\dot{I}$ 与 $\dot{U}$ 同相，故得

$$\dot{I} = 4\angle 0°(\text{A})$$

从而 $\dot{I}_2$ 可求，为

$$\dot{I}_2 = \dot{I} - \dot{I}_1 = 4\angle 0° - 4\angle(-53.13°) = 3.58\angle 63.4°(\text{A})$$

于是

$$Z_2 = \frac{\dot{U}}{\dot{I}_2} = \frac{100\angle 0°}{3.58\angle 63.4°} = 27.93\angle(-63.4°) = 12.5 - j25(\Omega)$$

也可以在求得 $\dot{I}$ 之后，由复导纳的并联关系求得 Z_2，即由并联复导纳

$$Y = \frac{\dot{I}}{\dot{U}} = \frac{4\angle 0°}{100\angle 0°} = \frac{1}{15 + j20} + \frac{1}{Z_2}$$

求得

$$Z_2 = 12.5 - j25(\Omega)$$

例 3-9 图 3-18 所示的串联电路中，已知 $U = 50\text{V}$，$U_1 = U_2 = 30\text{V}$，电阻 $R_1 = 10\Omega$，求复阻抗 Z_2。

解一 设 $\dot{U}_1 = 30\angle 0°\text{ V}$，$\dot{U}_2 = 30\angle\phi_2\text{ V}$，$\dot{U} = 50\angle\phi\text{ V}$，则由 KVL，有

$$\dot{U} = \dot{U}_1 + \dot{U}_2$$

即

$$50\angle\phi = 30\angle 0° + 30\angle\phi_2$$

或

$$50\cos\phi + j50\sin\phi = 30 + 30\cos\phi_2 + j30\sin\phi_2$$

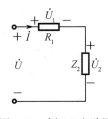

图 3-18 例 3-9 电路图

由此得

$$\begin{cases} 5\cos\phi = 3(1 + \cos\phi_2) \\ 5\sin\phi = 3\sin\phi_2 \end{cases}$$

将上面两式的两边分别平方之后相加，消去 ϕ，可求得

$$\phi_2 = \arccos\frac{7}{18} = \pm 67.1°$$

于是得

$$\dot{U}_2 = 30\angle(\pm 67.1°)(\text{V})$$

通过电阻 R_1 可求得电流

$$\dot{I} = \frac{\dot{U}_1}{R_1} = \frac{30\angle 0°}{10} = 3\angle 0°(\text{A})$$

从而可求得

$$Z_2 = \frac{\dot{U}_2}{\dot{I}} = \frac{30\angle(\pm 67.1°)}{3\angle 0°} = 3.89 \pm \text{j}9.21(\Omega)$$

结果中的正、负两种情况说明 Z_2 有感性和容性两种可能。

解二　设 $\dot{U}_1$ 为参考相量，考虑到 $\dot{U}_2$ 有超前(Z_2 为感性时)和落后(Z_2 为容性时)于 $\dot{U}_1$ 两种可能，可得反映 $\dot{U}_1$、$\dot{U}_2$ 和 $\dot{U}$ 三电压关系的相量图如图 3-19 所示。对图中的电压三角形，由余弦定理，有

$$\begin{aligned} U^2 &= U_1^2 + U_2^2 - 2U_1U_2\cos(\pi - \phi_2) \\ &= U_1^2 + U_2^2 + 2U_1U_2\cos\phi_2 \end{aligned}$$

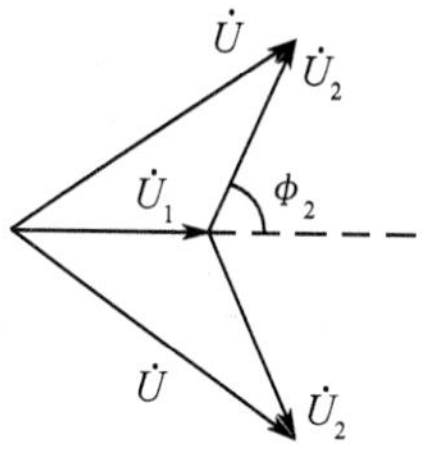

图 3-19　例 3-9 相量图

从而可得

$$\cos\phi_2 = \frac{U^2 - U_1^2 - U_2^2}{2U_1U_2} = \frac{50^2 - 30^2 - 30^2}{2\times 30\times 30} = \frac{7}{18}$$

即

$$\phi_2 = \arccos\frac{7}{18} = \pm 67.1°$$

以下过程同解一，略。

解三　设 $Z_2 = R_2 + \text{j}X_2$。因 R_1 与 Z_2 相串联(流过电流相同)，且 $U_1 = U_2$，所以有

$$|Z_2| = \sqrt{R_2^2 + X_2^2} = R_1$$

又串联总阻抗

$$|Z| = \sqrt{(R_1 + R_2)^2 + X_2^2} = \frac{U}{I}$$

而 I 可通过 R_1 求得，为

$$I = \frac{U_1}{R_1} = \frac{30}{10} = 3(\text{A})$$

把前面所得的两个方程联立，并将 R_1、U 和 I 的数值代入，得

$$\begin{cases} \sqrt{R_2^2 + X_2^2} = 10 \\ \sqrt{(10 + R_2)^2 + X_2^2} = \dfrac{50}{3} \end{cases}$$

解得

$$\begin{cases} R_2 = 3.89\Omega \\ X_2 = \pm 9.21\Omega \end{cases}$$

即

$$Z_2 = 3.89 \pm \mathrm{j}9.21 \ \Omega$$

在该例的各种解法中，解法一可称作相量解析法，通过相量建立方程然后求解。前面各例均属此法，这是正弦电路分析中的最一般方法。解法二可称作相量图解法或简称相量图法，借助于反映各相量关系的相量图，通过各相量在相量图中的几何关系，来确定有关相量的模或辐角。在一般的串并联电路分析中，借助于相量图，往往可以使分析计算的过程简化，而且各相量之间的关系清楚、直观、一目了然，所以常被采用。解法三为一般的代数解法，根据给定的电压、电流数值关系，列出代数方程然后求解。当网络结构较为复杂时，代数方程的得出不会这么容易，解出过程也不会这么简单。因此，这种方法只在结构非常简单的串联或并联电路中采用。

例 3-10　在图 3-20(a)所示的电路中，已知 $L = 63.7\mathrm{mH}, U = 70\mathrm{V}, U_1 = 100\mathrm{V}, \ U_2 = 150\mathrm{V}$，工作频率 $f = 50\mathrm{Hz}$。求电阻 R 和电容 C 的值。

分析：U_2 已知，欲求 R、C 之值，只要求得 I_R 和 I_C 问题就解决了。易知 $\dot I_R + \dot I_C = \dot I_L$ 且三者构成直角三角形。I_L 可通过 U_1 和 L 求得；我们可以借助于相量图来进一步求出 I_R 和 I_C。以 $\dot I_R$ 为参考相量，可得电流三角形如图 3-20(b)所示，只要确定了 $\dot I_L$ 的相角 ϕ，就可求出 I_R 和 I_C。ϕ 可由给定条件得到的电压相量图来确定。由 $\dot U_2$ 与 $\dot I_R$ 同相，$\dot U_1$ 超前于 $\dot I_L$ 的相角为 90°，结合给定的三电压的数值，可以得到反映三电压关系的电压相量图如图 3-20(b)所示。由此可求出 ϕ'，进而可求出 ϕ。

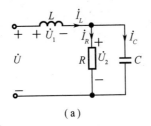 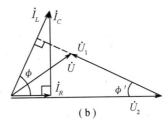

图 3-20　例 3-10 图

解　以 $\dot U_2$ 为参考相量，通过以上的分析，可得各电压、电流相量图如图 3-20(b)所示。对图中所示的电压三角形，由余弦定理，有

$$U^2 = U_1^2 + U_2^2 - 2U_1 U_2 \cos\phi'$$

得

$$\cos\phi' = \frac{U_1^2 + U_2^2 - U^2}{2U_1 U_2} = \frac{100^2 + 150^2 - 70^2}{2 \times 100 \times 150} = 0.92$$

所以

$$\phi' = \arccos 0.92 = 23.1°$$

于是

$$\phi = 90° - \phi' = 90° - 23.1° = 66.9°$$

由

$$I_L = \frac{U_1}{X_L} = \frac{U_1}{2\pi f L} = \frac{100}{314 \times 0.0637} = 5(\mathrm{A})$$

可得

$$I_R = I_L \cos\phi = 5\cos 66.9° = 1.96(\text{A})$$
$$I_C = I_L \sin\phi = 5\sin 66.9° = 4.6(\text{A})$$

从而可得

$$R = \frac{U_2}{I_R} = \frac{150}{1.96} = 76.53(\Omega)$$

再由

$$I_C = 2\pi f C U_2$$

可得

$$C = \frac{I_C}{2\pi f U_2} = \frac{4.6}{314 \times 150} = 97.7(\mu\text{F})$$

*例 3-11　列写图 3-21 所示电路的节点方程。

解　设 O 点为参考点,其余两节点电压分别为 $\dot{U}_A$ 和 $\dot{U}_B$。以 $\dot{U}_A$、$\dot{U}_B$ 为变量在 A、B 两点可列节点方程如下:

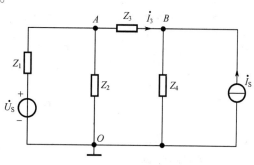

$$\begin{cases} \left(\dfrac{1}{Z_1} + \dfrac{1}{Z_2} + \dfrac{1}{Z_3}\right)\dot{U}_A - \dfrac{1}{Z_3}\dot{U}_B = \dfrac{\dot{U}_S}{Z_1} \\[2mm] -\dfrac{1}{Z_3}\dot{U}_A + \left(\dfrac{1}{Z_3} + \dfrac{1}{Z_4}\right)\dot{U}_B = \dot{I}_S \end{cases}$$

以上第一个方程中 $\dot{U}_A$ 的系数为节点 A 的

图 3-21　例 3-11 图

自导纳,$\dot{U}_B$ 的系数为节点 B 与节点 A 之间的互导纳;第二个方程中 $\dot{U}_A$ 的系数为节点 A 与节点 B 之间的互导纳,$\dot{U}_B$ 的系数为节点 B 的自导纳。它们都和电阻电路中的自电导和互电导相对应。

*例 3-12　在例 3-11 中,若给定 $Z_1 = Z_2 = Z_3 = Z_4 = 6 + \text{j}8\ \Omega$,$\dot{U}_S = 50\angle 60°\text{V}$,$\dot{I}_S = 20\angle(-30°)\text{A}$,求流经 Z_3 的电流。

解　设流经 Z_3 的电流为 $\dot{I}_3$,方向如图 3-21 所示。根据戴维南定理,去掉 Z_3 后所余二端网络可等效化简为一个电压源和一个阻抗相串联的电路。等效电压源的电压为该二端网络的开路电压,等效阻抗为二端网络内所有独立源均为零时由二端看进去的入端阻抗。现分别求出如下。

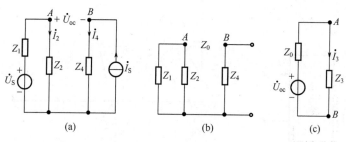

图 3-22　例 3-12 图

去掉 Z_3,所余二端网络重新画出如图 3-22(a)所示,则

$$\dot{U}_{\text{oc}} = Z_2\dot{I}_2 - Z_4\dot{I}_4 = \frac{Z_2\dot{U}_S}{Z_1 + Z_2} - Z_4\dot{I}_S$$

$$= 25\angle 60° - 200\angle 23.1° = 180.7\angle(-161.7°)(\text{V})$$

令二端网络内独立源均为零,得图 3-22(b),则

$$Z_0 = \frac{Z_1 Z_2}{Z_1 + Z_2} + Z_4 = 3 + j4 + 6 + j8 = 9 + j12(\Omega)$$

画出图 3-21 电路的戴维南等效电路如图 3-22(c)所示,由此等效电路可求得

$$\dot{I}_3 = \frac{\dot{U}_{\text{oc}}}{Z_0 + Z_3} = \frac{180.7\angle(-161.7°)}{9 + j12 + 6 + j8} = 7.23\angle 145.2°(\text{A})$$

该例也可用叠加定理解之。

从以上诸例可以看出,正弦电路分析中所包含的内容比直流电路要丰富、复杂得多,可谓千变万化,种类繁多,读者应在解题过程中注意归纳、总结,逐步积累经验,以提高分析问题和解决问题的能力。

3.6　正弦电路的功率

3.6.1　瞬时功率

正弦稳态电路中,如图 3-23(a)所示的二端网络,其电压和电流分别为

$$u = \sqrt{2}U \cos(\omega t + \phi_u)$$
$$i = \sqrt{2}I \cos(\omega t + \phi_i)$$

则其瞬时功率为

$$\begin{aligned} p = ui &= UI\left[\cos(\phi_u - \phi_i) + \cos(2\omega t + \phi_u + \phi_i)\right] \\ &= UI\cos\phi + UI\cos(2\omega t + \phi_u + \phi_i) \end{aligned} \tag{3-19}$$

可见,网络的瞬时功率包括恒定分量和正弦分量两部分,正弦分量的频率为电压(或电流)频率的二倍。

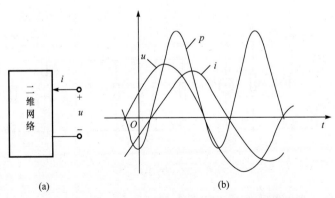

图 3-23　二端网络电压与电流波形及其功率波形

瞬时功率的波形如图 3-23(b)所示，其中 $p > 0$ 区域表示网络从外界吸收能量，$p < 0$ 区域表示网络向外界发出能量，两个区域的大小取决于电压和电流的相位差 ϕ。

若二端网络为电阻元件，$\phi = \phi_u - \phi_i = 0$，则其瞬时功率为

$$p_R = UI + UI \cos(2\omega t + 2\phi_i) = 2UI \cos^2(\omega t + \phi_i)$$

从图 3-24 所示的波形图可以看出，$p \geq 0$ 说明电阻只从外界吸收能量，是纯粹的耗能元件。

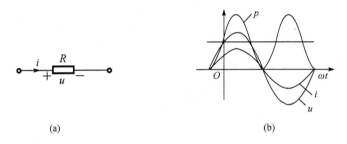

(a)　　　　　　　　　　(b)

图 3-24　电阻元件电压与电流波形及其功率波形

若二端网络为电感元件，$\phi = \phi_u - \phi_i = \dfrac{\pi}{2}$，则其瞬时功率为

$$p_L = UI \cos\left(2\omega t + 2\phi_u - \frac{\pi}{2}\right) = UI \sin 2(\omega t + \phi_u)$$

从图 3-25 所示的波形图可以看出，电感半个周期从外界吸收能量储存于磁场中，半个周期将储存的磁场能向外界释放，吸收和释放的能量相等，说明电感本身不消耗能量，只与外界交换能量。

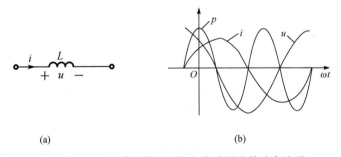

(a)　　　　　　　　　　(b)

图 3-25　电感元件电压与电流波形及其功率波形

若二端网络为电容元件，$\phi = \phi_u - \phi_i = -\dfrac{\pi}{2}$，则其瞬时功率为

$$p_C = UI \cos\left(2\omega t + 2\phi_i - \frac{\pi}{2}\right) = UI \sin(2\omega t + 2\phi_i)$$

从图 3-26 所示的波形图可以看出，电容半个周期从外界吸收能量储存于电场中，半个周期将储存的电场能向外界释放，吸收和释放的能量相等，说明电容本身不消耗能量，只与外界交换能量。

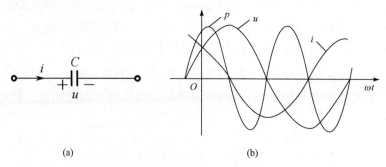

图 3-26　电容元件电压与电流波形及其功率波形

3.6.2　有功功率、无功功率和视在功率

瞬时功率在一个周期内的平均值称为平均功率，也称为有功功率，用 P 表示，单位为 W，即

$$P = \frac{1}{T}\int_0^T p\,\mathrm{d}t = UI\cos\phi \tag{3-20}$$

式中，$\cos\phi$ 为功率因数，电压和电流的相位差 ϕ 又称为功率因数角。由于功率因数的存在，网络的有功功率一般小于其电压和电流有效值的乘积。有功功率具有十分明显的物理含义，是指电路实际消耗的功率。

对应有功功率，引入无功功率的概念，用 Q 表示，单位为 var(乏)，定义为

$$Q = UI\sin\phi \tag{3-21}$$

无功功率不是实际做功的功率，其物理含义不明显，表示交流电源与负载之间的能量交换，无功功率的大小则表明了能量交换的能力。当网络呈感性时，$\phi>0$，故 $Q>0$，表示网络吸收或消耗无功功率；当网络呈容性时，$\phi<0$，故 $Q<0$，表示网络发生或产生无功功率。

电压和电流有效值的乘积称为视在功率或表观功率，用 S 表示，单位为 V·A，即

$$S = UI \tag{3-22}$$

在电力系统中，发电机和变压器的发送和输变电能力取决于它们电压和电流的最大限额，即额定电压 U_N 和额定电流 I_N。二者的乘积 $U_N I_N$，即其额定视在功率 S_N，用来表示发电机和变压器的容量。

由 P、Q、S 的表达式可知三者关系如下，可用如图 3-27 所示的功率三角形描述。

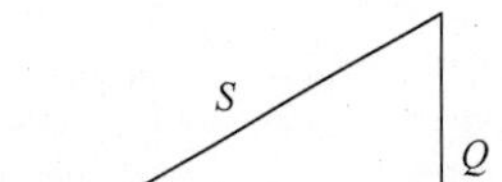

$$\begin{cases} P = S\cos\phi \\ Q = S\sin\phi \\ S = \sqrt{P^2 + Q^2} \\ \phi = \arctan\dfrac{Q}{P} \end{cases}$$

图 3-27　功率三角形

当网络为单一参数元件如电阻、电感或电容元件时，其有功功率和无功功率分别为

$$P_R = UI, \qquad Q_R = 0$$
$$P_L = 0, \qquad Q_L = UI$$
$$P_C = 0, \qquad Q_C = -UI$$

说明电阻元件只消耗有功功率，而电容和电感并不消耗有功功率，但从瞬时功率上可以看到有时元件吸收功率，有时元件发出功率，即电容(或电感)与电源之间有能量在往返互换，无功功率则表示能量互换的规模，电感元件吸收无功功率，电容元件发出无功功率。

对于图 3-28(a)所示的 RLC 串联电路，我们在例 3-6 中曾分析其阻抗性质及各电压关系，其电压相量图如 3-28(b)所示。

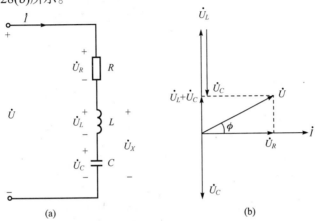

图 3-28　RLC 串联电路及其电压电流关系相量图

由式(3-20)可知，RLC 串联电路有功功率为

$$P = UI\cos\phi = U_R I = I^2 R \tag{3-23}$$

式(3-23)表明，在交流电路中，有功功率就是电阻上所消耗的功率。

电感与电容元件要存储与释放能量，即它们与电源之间要进行能量的"吞吐"，这种"吞吐"效应仍用无功功率表示，由式(3-21)可知，电路的无功功率为

$$Q = UI\sin\phi = U_X I = U_L I - U_C I = I^2 X_L - I^2 X_C = Q_L + Q_C \tag{3-24}$$

由式(3-24)可以看出，在一个电路中，电感、电容都要进行能量的"吞吐"，但感性无功功率与容性无功功率是互补的。当两者的无功功率数值相等，即 $I^2 X_L = I^2 X_C$ 时，电源产生的无功功率 $Q = 0$。这时，电感与电容之间在进行能量的互换，电源不再负担无功功率。

例 3-13　如图 3-29 所示正弦交流电路，$Z_1 = 20\,\Omega$，$Z_2 = 6 + \mathrm{j}8\,\Omega$，$Z_3 = 10 - \mathrm{j}10\,\Omega$，$U = 100\,\mathrm{V}$。求电压源发出的有功功率 P、无功功率 Q 和总功率因数及电流 I。

解一　设 $\dot U = 100\angle 0°\,\mathrm{V}$，则

$$\dot I_1 = \frac{\dot U}{Z_1} = \frac{100\angle 0°}{20} = 5\angle 0°(\mathrm{A})$$

$$\dot I_2 = \frac{\dot U}{Z_2} = \frac{100\angle 0°}{6 + \mathrm{j}8} = 10\angle(-53.1°)(\mathrm{A})$$

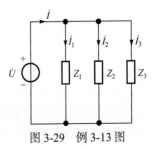

图 3-29　例 3-13 图

$$\dot{I}_3 = \frac{\dot{U}}{Z_3} = \frac{100\angle 0°}{10 - j10} = 5\sqrt{2}\angle 45°(A)$$

由 KCL 得

$$\dot{I} = \dot{I}_1 + \dot{I}_2 + \dot{I}_3 = 5\angle 0° + 10\angle(-53.1°) + 5\sqrt{2}\angle 45° = 16.28\angle(-10.62°)(A)$$

则电流 $I = 16.28\,A$，功率因数 $\cos\phi = \cos 10.62° = 0.98$。

有功功率 $\qquad P = UI\cos\phi = 100 \times 16.28 \times \cos 10.62° = 1600(W)$

无功功率 $\qquad Q = UI\sin\phi = 100 \times 16.28 \times \sin 10.62° = 300(var)$

解二 由解一，$\dot{I}_1 = 5\angle 0°$ A，$\dot{I}_2 = 10\angle(-53.1°)$ A，$\dot{I}_3 = 5\sqrt{2}\angle 45°$ A

$P_1 = I_1^2\,\mathrm{Re}[Z_1] = 500W$，$\qquad Q_1 = 0$

$P_2 = I_2^2\,\mathrm{Re}[Z_2] = 600W$，$\qquad Q_2 = I_2^2\,\mathrm{Im}[Z_2] = 800var$

$P_3 = I_3^2\,\mathrm{Re}[Z_3] = 500W$，$\qquad Q_3 = I_3^2\,\mathrm{Im}[Z_3] = -500var$

则

$$P = P_1 + P_2 + P_3 = 1600W$$

$$Q = Q_1 + Q_2 + Q_3 = 300var$$

$$S = \sqrt{P^2 + Q^2} = \sqrt{1600^2 + 300^2} = 1627.9\,(V \cdot A)$$

$$I = S / U = 1627.9 / 100 = 16.3\,(A)$$

$$\cos\phi = P / S = 1600 / 1627.9 = 0.98$$

3.6.3 功率因数的提高

在交流电路中，有功功率与视在功率的比值称为电路的功率因数，用 λ(或 $\cos\phi$)表示，即

$$\lambda = \frac{P}{S} = \cos\phi \qquad\qquad (3-25)$$

因而电压与电流的相位差 ϕ 又称为功率因数角。功率因数是电力系统的一个重要的技术数据，其大小与电路负载的参数有关。在纯电感或纯电容电路中，电压与电流间的相位差为 $\pm 90°$，此时 $P=0$、$Q=S$、$\lambda=0$，功率因数最低；在纯电阻(如白炽灯、电阻炉等)电路中，电压和电流同相，此时 $Q=0$、$P=S$、$\lambda=1$，功率因数最高，对其他负载来说，其功率因数介于 0 与 1 之间。

当电压与电流之间有相位差时，即功率因数不等于 1 时，电路中发生能量互换，出现无功功率 $Q=UI\sin\phi$。如果功率因数低，会带来以下两个问题：

(1) 电源的容量不能充分利用。由于电源都有额定值限制，即 U_N、I_N 值，工作时电压、电流均不允许超过额定值。由公式 $P=U_N I_N\cos\phi$ 可知，电源工作在额定状态时，负载所获得的有功功率与功率因数 $\cos\phi$ 成正比。当 $\cos\phi$ 较低时，额定工作状态下的电源产生的有用功较小，产生的无用功却较大($Q=U_N I_N\sin\phi$)。

例如，容量为 1000kV · A 的变压器，如果 $\lambda=1$，即能发出 1000kW 的有功功率，而在 $\lambda=0.6$ 时，则只能发出 600kW 的功率。

(2) 增加线路和电源绕组的功率损耗。当电源的电压 U 和负载所需功率 P 一定时，电流 I 与功率因数成反比，而线路和电源绕组上的功率损耗 ΔP 则与 $\cos\phi$ 的平方成反比，即

$$\Delta P = rI^2 = \left(r\frac{P^2}{U^2} \right)\frac{1}{\cos^2 \phi} \tag{3-26}$$

式中，r 是电源绕组和线路的电阻。

例 3-14　如果丰满水电站以 22×10^4V 的高压向沈阳输送 24×10^7W 的电力，若输电线路的总电阻为 10Ω，试计算当功率因数由 0.6 提高到 0.9 时，输电线上一年中电能少损耗多少？

解　当功率因数为 0.6 时，取用电流

$$I_1 = \frac{P}{U\cos\phi_1} = \frac{24\times10^7}{22\times10^4\times0.6} = 1818(\text{A})$$

当功率因数为 0.9 时，取用电流

$$I_2 = \frac{P}{U\cos\phi_2} = \frac{24\times10^7}{22\times10^4\times0.9} = 1212(\text{A})$$

一年中输电线上少损失的电能数

$$\Delta W = (I_1^2 - I_2^2)rt$$
$$= (1818^2 - 1212^2)\times10\times365\times24$$
$$= 1.6\times10^8(\text{kW}\cdot\text{h}) = 1.6(\text{亿度})$$

则一年中电能少损耗 1.6 亿度。

由上述可知，提高电网的功率因数对国民经济的发展有着极为重要的意义。为充分利用设备容量，减小输电线路功率损耗，设法提高电路的功率因数势在必行。

功率因数不高，根本原因就是感性负载的存在。例如，生产中最常用的异步电动机在额定负载时的功率因数为 0.7~0.9，如果在轻载时其功率因数就更低。其他如工频炉、电焊变压器以及日光灯等负载的功率因数也都是较低的。感性负载的功率因数之所以小于 1，是由于负载本身需要一定的无功功率。从技术经济观点出发，如何解决这个矛盾，也就是如何才能减少电源与负载之间能量的互换，而又使感性负载能取得所需的无功功率。这就是要提高功率因数的实际意义。

按照供电规则，高压供电的工业企业的平均功率因数不低于 0.95，其他单位不低于 0.9。提高功率因数，常用的方法就是与感性负载并联静电电容器(设置在用户或变电所中)，其电路图和相量图如图 3-30 所示。

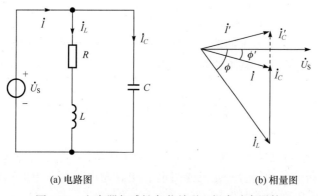

(a) 电路图　　　　　　(b) 相量图

图 3-30　电容器与感性负载并联以提高功率因数

提高功率因数就是要减小电压和电流的相位差。图中 RL 串联支路代表感性负载，负载电流 $\dot{I}_L$ 比电源电压 $\dot{U}_S$ 滞后 ϕ，并联电容前 $\dot{I}_L$ 为电源提供电流。并联电容后，感性负载的电流 $I_L = \dfrac{U_S}{\sqrt{R^2 + X_L^2}}$，功率因数 $\cos\phi = \dfrac{R}{\sqrt{R^2 + X_L^2}}$ 均未变化，这是因为所加电压和负载参数没有改变。但电源提供的电流为 $\dot{I} = \dot{I}_L + \dot{I}_C$，$\dot{I}$ 比 $\dot{U}_S$ 滞后 ϕ'，于是电源提供的电流减小了（$I < I_L$），电路的功率因数提高了（$\cos\phi' > \cos\phi$），这里我们所讲的功率因数，是指提高电源或电网的功率因数，而不是指提高某个感性负载的功率因数。

在感性负载上并联电容器以后，电路的有功功率却保持不变，但减少了电源与负载之间的能量互换。这时感性负载所需的无功功率，大部分或全部都是由电容器供给，就是说能量的互换现在主要或完全发生在感性负载与电容器之间，因而使电源容量能得到充分利用。从理论上讲，这种方法可使功率因数提高到 1，但从经济效果上考虑，实际中只提高到 0.9 或 0.95 左右。

例 3-15　在 50Hz、380V 的电源上接一感性负载，功率为 $P = 20\text{kW}$，功率因数为 $\cos\phi = 0.6$。若要使电路的功率因数提高为 $\cos\phi' = 0.9$，问需并联多大的电容器？

解　根据题意，可画出电路和相量图如图 3-30 所示。可以根据相量图，确定所需的 I_C，进而由 $I_C = \omega C U_S$ 便可求得 C 的数值。具体如下：

$$P = U_S I_L \cos\phi = U_S I \cos\phi'$$

可分别求得

$$I_L = \frac{P}{U_S \cos\phi}, \qquad I = \frac{P}{U_S \cos\phi'}$$

由相量图知

$$I_C = I_L \sin\phi - I \sin\phi' = \frac{P}{U_S}(\tan\phi - \tan\phi')$$

于是

$$C = \frac{I_C}{\omega U_S} = \frac{P}{\omega U_S^2}(\tan\phi - \tan\phi')$$

$$= \frac{20 \times 10^3}{2 \times 3.14 \times 50 \times 380^2}(\tan 53.1° - \tan 25.8°) = 374(\mu\text{F})$$

事实上，还有一个满足要求的解答，如相量图中虚线所示。这时整个电路由于过补偿而呈容性，需要的电容更大，显然是不可取的。

思考练习3.6

3.7　谐 振 电 路

在 3.4 节中曾经提到过谐振现象。那么什么是谐振呢？在既有电容又有电感的电路中，当电源的频率和电路的参数符合一定的条件时，电路总电压与总电流的相位相同，整个电路呈电阻性，这种现象称为谐振。

谐振时，由于 $\phi = 0$，因而 $\sin\phi = 0$，总的无功功率 $Q = Q_L + Q_C = |Q_L| - |Q_C| = 0$。可见，谐

振的实质就是电容中的电场能与电感中的磁场能相互转换，此增彼减，完全补偿。电场能和磁场能的总和时刻保持不变，电源不必与电容或电感往返转换能量，只需供给电路中电阻所消耗的电能。

　　谐振一方面在工业生产中有广泛的应用，例如，用于高频淬火、高频加热以及收音机、电视机中；另一方面，谐振会在电路的某些元件中产生较大的电压或电流，致使元件受损，在这种情况下又要注意避免工作在谐振状态。无论是利用它，还是避免它，都必须研究它，认识它。

　　由于谐振电路的基本模型有串联和并联两种，因此谐振也分为串联谐振和并联谐振两种。

3.7.1　串联电路的谐振

　　图 3-31 所示 RLC 串联电路，在正弦电压源 $\dot{U}_S$ 作用下，其复阻抗为

$$Z = R + \mathrm{j}\left(\omega L - \frac{1}{\omega C}\right) = R + \mathrm{j}(X_L - X_C) = R + \mathrm{j}X$$

式中，电抗 X 是角频率 ω 的函数，X 随 ω 变化的情况如图 3-32 所示。当 ω 从零向 $+\infty$ 变化时，X 从 $-\infty$ 向 $+\infty$ 变化。在 $\omega < \omega_0$ 时，$X < 0$，电路为容性；在 $\omega > \omega_0$ 时，$X > 0$，电路为感性；在 $\omega = \omega_0$ 时，$X = 0$，电路为阻性，发生了谐振。这种谐振发生在 RLC 串联电路中，又称串联谐振。串联谐振发生的条件是

$$X = \omega_0 L - \frac{1}{\omega_0 C} = 0 \tag{3-27}$$

由此得谐振角频率为

$$\omega_0 = \frac{1}{\sqrt{LC}} \tag{3-28a}$$

谐振频率为

$$f_0 = \frac{1}{2\pi\sqrt{LC}} \tag{3-28b}$$

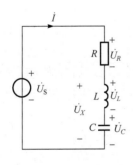

图 3-31　RLC 串联电路

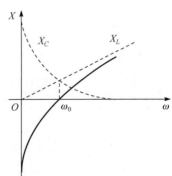

图 3-32　电抗 X 随角频率 ω 变化曲线

　　当 L 的单位为亨利(H)，C 的单位为法拉(F)时，f_0 的单位为赫兹(Hz)。串联电路的谐振频率是由电路自身参数决定的，与外部条件无关，故又称为电路的固有频率或自然频率。

当电源频率一定时，调节电路参数 L 或 C，使固有频率与电源频率一致而发生谐振；当电路参数一定时，调节电源频率使其与固有频率一致而发生谐振。当然，通过同样途径使 ω、L、C 三者关系不满足谐振条件，则可达到消除谐振的目的。

谐振时，虽然电抗为零，但感抗和容抗并不为零，只是二者相等，我们把揩振时的感抗或容抗称为串联电路的特性阻抗，记为 ρ，即

$$\rho = \omega_0 L = \frac{1}{\omega_0 C} \tag{3-29a}$$

将式(3-28a)代入，可得

$$\rho = \sqrt{\frac{L}{C}} \tag{3-29b}$$

ρ 的单位为欧姆(Ω)，由电路参数 L 和 C 决定，与频率无关。

工程上常用特性阻抗与电阻的比值表征串联谐振电路的性能，称为品质因数，又称共振系数，用 Q 表示，即

$$Q = \frac{\rho}{R} = \frac{\omega_0 L}{R} = \frac{1}{\omega_0 RC} = \frac{1}{R}\sqrt{\frac{L}{C}} \tag{3-30}$$

这是由电路参数 R、L、C 共同决定的一个无量纲的量，有时简称为 Q 值。

谐振时，X_L 与 X_C 数值相等，$X = 0$，L 和 C 串联部分相当于短路，电路阻抗 $Z_0 = R$，为纯电阻，阻抗值最小。所以，在保持外加电压有效值不变的情况下，谐振时电流最大，为

$$\dot{I}_0 = \frac{\dot{U}_S}{Z_0} = \frac{\dot{U}_S}{R}$$

谐振时各元件的电压分别为

$$\dot{U}_{R0} = \dot{I}_0 R = \dot{U}_S$$

$$\dot{U}_{L0} = j\omega_0 L\dot{I}_0 = j\omega_0 L\frac{\dot{U}_S}{R} = jQ\dot{U}_S$$

$$\dot{U}_{C0} = -j\frac{1}{\omega_0 C}\dot{I}_0 = -j\frac{1}{\omega_0 C}\cdot\frac{\dot{U}_S}{R} = -jQ\dot{U}_S$$

电阻电压与外施电压相等且同相，电阻电压达到最大值；电感电压和电容电压有效值相等，均为外施电压的 Q 倍，但电感电压超前外施电压 90°，电容电压落后外施电压 90°，总电抗电压 $\dot{U}_{X0} = \dot{U}_{L0} + \dot{U}_{C0} = 0$。$RLC$ 串联电路谐振时的电压、电流相量图如图 3-33 所示。

谐振时电感与电容实现完全互补，$Q_L + Q_C = 0$，电源只为电阻 R 提供能量。由式(3-30)得

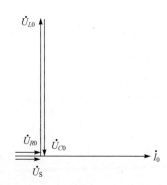

图 3-33　串联谐振时的电压、
　　　　　电流相量图

$$Q = \frac{\omega_0 L}{R} = \omega_0 \frac{\frac{1}{2}LI_m^2}{\frac{1}{2}RI_m^2} = \frac{\omega_0 LI^2}{RI^2} = \frac{Q_L}{P} = \frac{|Q_C|}{P} \tag{3-31}$$

该式表明了电路 Q 值的物理意义。即 Q 等于谐振时电路中储存的电磁场总能量 $(\frac{1}{2}LI_m^2)$ 与电路消耗的平均功率 (RI_0^2) 之比的 ω_0 倍；Q 等于谐振时电路中电感无功功率或电容无功功率的数值与有功功率之比。电阻 R 越小，电路消耗的能量(或功率)越小，Q 值越大，振荡越激烈。

当电路 Q 值较高时，电感电压和电容电压的数值都将远大于外施电压的值，所以串联谐振又称电压谐振。在电力工程中，这种高电压可能击穿电容器或电感器的绝缘，因此，要避免电压谐振或接近电压谐振的发生。在通信工程中恰好相反，由于其工作信号比较微弱，往往利用电压谐振来获得比较高的电压。

例 3-16　将一线圈 $(L=4\text{mH}, R=50\Omega)$ 与电容 $(C=160\text{pF})$ 串联，接于 $U=25\text{V}$ 的电源上，求：

(1) 当 $f_0=200\text{kHz}$ 发生谐振时，电流和电容器上的电压；

(2) 当频率增加 10% 时，电流和电容器上的电压。

解　(1) 当 $f_0=200\text{kHz}$ 电路发生谐振时，

$$X_L = 2\pi f_0 L = 2 \times 3.14 \times 200 \times 10^3 \times 4 \times 10^{-3} = 5000(\Omega)$$

$$X_C = \frac{1}{2\pi f_0 C} = \frac{1}{2 \times 3.14 \times 200 \times 10^3 \times 160 \times 10^{-12}} = 5000(\Omega)$$

$$I_0 = \frac{U}{R} = \frac{25}{50} = 0.5(\text{A})$$

$$U_C = X_C \cdot I_0 = 5000 \times 0.5 = 2500(\text{V})$$

(2) 当频率增加 10% 时，

$$X_L' = 1.1 X_L = 5500\Omega$$

$$X_C' = \frac{X_C}{1.1} = 4545\Omega$$

$$|Z'| = \sqrt{R^2 + (X_L' - X_C')^2} = \sqrt{50^2 + (5500 - 4545)^2} = 956.3(\Omega)$$

$$I' = \frac{U}{|Z'|} = \frac{25}{956.3} = 0.026(\text{A})$$

$$U_C' = X_C' \cdot I' = 0.026 \times 4545 = 118.2(\text{V})$$

可见，偏离谐振频率 10% 时，I 和 U_C 都大大减小。

串联谐振在无线电工程中的应用较多，如在接收机中被用来选择信号。图 3-34(a)是接收机中典型的输入电路。它的作用是将需要收听的信号从天线所收到的许多频率不同信号之中选出来，其他不需要的信号则尽量地加以抑制。输入电路的主要部分是天线线圈 L_1 和由电感线圈 L 与可变电容器 C 组成的串联谐振电路。天线所收到的各种不同频率的信号都会在 LC 谐振电路中感应出相应的电动势 e_1，e_2，e_3，…如图 3-34(b)所示，图中的 R 是线圈 L 的电阻。改变 C，将所需信号频率调整到串联谐振，那么这

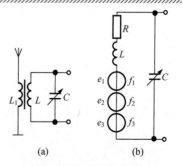

图 3-34　接收机输入电路

时 LC 回路中该频率的电流最大，在可变电容器两端该频率的电压最高。

其他各种不同频率的信号虽然也在天线里出现，但由于它们没有达到谐振，在回路中引起的电流就很小。这样就起到了选择信号和抑制干扰的作用。

这里有一个选择性的问题。如图 3-35 所示，当谐振曲线比较尖锐时，信号频率稍偏离谐振频率 f_0，信号就大大地减弱。也就是说，谐振曲线越尖锐，选择性就越强。此外，也引用了通频带宽度的概念。我们规定，在电流 I 值等于最大值 I_0 的 70.7%(即 $I_0/\sqrt{2}$)处频率的上下限之间的宽度称为通频带宽度，即

$$\Delta f = f_2 - f_1$$

通频带宽度越小，表明谐振曲线越尖锐，电路的频率选择性就越强。而谐振曲线的尖锐或平坦与 Q 值有关，如图 3-36 所示。设电路的 L 和 C 值不变，只改变 R 值。R 值越小，Q 值越大，则谐振曲线越尖锐，也就是选择性越强。这是品质因数 Q 的另外一个物理意义。减小 R 值，也就是减小线圈导线的电阻和电路中的各种能量损耗(谐振电路的电阻除线圈导线的电阻外，还包括线圈的铁心损耗或电容器的介质损耗所反映出的等效电阻)。

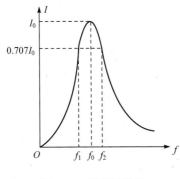

图 3-35   通频带宽度

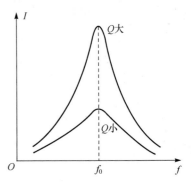

图 3-36 Q 与谐振曲线的关系

3.7.2   并联电路的谐振

在 RLC 串联谐振电路中，电压源的内阻与电路是串联的。当信号源内阻较大时，串联谐振电路的品质因数大大降低，从而使谐振电路的选择性变差。所以，信号源内阻较小时应用串联谐振电路合适，而高内阻信号源一般采用并联谐振电路。

图 3-37 所示为正弦电流源 $\dot{i}_S$ 激励下 GCL 并联电路，其复导纳为

$$Y = G + \mathrm{j}\left(\omega C - \frac{1}{\omega L}\right) = G + \mathrm{j}(B_C - B_L) = G + \mathrm{j}B$$

当满足条件

$$B = \omega C - \frac{1}{\omega L} = 0 \tag{3-32}$$

时，电压和电流同相，电路发生并联谐振。由式(3-32)可求得并联谐振角频率为

$$\omega_p = \frac{1}{\sqrt{LC}} \tag{3-33a}$$

谐振频率为
$$f_p = \frac{1}{2\pi\sqrt{LC}} \tag{3-3}$$

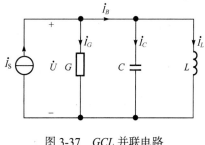

图 3-37　GCL 并联电路

可见，GCL 并联电路的谐振频率也是由电路自身参数决定的，且只与 L、C 有关，与 G 无关。

谐振时容纳 $\omega_p C$（或感纳 $\frac{1}{\omega_p L}$）与电导 G 的比值定义为 GCL 并联谐振电路的品质因数，用 Q_p 表示，即

$$Q_p = \frac{\omega_p C}{G} = \frac{1}{\omega_p GL} = \frac{1}{G}\sqrt{\frac{C}{L}} \tag{3-34}$$

这也是由电路参数 G、C、L 共同决定的。Q_p 值的大小直接影响并联谐振电路的性能。

谐振时，B_L 与 B_C 数值相等，$B=0$，L 和 C 并联部分相当于开路，电路导纳 $Y_p = G$，为纯电导，导纳值最小。在输入电流幅值保持不变的情况下，谐振时电压最大，为

$$\dot{U}_p = \frac{\dot{I}_S}{G}$$

谐振时各支路的电流分别为

$$\dot{I}_{Gp} = \dot{U}_p G = \dot{I}_S$$

$$\dot{I}_{Cp} = j\omega_p C\dot{U}_p = j\omega_p C\frac{\dot{I}_S}{G} = jQ\dot{I}_S$$

$$\dot{I}_{Lp} = -j\frac{1}{\omega_p L}\dot{U}_p = -j\frac{1}{\omega_p L}\cdot\frac{\dot{I}_S}{G} = -jQ\dot{I}_S$$

可见，谐振时电容支路和电感支路电流数值相等，均为电流源电流的 Q_p 倍。当电路 Q_p 值较高时，电容和电感中的电流将比电源电流大得多，所以并联谐振又称电流谐振。由于电容电流和电感电流相位相反，所以总电纳电流 $\dot{I}_{Bp} = \dot{I}_{Cp} + \dot{I}_{Lp} = 0$。谐振时的电压、电流相量图如图 3-38 所示。

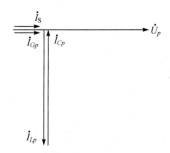

图 3-38　GCL 并联谐振时的电压、电流相量图

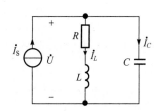

图 3-39　电感线圈和电容器并联电路

实际应用中常以电感线圈和电容器组成并联谐振电路。电感线圈考虑其损耗可等效为电感与电阻串联电路，电容器损耗很小可忽略，这样得到如图 3-39 所示的并联电路。在正弦电流源 $\dot{I}_S$ 作用下，其复导纳为

$$Y = \frac{1}{R + j\omega L} + j\omega C$$

$$= \frac{R}{R^2 + \omega^2 L^2} + j\left(\omega C - \frac{\omega L}{R^2 + \omega^2 L^2}\right) = G + jB$$

若满足条件

$$B = \omega C - \frac{\omega L}{R^2 + \omega^2 L^2} = 0 \tag{3-35}$$

则电压和电流同相，电路发生谐振。由式(3-35)可求得电路的谐振角频率为

$$\omega_p = \sqrt{\frac{1}{LC} - \frac{R^2}{L^2}} = \frac{1}{\sqrt{LC}}\sqrt{1 - \frac{CR^2}{L}} \tag{3-36}$$

可见，电路的谐振角频率同样由电路参数决定，且不仅与 L、C 有关，还与 R 有关。只有当 $R < \sqrt{\dfrac{L}{C}}$ 时，ω_p 是实数，电路才会发生谐振；若 $R << \sqrt{\dfrac{L}{C}}$，则式(3-36)可简化为

$$\omega_p \approx \frac{1}{\sqrt{LC}}$$

$$f_p \approx \frac{1}{2\pi\sqrt{LC}}$$

思考练习3.7

实际电路一般能满足该条件，故常以上式计算电路的谐振频率。

应该说明的是，谐振时的电路阻抗并不是阻抗最大值，但阻抗最大值点的 ω 较接近谐振频率 ω_p。

3.8　非正弦周期信号电路

正弦电路中的电压和电流都是按正弦规律变动的。在工程实际中，经常遇到的还有不按正弦规律变动的电压和电流，称为非正弦电压和电流。当非正弦电源(或信号)作用于线性电路或正弦电源(或信号)作用于非线性电路时，电路中都会产生非正弦电压和(或)电流。图3-40 给出了几种常见的非正弦电压、电流的波形，它们都是周期性变动的，称为周期性非正弦电压和电流，相应的电路称为周期性非正弦电路。

当周期性非正弦电源(或信号)作用于线性电路时，由于电源波形不是正弦波，所以不能直接运用前面介绍的相量法。但根据周期函数展开为傅里叶级数的理论，可以先把周期性非正弦电源信号分解为一系列不同频率的正弦分量之和，然后再应用相量法分别计算每一正弦分量单独作用于电路时产生的响应分量，最后根据线性电路的叠加性质，把这些响应分量叠加起来，就可以得到电路中实际的响应。这种方法称为谐波分析法。实际上就是把周期性非正弦电路的计算化为一系列正弦电路的计算，充分利用了相量法这一有效工具。

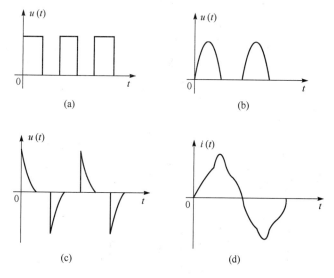

图 3-40　几种常见的周期性非正弦电压、电流的波形

3.8.1　谐波分析的概念

正弦信号(电压或电流)是周期信号中最基本最简单的，可以用相量表示，而其他周期信号是不能用相量表示的。对于这些非正弦周期信号可以用傅里叶级数将它们分解成许多不同频率的正弦分量，这种方法称为谐波分析。

对于电工和电子技术中经常遇到的非周期信号 u(或 i)，可将它展开成如下收敛的三角级数：

$$i = I_0 + \sum_{k=1}^{\infty} I_{km} \cos(k\omega t + \phi_k) \tag{3-37}$$

这一无穷三角级数称为傅里叶级数。其中，I_0 为常数，称为直流分量，是 i 在一个周期内的平均值；$I_{1m} \cos(\omega t + \phi_1)$ 是与 i 同频率的正弦分量，称为基波或一次谐波；$I_{2m} \cos(2\omega t + \phi_2)$ 是 i 两倍频率的正弦分量，称为二次谐波；其他依次类推，称为三次谐波、四次谐波……除了直流分量和基波以外，其余各次谐波统称为高次谐波。由于傅里叶级数的收敛性质，一般来说，谐波的次数越高，其幅值越小(个别项可能例外)，因此，次数很高的谐波可以忽略。

如图 3-41 中的周期性电压波形，可以展开为收敛的傅里叶级数

$$u(t) = \frac{4U_m}{\pi} \left(\sin \omega t + \frac{1}{3} \sin 3\omega t + \frac{1}{5} \sin 5\omega t + \cdots \right)$$

如果将其傅里叶展开式中的各次谐波都画出来，再把它们相加，就可以得到原来的方波。图 3-42 画出了谐波合成的结果，其中图(a)取到三次谐波，图(b)取到五次谐波，而图(c)取到十一次谐波。显然，谐波分量取得越多，合成结果就越接近原来的方波。

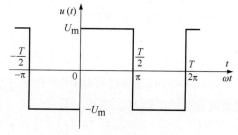

图 3-41　周期性方波电压

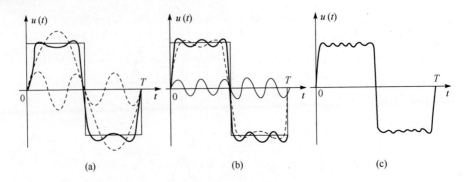

图 3-42　谐波合成结果

在 3.1 节中已经给出了周期量有效值的概念。按照定义，周期量的有效值即为其方均根值，例如，周期电流 i 的有效值为

$$I = \sqrt{\frac{1}{T}\int_0^T i^2 \mathrm{d}t}$$

将式(3-37)代入上式，可以推导出(推导过程略)周期性非正弦电流 i 的有效值为

$$I = \sqrt{I_0^2 + I_1^2 + I_2^2 + \cdots} \tag{3-38a}$$

同理：周期性非正弦电压 U 的有效值为

$$U = \sqrt{U_0^2 + U_1^2 + U_2^2 + \cdots} \tag{3-38b}$$

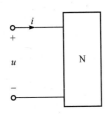

图 3-43　二端网络

式中，U_0 和 I_0 为直流分量；U_1 和 I_1 为基波的有效值；U_2 和 I_2 为二次谐波的有效值。

非正弦周期信号的最大值(即幅值)，并不一定等于有效值的 $\sqrt{2}$ 倍，它们之间的关系随波形的不同而不同，而各次谐波都是正弦量，它们的最大值应为有效值的 $\sqrt{2}$ 倍。

现在说明周期性非正弦电路中的平均功率。设二端网络 N 的电压和电流分别为 u 与 i，如图 3-43 所示。它们都是周期性非正弦量，可分别写成

$$u = U_0 + \sum_{k=1}^{\infty} U_{km}\cos(k\omega t + \phi_{uk})$$

$$i = I_0 + \sum_{k=1}^{\infty} U_{km}\cos(k\omega t + \phi_{ik})$$

将以上结果代入平均功率的定义式

$$P = \frac{1}{T}\int_0^T p\mathrm{d}t = \frac{1}{T}\int_0^T ui\mathrm{d}t$$

可以推导出(推导过程略)周期性非正弦电路中的平均功率等于其直流分量的功率和各次谐波分量的平均功率之和，即

$$P = U_0 I_0 + U_1 I_1 \cos\phi_1 + U_2 I_2 \cos\phi_2 + \cdots \tag{3-39}$$

式中，U_k 和 I_k 分别是 k 次谐波电压和电流的有效值；$\phi_k = \phi_{uk} - \phi_{ik}$ 是 k 次谐波电压和电流的相位差。

这里得出的功率可以叠加的结论只在周期性非正弦电路中成立，在直流和正弦电路中则是不成立的。这是因为在周期性非正弦电路中，不同谐波的电压和电流只能产生瞬时功率，而不能产生平均功率(由三角函数的正交性所决定)。

3.8.2　非正弦周期信号电路的分析

当作用于电路的电源为非正弦周期信号电源，或者电路内含有直流电源和若干个不同频率的正弦交流电源时，电路中的电压和电流都将是非正弦周期波形。对于这样的电路可以利用叠加定理来进行分析。

若电源为非正弦周期信号电源，先要进行谐波分析，求出电源信号的直流分量和各次谐波分量。若是电路内含有直流电源和若干个不同频率的正弦交流电源，谐波分析的步骤可以省去。

然后，求出非正弦周期信号电源的直流分量和各次谐波分量分别单独作用时，或者求出电路内的直流电源和各不同频率正弦交流电源分别单独作用时所产生的电压和电流。最后将属于同一支路的分量进行叠加，得到实际的电压和电流。

在计算过程中，对于直流分量，可用直流电路的计算方法，要注意电容相当于开路，电感相当于短路。对于各次谐波分量，可用交流电路的计算方法，要注意容抗与频率成反比，感抗与频率成正比。在最后叠加时，要注意只能瞬时值相加，不能相量相加，因为直流分量和各次谐波分量的频率不同。

例 3-17　图 3-44(a)为一全波整流器的滤波电路，它是由 $L = 5\text{H}$ 的电感和 $C = 10\mu\text{F}$ 的电容组成的，负载电阻 $R = 2000\Omega$。已知加在滤波电路输入端的电压 u 的波形如图 3-44(b)所示，输入电压 u 分解成傅里叶级数为 $u = \dfrac{4U_m}{\pi}\left[\dfrac{1}{2} + \dfrac{1}{3}\cos(2\omega t) - \dfrac{1}{15}\cos(4\omega t) + \cdots\right]$（其中 $\omega = 314\text{rad/s}$，$U_m = 157\text{V}$）。求负载两端电压 u_R。

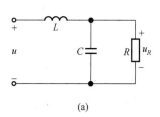
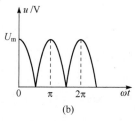

(a)　　　　　　　　　　　　　　(b)

图 3-44　例 3-17 图

解　(1) 将 $U_m = 157\text{V}$ 代入下式为并取到四次谐波，得

$$u = \frac{4U_m}{\pi}\left[\frac{1}{2} + \frac{1}{3}\cos(2\omega t) - \frac{1}{15}\cos(4\omega t) + \cdots\right]$$

$$u = 100 + 66.67\cos(2\omega t) - 13.33\cos(4\omega t)\ \text{V}$$

(2) 求各分量的响应。

直流分量 $u_0 = 100\mathrm{V}$ 单独作用时，电感相当于短路，电容相当于开路，故

$$u_{R0} = u_0 = 100\mathrm{V}$$

二次谐波分量 $u_2 = 66.67\cos(2\omega t) = 47.15\sqrt{2}\cos(2\omega t)$ V 单独作用时，

$$X_{L2} = 2\omega L = 2 \times 314 \times 5 = 3140\ (\Omega)$$

$$X_{C2} = \frac{1}{2\omega C} = \frac{1}{2 \times 314 \times 10 \times 10^{-6}} = 159\ (\Omega)$$

RC 并联阻抗

$$Z_{RC2} = \frac{R(-\mathrm{j}X_{C2})}{R - \mathrm{j}X_{C2}} = \frac{2000(-\mathrm{j}159)}{2000 - \mathrm{j}159} = 158.5\angle(-85.5°)$$
$$= 12.44 - \mathrm{j}158\ (\Omega)$$

所以

$$\dot{U}_{R2} = \frac{Z_{RC2}}{\mathrm{j}X_{L2} + Z_{RC2}}\dot{U}_2 = \frac{158.5\angle(-85.5°) \times 47.15\angle 0°}{\mathrm{j}3140 + 12.44 - \mathrm{j}158}$$
$$= 2.5\angle(-175.3°)\ (\mathrm{V})$$

四次谐波分量 $u_4 = -13.33\cos(4\omega t) = 9.43\sqrt{2}\cos(4\omega t + 180°)$ V 单独作用时，

$$X_{L4} = 4\omega L = 4 \times 314 \times 5 = 6280\ (\Omega)$$

$$X_{C4} = \frac{1}{4\omega C} = \frac{1}{4 \times 314 \times 10 \times 10^{-6}} = 79.5\ (\Omega)$$

RC 并联阻抗

$$Z_{RC4} = \frac{R(-\mathrm{j}X_{C4})}{R - \mathrm{j}X_{C4}} = \frac{2000(-\mathrm{j}79.5)}{2000 - \mathrm{j}79.5} = 79.4\angle(-87.7°)\ (\Omega)$$

所以

$$\dot{U}_{R4} = \frac{Z_{RC4}}{\mathrm{j}X_{L4} + Z_{RC4}}\dot{U}_4 = \frac{79.4\angle(-87.7°) \times 9.43\angle 180°}{\mathrm{j}6280 + 79.4\angle(-87.7°)}$$
$$= 0.12\angle 2.33°\ (\mathrm{V})$$

思考练习3.8

(3) 将上面求得的各响应分量化成瞬时值进行叠加，得负载电压为

$$u_R = u_{R0} + u_{R2} + u_{R4}$$
$$= 100 + 2.5\sqrt{2}\cos(2\omega t - 175.3°) + 0.12\sqrt{2}\cos(4\omega t + 2.33°)$$
$$= 100 + 3.54\cos(2\omega t - 175.3°) + 0.17\cos(4\omega t + 2.33°)\ \mathrm{V}$$

第3章小结

从上面计算结果可以看出，与输入相比，负载电压中直流分量毫无衰减，二次谐波分量已被大大削弱，四次谐波分量更是所剩无几，这就是滤波电路的作用。

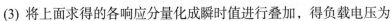

阅读与应用

最大功率的传输

● **最大功率的传输**

正弦稳态电路中，相对于负载而言，电路的其余部分就是一个有源二端网络。可以分两种情况来讨论负载从电源获得最大功率的条件。

● 无功功率补偿

电网中的电力负荷如电动机、变压器等，大部分属于感性电抗，在运行过程中需要向这些设备提供相应的无功功率。在电网中安装并联电容器、同步调相机等容性设备以后，可以降低输电线路因输送无功功率造成的电能损耗，改善电网的运行条件。这种做法称为无功补偿。

无功功率补偿

历 史 人 物

查尔斯·斯坦梅兹(Charles Proteus Steinmetz, 1865—1923 年)是奥地利德裔数学家、工程师，美国电器行业奠基者。他将相量法引入交流电路分析中，并以其在磁滞理论方面的成果著称。

斯坦梅兹简介

历 史 故 事

电气和电子工程师协会(IEEE)的英文全称是 Institute of Electrical and Electronics Engineers，其前身是成立于 1884 年的美国电气工程师协会(AIEE)和成立于 1912 年的无线电工程师协会(IRE)。前者主要致力于有线通信、光学以及动力系统的研究，后者是国际无线电领域不断扩大的产物。1963 年，AIEE 和 IRE 宣布合并，电气和电子工程师协会(IEEE)正式成立。

IEEE

习 题 3

3-1 指出下列各组正弦电压、电流的最大值、有效值、频率和初相，并确定每组两个正弦量之间的相位差。

(1) $\begin{cases} u_1 = 300\cos 314t \text{ V} \\ u_2 = 220\sqrt{2}\cos(314t - 30°) \text{ V} \end{cases}$

(2) $\begin{cases} i_1 = \sqrt{2}\cos\left(200\pi t + \dfrac{\pi}{3}\right) \text{ A} \\ i_2 = \sin\left(200\pi t + \dfrac{\pi}{3}\right) \text{ A} \end{cases}$

(3) $\begin{cases} u = 100\cos(500t + 120°) \text{ V} \\ i = -10\sqrt{2}\cos(500t - 60°) \text{ A} \end{cases}$

3-2 实验中示波器显示出两个工频正弦电压 u_1 和 u_2 的波形如题 3-2 图所示，已知 u_1 的振幅是 5V。

(1) 试写出它们的瞬时值表达式(以 u_1 为参考正弦量)；

(2) 若用电压表来测量这两个电压，读数各为多少？

3-3 把下列复数按要求进行转换。

(1) 化成极坐标式：$3 - j4$, $6 + j3$, $-8 + j6$, $-5 - j10$, 5, $j12$。

(2) 化成直角坐标式：$5\angle 36.87°$, $10\angle(-53.13°)$, $8\angle 30°$, $1\angle 120°$, $15\angle(\pi/4)$, $2\angle(-90°)$, $3\angle 180°$。

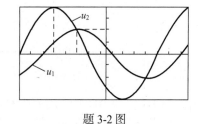

题 3-2 图

习题3答案1

3-4 写出题 3-1 各组正弦量的相量表达式，并画出每组的相量图。

3-5 写出下列各相量对应的正弦量瞬时值表达式。

(1) $\dot{U} = 220\angle 40° \text{ V}$ ($f = 50$ Hz)

(2) $\dot{U}_m = j100 \text{ V}$ ($\omega = 100$ rad/s)

(3) $\dot{I}_m = -10 \text{ A}$ ($f = 100$ Hz)

(4) $\dot{I} = 4 - j3 \text{ A}$ ($\omega = 200$ rad/s)

3-6 求题 3-6 图所示各电路中的 U。已知 $U_1 = 30$ V，$U_2 = 40$ V。说明在什么条件下串联总电压有效值才等于各分电压有效值之和。

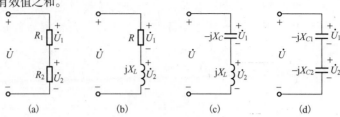

题 3-6 图

3-7 题 3-7 图所示电路中，已知 $R = 50 \, \Omega$，$C = 15.9 \, \mu F$，正弦电压 u 的有效值为 100 V。求频率为 50 Hz 和 500 Hz 两种情况下 i_R 和 i_C 的有效值。

3-8 题 3-8 图所示 RLC 并联电路中：

(1) 若电阻支路、电感支路及总电流的有效值分别为 $I_R = 4$ A，$I_L = 6$ A，$I = 5$ A，求电容支路电流有效值 I_C。

(2) 若 $R = 50 \, \Omega$，$L = 20 \, \text{mH}$，$C = 25 \, \mu F$，电压有效值 $U = 100$ V，角频率 $\omega = 1000 \, \text{rad/s}$，求总电流有效值 I。

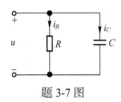

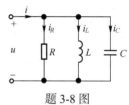

题 3-7 图   题 3-8 图

3-9 题 3-9 图所示正弦稳态电路中，已知 $R = \omega L = 5 \, \Omega$，$\dfrac{1}{\omega C_1} = 10 \, \Omega$，电压表 V_2 的读数为 100 V，电流表 A_2 的读数为 10 A，试求电流表 A_1、电压表 V_1 的读数（各表读数均为有效值）。

3-10 题 3-10 图所示电路中，已知某负载的电压相量和电流相量分别为：

(1) $\dot{U} = 100\angle 120° \text{ V}$，$\dot{I} = 5\angle 60° \text{ A}$；

(2) $\dot{U} = 100\angle 30° \text{ V}$，$\dot{I} = 4\angle 60° \text{ A}$。

试确定每种情况下负载的复阻抗，并说明其性质。

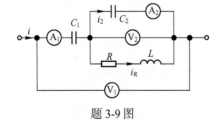

题 3-9 图   题 3-10 图

3-11 求题 3-11 图所示各电路的等效复阻抗。

3-12 题 3-12 图所示电路中，已知 $R_1 = 60 \, \Omega$，$R_2 = 100 \, \Omega$，$L = 0.2$ H，$C = 10 \, \mu F$。若电流源的电流为 $i_s = 0.2\sqrt{2}\cos(314t + 30°)$ A，试求两并联支路的电流 i_R、i_C 和电流源的电压 u。

3-13 题 3-13 图所示电路中，若 $U = 100$ V，$I_1 = I_2 = I = 10$ A，$\omega = 10^4 \, \text{rad/s}$，求 R、L、C 之值。

3-14 将一个电感线圈接到 20V 直流电源时，通过的电流为 1A，将此线圈改接于 2000Hz、20V 的电源时，电流为 0.8A。求该线圈的电阻 R 和电感 L。

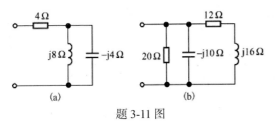
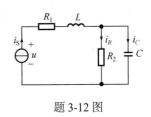

题 3-11 图　　　　　　　　　　　　　　　　题 3-12 图

3-15　如题 3-15 图所示电路中，$u = 80\cos(100t)$ V 。当开关 S_1 闭合，S_2 断开(即只有线圈)时，电流 i 的有效值 $I = 2\sqrt{2}$ A；当开关 S_1 断开，S_2 断开(即电阻 R_1 和线圈串联)时，电流 i 的有效值 $I = 2.5$ A；当开关 S_1 闭合，S_2 闭合(即电阻 R_1 和线圈并联)时，电流 i 的有效值 $I = 16$ A。求 R 和 L 的值。

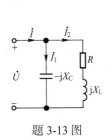
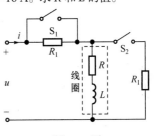

题 3-13 图　　　　　　　　　　　　　　　题 3-15 图

3-16　题 3-16 图所示电路中两电压表 V_1 和 V_2 的读数分别为 81.65 V 和 111.54 V，已知总电压有效值 $U = 100$ V，$X_C = 50\,\Omega$，求 R 和 X_L 之值。

3-17　题 3-17 图所示正弦稳态电路中：

(1) 已知 $U = \dfrac{10}{\sqrt{2}}$ V，$I_2 = 10$ A，$R = 1\,\Omega$，$X_C = 1\,\Omega$，求 $\dot{I}$ 和 $\dot{U}$；

(2) 已知 $I_1 = I_2 = 10$ A，$U = 100$ V，$\dot{U}$ 和 $\dot{I}$ 同相，求 $\dot{I}$、R、X_L、X_C。

3-18　题 3-18 图所示正弦稳态电路中，已知 $L = 0.2$ H，$C = 10\,\mu\text{F}$，$\omega = 1000$ rad/s，且电压有效值 $U_2 = U_1 = U = 100$ V，求阻抗 Z。

习题3答案3

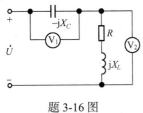
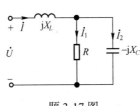
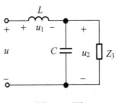

题 3-16 图　　　　　　　　　题 3-17 图　　　　　　　　　题 3-18 图

3-19　题 3-19 图所示正弦稳态电路中，已知 $R_1 = 2$ kΩ，$R_2 = 500\,\Omega$，$C = 1000$ pF，若使电压 u 与 u_1 的有效值相等，求 L 应为多少?

*3-20　在题 3-20 图所示电路中，$u_S = 2\sqrt{2}\cos(10^4 t)$ V，$i_S = \sqrt{2}\sin(10^4 t)$ V，试求电压源的电流 i 及电流源的电压 u。

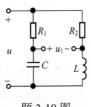
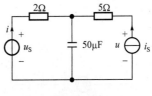

题 3-19 图　　　　　　　　　　　　题 3-20 图

3-21 题 3-21 图所示正弦稳态电路中，已知 $U=220\,\text{V}$，有功功率 $P=7.5\,\text{kW}$，无功功率 $Q=5.5\,\text{kvar}$，求 R，X 的值。

3-22 题 3-22 图所示正弦交流电路的总功率因数为 0.707(感性)，$Z_1 = 2 + \text{j}4\,\Omega$，电压源输出功率 $P = 500\,\text{W}$，$U = 100\,\text{V}$。求负载 Z_2 的值以及它吸收的有功功率。

3-23 题 3-23 图所示正弦稳态电路中，已知电源有效值 $U_\text{s}=220\text{V}$，$R=10\,\Omega$，$U_1 = U_2 = 220\text{V}$。求电路消耗功率 P 的值。

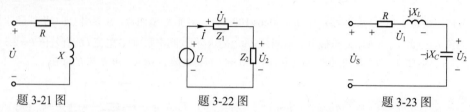

题 3-21 图   题 3-22 图   题 3-23 图

3-24 题 3-24 图所示电路中，已知 $U = 220\,\text{V}$，$U_1 = 141.4\,\text{V}$，$I_2 = 30\,\text{A}$，$I_3 = 20\text{A}$，电路吸收的功率 $P = 1000\text{W}$。试求：

(1) I_1 和 U_2；

(2) R_1、X_{L1}、X_{L2} 和 X_C。

3-25 题 3-25 图所示电路中，各表的读数如图中所示，求电路元件参数 R_1、X_{L1}、R_2、X_{L2} 的值。

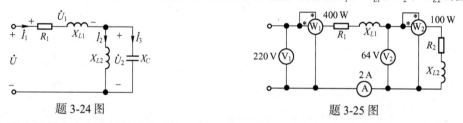

题 3-24 图   题 3-25 图

3-26 两台单相交流电动机并联在 220 V 交流电源上工作，取用的有功功率和功率因数分别为 $P_1 = 1\text{kW}$，$\lambda_1 = 0.8$；$P_2 = 0.5\text{kW}$，$\lambda_2 = 0.707$。求总电流、总有功功率、无功功率和总功率因数。

3-27 功率为 40 W 的日光灯和白炽灯各 100 只并联在电压为 220 V 的工频交流电源上，已知日光灯的功率因数为 0.5(感性)，求电路的总电流和总功率因数。若要把电路的总功率因数提高到 0.9，应并联多大的电容？并联电容后的总电流是多少？

3-28 RLC 串联电路的谐振频率 $f_0 = 400\text{kHz}$，$C = 900\text{pF}$，$R = 5\,\Omega$。

(1) 求 L、ρ 和 Q；

(2) 若信号源电压 $U_\text{s} = 1\text{mV}$，求谐振时电路电流及各元件电压。

3-29 在题 3-29 图所示 RLC 串联电路中，已知电源电压 $U_\text{s} = 1\text{V}$，$\omega = 4000\text{rad/s}$，调节电容 C 使毫安表读数最大，为 250mA，此时电压表测得电容电压有效值为 50V。求 R、L、C 值及电路 Q 值。

3-30 已知题 3-30 图所示电路处于谐振状态。$u_\text{s} = 240\sqrt{2}\cos 5000t\ \text{V}$，$R_1 = R_2 = 200\,\Omega$，$L = 40\text{mH}$，求 i_1、i_L、i_2、i_C。

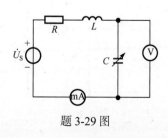 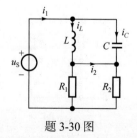

题 3-29 图   题 3-30 图

3-31　题 3-31 图中两电压源的电压分别为

$$u_a(t) = 30\sqrt{2}\cos(\omega t) + 20\sqrt{2}\cos(3\omega t + 60°) \text{ V}$$
$$u_b(t) = 10\sqrt{2}\cos(3\omega t + 45°) + 10\sqrt{2}\cos(5\omega t + 30°) \text{ V}$$

求端电压 u 的有效值。

3-32　题 3-32 图中，已知 $R = 6\Omega$，$\omega L = 2\Omega$，$\dfrac{1}{\omega C} = 18\Omega$，$u = 10 + 80\cos(\omega t + 30°) + 18\cos(3\omega t)$ V，求 i 及各表读数。

3-33　题 3-33 图所示电路中，$L = 0.1\text{H}$，C_1、C_2 可调，R_L 为负载，输入电压信号

习题3答案4

$$u_\text{i} = U_\text{1m}\cos(1000t) + U_\text{3m}\cos(3000t) \text{ V}$$

欲使基波毫无衰减地传输给负载 R_L 而三次谐波全部滤除，求 C_1、C_2 的值。

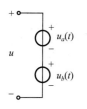

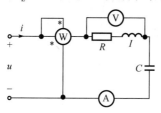

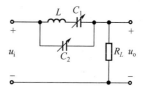

题 3-31 图　　　　　　　　　　题 3-32 图　　　　　　　　　　题 3-33 图

第4章 三相正弦交流电路及安全用电

章节导读

  我国和世界上绝大多数国家的电力系统都采用三相制的供电方式。所谓三相制就是由三个满足一定要求的正弦电源进行供电的体制。三相制供电体制在电能的产生、传输、分配及运用等方面都具有十分显著的优越性。采用三相制供电的电路，就是三相电路。本章主要介绍三相电路的基本概念和分析方法，以及安全用电常识。主要讨论三相电源和三相电路，对称三相电路的分析计算，三相电路的功率及安全用电。本章重点为对称三相电路线、相电压和线、相电流之间的关系，化归单相法，接零和接地保护。

知识点

(1) 三相电源、三相电路的概念和特点。

(2) 线电压与相电压的关系，线电流与相电流的关系。

(3) 化归单相法。

(4) 对称三相电路功率的计算。

(5) 接零和接地保护。

掌握

(1) 线电压与相电压的关系，线电流与相电流的关系。

(2) 化归单相法。

(3) 对称三相电路功率的计算。

(4) 接地和接零保护。

了解

(1) 三相电源、三相电路的概念和特点。

(2) 相序的概念。

(3) 三相电路的星形、三角形连接。

(4) 安全电压、安全电流及三相五线制供电。

4.1 三相电源

  目前，我国和世界上绝大多数国家的电力系统都采用三相制的供电方式。所谓三相制，就是由三个满足一定要求的正弦电压源供电的体系。

  如果三相电源是由三个同频率、等幅值、相位依次相差120°的正弦交流电压源按一定方式连接而成，这组电压源就称为对称三相电源；否则，就称为不对称三相电源。例如，有三个电压源 u_A、u_B、u_C(设 u_A 为参考正弦量)，它们的瞬时值表达式为

$$\begin{cases} u_A = U_m \cos \omega t = \sqrt{2}U \cos \omega t \\ u_B = U_m \cos(\omega t - 120°) = \sqrt{2}U \cos(\omega t - 120°) \\ u_C = U_m \cos(\omega t - 240°) = \sqrt{2}U \cos(\omega t + 120°) \end{cases} \tag{4-1}$$

这组电压源就是对称三相电源。若用相量表示,分别为

$$\begin{cases} \dot{U}_A = U \angle 0° \\ \dot{U}_B = U \angle(-120°) = -\dfrac{1}{2}U - \mathrm{j}\dfrac{\sqrt{3}}{2}U \\ \dot{U}_C = U \angle 120° = -\dfrac{1}{2}U + \mathrm{j}\dfrac{\sqrt{3}}{2}U \end{cases} \tag{4-2}$$

对称三相电源的电路符号、波形图和相量图分别示于图 4-1(a)～(c)。很显然,在任一瞬时,对称三相电源的三个电压之和恒等于零,即 $u_A + u_B + u_C = 0$ 或 $\dot{U}_A + \dot{U}_B + \dot{U}_C = 0$。

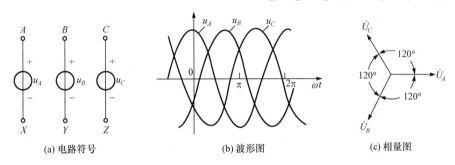

(a) 电路符号　　　　　　　　　(b) 波形图　　　　　　　(c) 相量图

图 4-1　三相电源

工程上把三个电源中的每一个电源称为电源的一相,依次称为 A 相、B 相和 C 相(工程上也常用 U、V、W 表示三相,即 $u_U = u_A$, $u_V = u_B$, $u_W = u_C$)。

A 相、B 相和 C 相的电压经过同一值(如最大值)的先后顺序称为相序。相序在电力工程中是一个很有用的概念,如果 A 相超前 B 相,B 相超前 C 相,C 相又超前 A 相,像这样按 ABC(或 BCA,或 CAB)排定的相序称为正序或顺序。反过来,如果前一相依次滞后于后一相,例如,三个电压按 ACB(或 CBA,或 BAC)排定的相序则称为负序或逆序。一般情况下,三相电路的分析均按 ABC 的顺序排定相序(即正序),除非特别说明。

需要注意的是,工程上三相电源的顺序决定了三相电动机的转向,正序对应着电动机的正转,负序对应着电动机的反转。工程中因为错误的供电顺序导致电动机反转,从而造成经济损失和人身伤害的事故时有发生。因此,学习三相电路不仅要掌握各电压和各电流之间的关系,还特别需要注意相序。

4.1.1　三相电源的星形连接

将三个电压源的负极连接在一起形成一个节点,这个节点称为电源的中性点,用字母 N 表示;由电源的三个正极分别引出三条线连接负载,这三条线称为相线或端线,俗称火

线。按这种方式连接的三相电源称为星形电源，简记为 Y 连接，如图 4-2 所示。

每个电源两端的电压称为相电压，可用 $\dot{U}_A$、$\dot{U}_B$、$\dot{U}_C$ 或 $\dot{U}_{AN}$、$\dot{U}_{BN}$、$\dot{U}_{CN}$ 表示；两条端线之间的电压称为线电压，用 $\dot{U}_{AB}$、$\dot{U}_{BC}$、$\dot{U}_{CA}$ 表示。对于星形连接的对称三相电源，线电压和相电压间的相量关系可表示为

$$\begin{cases} \dot{U}_{AB} = \dot{U}_{AN} - \dot{U}_{BN} = \dot{U}_{AN} \times \sqrt{3}\angle 30° \\ \dot{U}_{BC} = \dot{U}_{BN} - \dot{U}_{CN} = \dot{U}_{BN} \times \sqrt{3}\angle 30° \\ \dot{U}_{CA} = \dot{U}_{CN} - \dot{U}_{AN} = \dot{U}_{CN} \times \sqrt{3}\angle 30° \end{cases} \tag{4-3}$$

利用相量图也可得到上述的相量关系，如图 4-3 所示。

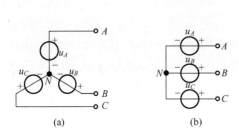

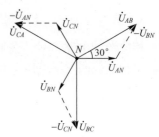

图 4-2　三相电源的星形连接　　　　　图 4-3　星形电源的电压相量图

上述结果表明，当相电压对称时，线电压也对称；反之也成立。对称星形连接电源，数值上，线电压为相电压的 $\sqrt{3}$ 倍，如果用 U_p 表示相电压的有效值，U_l 表示线电压的有效值，那么 $U_l = \sqrt{3}U_p$；相位上，线电压超前相应相电压30°，即 $\phi_l = \phi_p + 30°$。

如果星形电源只将三条端线引出对外供电，这种供电方式为三相三线制，对外只提供线电压一种电压。若由中点再引出一条线，即为三相四线制供电方式，对外可提供线电压和相电压两种电压。

4.1.2　三相电源的三角形连接

如果将三个电源的正极和负极顺次相连，并由三个连接点引出三条线连向负载，这种连接方式的三相电源称为三角形电源，简记为△连接，如图 4-4 所示。三角形电源只有三相三线制一种供电方式。

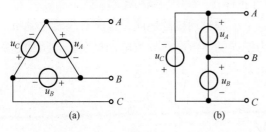

图 4-4　三相电源的三角形连接

三角形连接时，线电压等于相电压，即 $\dot{U}_{AB} = \dot{U}_A$，$\dot{U}_{BC} = \dot{U}_B$，$\dot{U}_{CA} = \dot{U}_C$。相电压对称时，线电压也一定对称；反之也成立。

在实际的三相输电网中，通常电源与用电负载之间距离较远，在负载侧只需要知道输电线之间的电压(即线电压)，无须知道电源的连接方式就可以用电，所以三相电网都以线电压作为标称值。三相电源也遵循这一

原则，经常只给出线电压。

实际的对称三相电源通常就是一台三相发电机。图 4-5(a)所示为三相发电机(横剖面)的结构示意图。它有三个尺寸与匝数完全相同的绕组 AX、BY 和 CZ，分别嵌在空间位置彼此相隔120°的定子(电动机的固定部分)的内圆壁上的槽内，中间有一对可以旋转的磁极，称为转子。磁极可以由励磁线圈通以直流电流产生。

当转子以 50 转/秒的速度旋转时，由于定子绕组切割磁力线的结果，便会在三个绕组中分别产生频率(50Hz)相同、幅值相等、相位依次相差120°的正弦电压。若转子顺时针方向旋转，三相电源相序为 ABC 正序；若转子反方向旋转，三相电源相序则为 ACB 负序。三个绕组 AX、BY、CZ 就相当于前面所述的三个电压源 u_A、u_B、u_C，如图 4-5(b)所示。

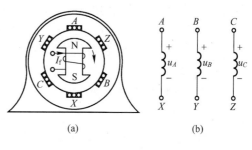

若将三个绕组的末端 X、Y、Z 接在一起，就形成星形电源；若将三个绕组顺次相连，即 X 接 B、Y 接 C、Z 接 A，就形成三角形电源。注意，对于三角形接法，三个电源顺向串联时回路的总电压为 $\dot{U}_A + \dot{U}_B + \dot{U}_C = 0$，其电压相量图示于图 4-6(a)；若将其中一相接反，如 C 相，则回路总电压为 $\dot{U} = \dot{U}_A + \dot{U}_B - \dot{U}_C = -2\dot{U}_C$，见图 4-6(b)，在数值上将为一相电压的两倍，这对于内阻抗很小的发电机绕组来说会因电流

图 4-5　三相发电机结构示意图

过大而烧毁。因此，实际中在把电源绕组接成三角形之前，常常先用一只电压表接在尚未连接的最后两端之间，如图 4-7 所示，借以观察三角形回路的总电压是否为零，以确保连接无误。

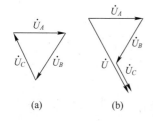

图 4-6　△连接电压相量图

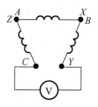

图 4-7　△电源连接测试电路

思考练习4.1

4.2　对称三相电路

4.2.1　三相负载的星形和三角形连接

三相电路的负载通常接成 Y 形或 △ 形，如图 4-8 中(a)和(b)所示。每个负载称为三相负载的一相。图中 Z_A、Z_B、Z_C 分别为星形连接的 A 相、B 相和 C 相负载，Z_{AB}、Z_{BC}、Z_{CA} 分别为三角形连接的 AB 相、BC 相和 CA 相负载。如果三个负载都相同，则称为对称

三相负载，否则就是不对称三相负载。

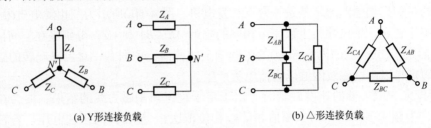

(a) Y形连接负载   (b) △形连接负载

图4-8　负载的连接方式

对称三相电源和对称三相负载构成对称三相电路。如果三相电源和三相负载有一个不对称，则为不对称三相电路。根据三相电源和三相负载连接方式的不同，三相电路有 Y_0/Y_0、Y/Y、$Y/\triangle$、$\triangle/Y$、$\triangle/\triangle$ 等结构，其中下标 0 表示有中线，斜杠左边表示三相电源的连接方式，右边表示负载的连接方式，如 $Y/\triangle$，表示三相电源为星形连接，三相负载为三角形连接。

对称三相电源线电压和相电压的相量关系同样也适用于对称三相负载。

三相电路的电流也分为相电流和线电流。相电流为流经各负载的电流，如图 4-9(a)中的 $\dot{I}_A$、$\dot{I}_B$、$\dot{I}_C$ 及图 4-9(b)中的 $\dot{I}_{AB}$、$\dot{I}_{BC}$、$\dot{I}_{CA}$；而线电流为流经各端线的电流，如图 4-9(a)、(b)中的 $\dot{I}_A$、$\dot{I}_B$ 和 $\dot{I}_C$。

对于图 4-9(a)的 Y 形负载，其线电流显然等于相电流，即 $\dot{I}_A$、$\dot{I}_B$、$\dot{I}_C$ 既是相电流，也是线电流。

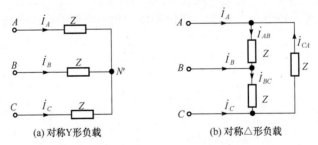

(a) 对称Y形负载   (b) 对称△形负载

图4-9　对称 Y 形和△形负载

而对于图 4-9(b)的△形负载，在相电流是对称的情况下，它们的线电流和相电流之间有确定的关系。下面就导出这一关系。假如 $\dot{I}_{AB}$ 为参考正弦相量，各电流参考方向如图 4-9(b)所示，由 KCL 可得线电流与相电流的相量关系如式(4-4)所示，根据图 4-10 所示的相量图可得出相同的结论。

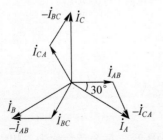

图 4-10　对称△形连接电流相量图

$$\begin{cases} \dot{I}_A = \dot{I}_{AB} - \dot{I}_{CA} = \dot{I}_{AB} \times \sqrt{3}\angle(-30°) \\ \dot{I}_B = \dot{I}_{BC} - \dot{I}_{AB} = \dot{I}_{BC} \times \sqrt{3}\angle(-30°) \\ \dot{I}_C = \dot{I}_{CA} - \dot{I}_{BC} = \dot{I}_{CA} \times \sqrt{3}\angle(-30°) \end{cases} \quad (4-4)$$

可见，对于△形负载，当相电流对称时，线电流也对称。在相位上，线电流滞后相应相电流 30°，即 $\phi_l = \phi_p - 30°$；数值上，线电流为相电流的 $\sqrt{3}$ 倍。若用 I_p 表示相电流的有效值，用 I_l 表示线电流的有效值，则有 $I_l = \sqrt{3} I_p$。

上述线电流和相电流之间的相量关系同样也适用于对称三相电源。

最后必须指出，所有关于电压、电流的对称性以及线电压和相电压、线电流和相电流之间的相量关系都是在指定的相序和参考方向下得出的，如果有一个条件不满足，结论也将不同。

4.2.2　对称三相电路的分析与计算

对于对称三相电路，利用其对称性，可以总结出一些简便的分析、计算方法。我们首先讨论 Y_0/Y_0 系统，即三相四线制电路，如图 4-11 所示。

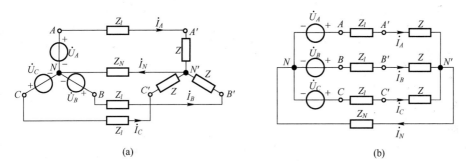

(a)　　　　　　　　　　　　　　　　　(b)

图 4-11　三相四线制电路

三相四线制电路电源和负载均为星形连接，而且有中线，也就是图中 N 和 N' 之间的连接导线。图中的 Z_l 表示输电线路的阻抗，Z_N 为中线阻抗。利用支路电流法分析此电路。

根据 KVL、KCL 和元件的 VCR，可列出如下方程

$$\begin{cases} -\dot{U}_A + (Z_l + Z_A)\dot{I}_A + \dot{U}_{N'N} = 0 \\ -\dot{U}_B + (Z_l + Z_B)\dot{I}_B + \dot{U}_{N'N} = 0 \\ -\dot{U}_C + (Z_l + Z_C)\dot{I}_C + \dot{U}_{N'N} = 0 \\ \dot{I}_A + \dot{I}_B + \dot{I}_C = \dot{I}_N \\ \dot{U}_{N'N} = Z_N \dot{I}_N \end{cases}$$

(4-5)

而 $Z_A = Z_B = Z_C = Z$，由此可解得

$$\dot{U}_{N'N} = \frac{1}{Z_l + Z} \frac{\dot{U}_A + \dot{U}_B + \dot{U}_C}{\dfrac{3}{Z_l + Z} + \dfrac{1}{Z_N}}$$

(4-6)

由于电源是对称的，有 $\dot{U}_A + \dot{U}_B + \dot{U}_C = 0$，所以 $\dot{U}_{N'N} = 0$。可见，对称三相电路，两中点 N 与 N' 等电位。

进一步可求得 $\dot{I}_A$、$\dot{I}_B$、$\dot{I}_C$ 为

$$\dot{I}_A = \frac{\dot{U}_A}{Z_l + Z}, \quad \dot{I}_B = \frac{\dot{U}_B}{Z_l + Z}, \quad \dot{I}_C = \frac{\dot{U}_C}{Z_l + Z}$$

显然它们是对称的。各相负载的电压分别为

$$\dot{U}_{A'N'} = Z\dot{I}_A, \quad \dot{U}_{B'N'} = Z\dot{I}_B, \quad \dot{U}_{C'N'} = Z\dot{I}_C$$

也都是对称的。

以上分析表明，对称的 Y_0/Y_0 电路由于其两个中点等电位，导致各相的电压和电流仅由该相本身的电源和阻抗决定，各相之间好像彼此互不相关，形成了各相的独立性；而且各组电压和电流均具有对称性。因此在分析对称 Y_0/Y_0 电路时，只要计算出其中一相的电

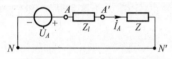

图 4-12　化归单相法图

压和电流，其他两相可根据对称性由上面计算的结果直接写出而不必再另行计算，这就是"化归单相法"。例如，可把 A 相单独画出进行计算，因为 $\dot{U}_{N'N} = 0$，所以 N 和 N' 之间可用一条短路线相连，如图 4-12 所示。

另外，由于各线电流对称，使中线电流 $\dot{I}_N = \dot{I}_A + \dot{I}_B + \dot{I}_C = 0$，故中线阻抗的大小，甚至中线的有无都无关紧要，不影响计算结果。

换句话说，对于对称的 Y_0/Y_0 电路，有中线和没有中线是一样的。若去掉中线，就成为三相三线制。

例 4-1　已知对称三相电源的线电压为 380V，星形负载各相阻抗均为 $Z = 6 + j8\ \Omega$，电路如图 4-13(a)所示，求负载各相的电流 $\dot{I}_A$、$\dot{I}_B$ 和 $\dot{I}_C$。

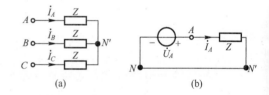

解　假设电源为星形连接，根据对称三相电路线、相电压的关系，可得电源相电压

图 4-13　例 4-1 图

$$U_P = \frac{1}{\sqrt{3}}U_l = \frac{1}{\sqrt{3}} \times 380 = 220(\text{V})$$

令 $\dot{U}_A = 220\angle 0°$ V，因电路对称，利用化归单相法取 A 相进行计算，电路如图 4-13(b)所示。

$$\dot{I}_A = \frac{\dot{U}_A}{Z} = \frac{220\angle 0°}{6 + j8} = 22\angle(-53.1°)(\text{A})$$

根据对称性，可知 $\dot{I}_B = 22\angle(-173.1°)$A，$\dot{I}_C = 22\angle 66.9°$ A。

当然电源也可假设为三角形连接，若依然选取 $\dot{U}_A$ 为参考正弦量，那么计算结果是相同的。如果选取的参考正弦量不同，求得的电压、电流数值上保持不变，但相位不同。

△形连接的负载，电路如图 4-14(a)所示，当考虑输电线路阻抗时，无法根据电源端的电压，判断出每相负载的电压。为了简化计算，可以将△形负载等效变换为 Y 形负载，得到如图 4-14(b)所示的对称 Y/Y 电路。

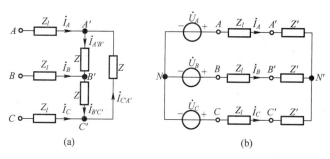

图 4-14　三角形负载转换为星形负载

在等效电路中用化归单相法先求得各线电流 $\dot{I}_A$、$\dot{I}_B$ 和 $\dot{I}_C$，然后再回到原电路中求得相电流 $\dot{I}_{A'B'}$、$\dot{I}_{B'C'}$ 和 $\dot{I}_{C'A'}$，接着求出负载端线电压 $\dot{U}_{A'B'}$、$\dot{U}_{B'C'}$ 和 $\dot{U}_{C'A'}$（如 $\dot{U}_{A'B'} = Z\dot{I}_{A'B'}$），显然此线电压也就是负载的相电压。由于电路对称，每组电压或电流只需求得一相，其余两相可由对称关系直接写出。

例 4-2　三个额定电压为 380V、阻抗均为 $1000 + \text{j}1000\ \Omega$ 的负载为三角形连接。由对称三相电源经约 100m 长的输电线路供电，设输电线平均阻抗为每 10 米 $1 + \text{j}2\ \Omega$，为使负载达到额定供电电压，求电源线电压，并求输电线路压降。假设电源为星形连接，求电源相电流、负载相电流各为多少？

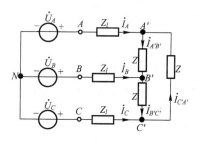

图 4-15　例 4-2 图

解　根据题意可画出电路图如图 4-15 所示，其中输电线路阻抗 $Z_l = 10 \times (1 + \text{j}2) = 10 + \text{j}20\ \Omega$，负载阻抗 $Z = 1000 + \text{j}1000\ \Omega$，负载侧线电压有效值为 $U_{A'B'} = U_{B'C'} = U_{C'A'} = 380\text{V}$。

将三角形负载等效变换为星形负载，变换后的负载阻抗电路与图 4-14(b) 相同。设 $\dot{U}_{A'B'} = 380\angle 0°\text{V}$，则 $\dot{U}_{A'N'} = \dfrac{\dot{U}_{A'B'}}{\sqrt{3}}\angle(-30°) = 220\angle(-30°)(\text{V})$。

$$\dot{I}_A = \frac{\dot{U}_{A'N'}}{Z'} = \frac{220\angle(-30°)}{(1000 + \text{j}1000)/3} = 0.467\angle(-75°)(\text{A})$$

A 相输电线路压降为

$$\dot{U}_{AA'} = Z_l\dot{I}_A = (10 + \text{j}20) \times 0.467\angle(-75°) = 10.44\angle(-11.57°)(\text{V})$$

电源相电压为

$$\dot{U}_{AN} = \dot{U}_{AN'} = \dot{U}_{AA'} + \dot{U}_{A'N'} = 10.44\angle(-11.57°) + 220\angle(-30°) = 229.93\angle(-29.18°)(\text{V})$$

电源侧线电压为

$$\dot{U}_{AB} = \sqrt{3}\angle 30° \times \dot{U}_{AN} = \sqrt{3}\angle 30° \times 229.93\angle(-29.18°) = 398\angle 0.82°(\text{V})$$

根据对称性，可得 $\dot{U}_{BC} = 398\angle(-119.18°)\text{V}$，$\dot{U}_{CA} = 398\angle 120.82°\text{V}$。可见，要保证负载能够获得额定电压，电源侧线电压应当达到约 398 V，输电线路压降约为 10V。

如果电源为星形连接，线电流和相电流相等，即电源相电流为

$$\dot{I}_{NA} = \dot{I}_A = 0.467\angle(-75°)\text{A}, \quad \dot{I}_{NB} = 0.467\angle 165°\text{A}, \quad \dot{I}_{NC} = 0.467\angle 45°\text{A}$$

可求得负载相电流为

$$\dot{I}_{A'B'} = \frac{\dot{U}_{A'B'}}{Z} = \frac{380\angle 0°}{1000 + \text{j}1000} = 0.27\angle(-45°)\text{(A)}$$

则 $\dot{I}_{B'C'} = 0.27\angle(-165°)\text{A}$，$\dot{I}_{C'A'} = 0.27\angle 75°\text{A}$。

对于接有多组负载的三相电路，可以将负载等效变换为相同的连接方式，如同为三角形连接，或者同为星形连接，那么同一相各负载之间就是并联关系，然后再利用化归单相法求解。

例 4-3   有两组负载同时接在三相电源的输出线上，如图 4-16(a)所示，其中负载 1 接成星形，每相阻抗 $Z_1 = 12 + \text{j}16\ \Omega$，负载 2 接成三角形，每相阻抗 $Z_2 = 48 + \text{j}36\ \Omega$，三根输电线的阻抗均为 $Z = 1 + \text{j}2\ \Omega$，若对称三相电源的线电压为 $U_l = 380\text{V}$，求各线电流及各负载的相电流。

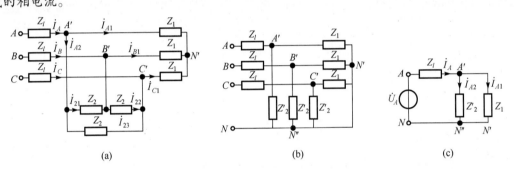

图 4-16   例 4-3 图

解   首先将△形负载等效变换成 Y 形负载，如图 4-16(b)所示。因电路对称，故两组负载的中点 N' 和 N'' 都与电源中点 N（设电源为 Y 形接法）等电位，因此可用短路线将三个中点相连。将 A 相单独画出如图 4-16(c)所示。具体分析过程如下。

设

$$\dot{U}_A = \frac{380}{\sqrt{3}}\angle 0° = 220\angle 0°\text{V}$$

$$Z_2' = \frac{1}{3}Z_2 = 16 + \text{j}12\ \Omega$$

则

$$\dot{I}_A = \frac{\dot{U}_A}{Z_l + \dfrac{Z_1 Z_2'}{Z_1 + Z_2'}} = \frac{220\angle 0°}{1 + \text{j}2 + \dfrac{(12 + \text{j}16)(16 + \text{j}12)}{12 + \text{j}16 + 16 + \text{j}12}} = 17.97\angle(-48.3°)\text{(A)}$$

根据对称性可得其他两线电流

$$\dot{I}_B = 17.97\angle(-168.3°)\ \text{A}, \quad \dot{I}_C = 17.97\angle 71.7°\ \text{A}$$

负载 1 的相电流为

$$\dot{I}_{A1} = \frac{Z_2'}{Z_1 + Z_2'}\dot{I}_A = \frac{20\angle 36.9°}{39.6\angle 45°} \times 17.97\angle(-48.3°) = 9.08\angle(-56.4°)\text{(A)}$$

则 $\dot{I}_{B1} = 9.08\angle(-176.4°)\ \text{A}$，$\dot{I}_{C1} = 9.08\angle 63.6°\ \text{A}$。

负载 2 的线电流为

$$\dot{I}_{A2} = \dot{I}_A - \dot{I}_{A1} = 17.97\angle(-48.3°) - 9.08\angle(-56.4°) = 9.08\angle(-40.17°)(A)$$

则 $\dot{I}_{B2} = 9.08\angle(-160.17°)$ A ，$\dot{I}_{C2} = 9.08\angle 79.83°$ A 。

负载 2 的相电流为

$$\dot{I}_{21} = \frac{\dot{I}_{A2}}{\sqrt{3}}\angle 30° = 5.24\angle(-10.17°)A$$

则 $\dot{I}_{22} = 5.24\angle(-130.17°)$ A ，$\dot{I}_{23} = 5.24\angle 109.83°$ A 。

思考练习4.2

4.3　三相电路的功率

在三相电路中，三相负载吸收的平均功率等于各相负载的平均功率之和，即

$$P = P_A + P_B + P_C = U_{pA}I_{pA}\cos\phi_A + U_{pB}I_{pB}\cos\phi_B + U_{pC}I_{pC}\cos\phi_C$$

式中，下标 p 代表"相"，即电压和电流均为相电压和相电流；ϕ_A、ϕ_B、ϕ_C 分别为各相电压和电流之间的相位差，也就是各相负载的阻抗角。

同理，三相电路的无功功率为

$$Q = Q_A + Q_B + Q_C = U_{pA}I_{pA}\sin\phi_A + U_{pB}I_{pB}\sin\phi_B + U_{pC}I_{pC}\sin\phi_C$$

由此便可得一般意义下三相电路的视在功率

$$S = \sqrt{P^2 + Q^2}$$

和功率因数

$$\cos\phi' = P/S$$

不过在一般(即不对称)情况下，ϕ' 并没有什么实际的物理意义，它并不表示某一实际电压和电流之间的相位差。其实，三相无功功率、三相视在功率及功率因数等概念在不对称的情况下一般很少使用。

如果三相电路是对称的，则由各相的电压、电流及功率因数分别相等，且由 4.2 节可知，不管负载是 Y 形接法还是△形接法，总有 $U_l I_l = \sqrt{3} U_p I_p$ 。由以上的一般关系可得到对称三相电路的平均功率、无功功率和视在功率分别为

$$P = 3U_p I_p \cos\phi = \sqrt{3} U_l I_l \cos\phi \tag{4-7}$$

$$Q = 3U_p I_p \sin\phi = \sqrt{3} U_l I_l \sin\phi \tag{4-8}$$

$$S = 3U_p I_p = \sqrt{3} U_l I_l \tag{4-9}$$

功率因数为 $\cos\phi$ ，即对称三相电路的功率因数等于负载各相的功率因数。

以上各式中 U_p、I_p 分别为相电压和相电流的有效值，U_l、I_l 分别为线电压和线电流的有效值，ϕ 则为各相电压和相电流之间的相位差，也就是各相负载的阻抗角，这一点要特别注意。

例 4-4 已知某三相电动机的额定输出功率为 $P_o = 18\mathrm{kW}$，机械效率为 $\eta = 0.9$，工作电压为 380V，功率因数为 $\cos\phi = 0.8$，求在额定输出功率下该电动机的输入电流。

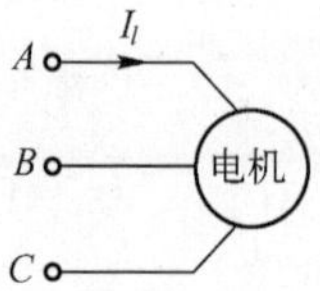

解 根据题意，可画出电机接线图如图 4-17 所示。

由 $\eta = \dfrac{P_o}{P_i}$ 可求得输入功率

$$P_i = \frac{P_o}{\eta} = \frac{18}{0.9} = 20(\mathrm{kW})$$

图 4-17　例 4-4 图

由 $P_i = \sqrt{3}U_l I_l \cos\phi$，可得输入电流为

$$I_l = \frac{P_i}{\sqrt{3}U_l \cos\phi} = \frac{20 \times 10^3}{\sqrt{3} \times 380 \times 0.8} = 37.98(\mathrm{A})$$

下面讨论对称三相电路的瞬时功率。设 A 相电压为参考正弦量，各相负载阻抗角为 ϕ，则各相的瞬时功率为

$$
\begin{aligned}
p_A &= u_{pA}i_{pA} = \sqrt{2}U_p\cos\omega t \cdot \sqrt{2}I_p\cos(\omega t - \phi)\\
&= U_p I_p \cos\phi + U_p I_p \cos(2\omega t - \phi)\\
p_B &= u_{pB}i_{pB} = \sqrt{2}U_p\cos(\omega t - 120°) \cdot \sqrt{2}I_p\cos(\omega t - 120° - \phi)\\
&= U_p I_p \cos\phi + U_p I_p \cos(2\omega t - \phi - 240°)\\
p_C &= u_{pC}i_{pC} = \sqrt{2}U_p\cos(\omega t + 120°) \cdot \sqrt{2}I_p\cos(\omega t + 120° - \phi)\\
&= U_p I_p \cos\phi + U_p I_p \cos(2\omega t - \phi + 240°)
\end{aligned}
$$

上式中的第二项是三个对称的正弦量，故三相瞬时功率之和即对称三相电路的瞬时功率为

$$p = p_A + p_B + p_C = 3U_p I_p \cos\phi \tag{4-10}$$

式(4-10)表明，对称三相电路的瞬时功率等于其平均功率，是一个与时间无关的常量。习惯上把对称三相制的这一特性称为瞬时功率的平衡，故三相制是一种平衡制。这一特性是对称三相电路所独有的优点，它使三相电动机在任一瞬间获得的输入功率恒定，产生的电磁转矩相等，从而使三相电机在运转时避免振动，运行非常平稳。

思考练习4.3

4.4　安全用电

目前我国经济飞速发展，对电力的需求也日益增加，而供电线路及设施的改造相对滞后，而且，由于不安全用电造成的事故屡屡发生，因此，注重安全用电对于每一个人都非常重要。

安全用电包含以下内容：人身安全、电器及环境设施的安全、供电线路安全。目前，在日常生活中，人们对人身安全、电器安全都比较注重，但却常常忽视环境设施及供电线路的安全，由此造成大量事故，同时对人们的生命及财产安全造成很大危害。

4.4.1　电气事故及触电方式

1. 电气事故

1) 电伤

电伤是指在电弧作用下，对人体皮肤的伤害。由于电流的热效应、化学效应、机械效应以及在电流作用下熔化的金属微粒侵入人体皮肤会使皮肤受到灼伤伤害，严重的电伤也可致人死亡。

2) 电击

电击是指电流通过人体，造成人体内部伤害，甚至死亡。当通过人体的电流达到 0.02～0.05A 时，就会伤害到人的呼吸系统、心脏及神经系统，从而使人体出现痉挛、窒息、心脏停搏、心室颤动、心跳与呼吸骤停，甚至造成死亡——这是最严重的触电事故。

3) 电气火灾

电气火灾是指配电线路及各种电器出现故障引起的火灾。其原因主要是故障运行或操作不当造成的。此外，也有安装质量差、维修保养不够等原因。这种事故后果严重，可能造成巨大损失。

2. 触电方式

1) 单相触电

人体触及一根相线，如图 4-18 所示。图 4-18(a)为中性点接地系统的单相触电，人体承受相电压，电流经人体、大地和中性点的接地装置形成闭合回路。图 4-18(b)为中性点不接地系统的单相触电。表面上看这种触电方式似乎不会构成回路，人体没有电流流过。事实上，要考虑到导线与地面的绝缘可能不良，图中 Z 即为导线对地的绝缘阻抗。人体经 Z 构成两相电源间的回路。当电压较高时，还可能通过空间分布电容构成回路。在触电事故中，单相触电约占95%以上。

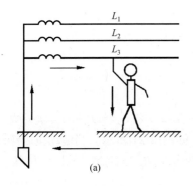
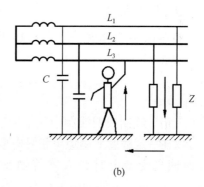

图 4-18　单相触电

2) 两相触电

人体同时触及两根相线，如图 4-19 所示，这是最危险的触电方式，人体承受线电压。

3) 跨步电压触电

当电流从接地处向四周扩散时，会形成不同的电位梯度，如图 4-20 所示。例如，电力线若一根线断落地上，在其落地点 10~20m 范围内就存在不同的电位梯度。当人两脚位于不同电位梯度时，人体承受一定电压，称为跨步电压。

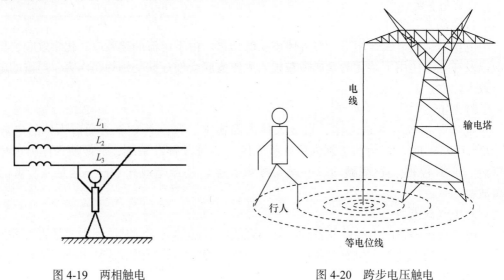

图 4-19　两相触电　　　　　　　　　　图 4-20　跨步电压触电

3. 安全电流与安全电压

通过人体的电流是造成触电伤害的直接原因。电流值越大，通电时间越长，对人体的伤害越严重。当通过人体的电流，50Hz 交流电超过 20mA 或直流电流超过 50mA，人就难以自己摆脱电源，有可能造成生命危险。触电电流的大小与人体电阻有关。人体皮肤(角质层)电阻较大，当角质层完好且皮肤干燥时，人体电阻为 $10^4 \sim 10^5 \Omega$。当角质层破坏或多汗时，人体电阻则降到 800~1000Ω。因此，规定 36V 作为安全电压。如果环境潮湿，安全电压还要低，通常是 24V 和 12V。

4.4.2　接地与接零保护

电器设备由于绝缘老化，过电压击穿或磨损，致使设备的金属外壳带电，有可能导致电器设备损坏或人身触电事故。为避免这类事故发生，最常用的防护措施是接地与接零。

1. 接地保护

对于三相三线制或四线制中线不接地的低压供电系统，将电器设备的金属外壳与大地相接，可以在一定程度上避免单相触电事故的发生，如图 4-21 所示。当电动机因绝缘老化或损坏而使机壳带电时，人体若触及机壳，人体电阻 R_b 与接地电阻 R_o 并联，通常 $R_b \gg R_o$，因此流过人体的电流很小，不会有危险。

2. 接零保护

对于三相四线制中线接地的供电系统，应当采取接零保护措施，即将电机的金属外壳与零线相接，而不能只与地相接，如图 4-22 所示。当电动机绝缘损坏，机壳与某相火线相接时，由火线、机壳、接零线构成短路回路，迅速熔断保险(或使其他短路保护装置动作)，切断电源，从而保障了安全。

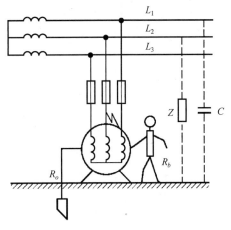

图 4-21　接地保护

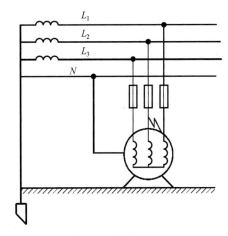

图 4-22　接零保护

对于三相四线制中线接地供电系统，如果只采用机壳接地方式，如图 4-23 所示。当机壳与某相火线相接时，由火线、机壳接地电阻、大地、中线接地电阻和中线构成电流通路。严重时，机壳带电电压为

$$U \approx \frac{R_o U_p}{R_o + R_o'} \approx \frac{1}{2} U_p = 110\text{V}$$

3. 保护接零与重复接地

在中性点接地的系统中，除采用保护接零外，还要采用重复接地，就是将中线相隔一定距离多处接地，如图 4-24 所示。这样，在图中当零线在 × 处断开时，电机的接零保护仍有效。

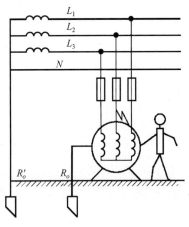

图 4-23　错误接法

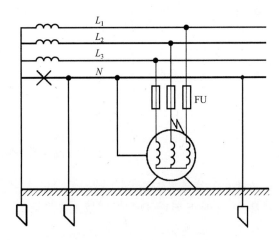

图 4-24　保护接零与重复接地

4. 三相五线制供电

为了改善和提高现行中性点接地配电系统的安全用电程度，将整个系统的中线与保护线分开，这就是三相五线制(TN-S 系统)。

对三相四线制架空线、中线应重复接地，并利用穿线钢管作为保护零线(PEN)接至配电箱，从而达到将中线与保护线严格分开的三相五线制配电要求。配电支干线(相线)应装设短路和过载保护装置，用户进线的保护装置可以用自动空气开关、熔断器或带漏电保护的自动开关，中线和保护零线均不得装设熔断器。在采取保护措施时，不允许将同一建筑物内同一线路上的一部分设备接地，另一部分设备接零。

三相四线制的低压供电系统，在单相用电负载供电时，由于三相负载的不对称性，中线中有电流流过，因为中线自身也有一定电阻，所以中线电位并不为零。当电器设备的机壳或人体与中线相触及时，会承受一定的电压，有可能导致触电事故。因此，应推广使用三相五线制供电，将保护零线与中线(即单相供电制中的零线)分开，如图 4-25 所示。

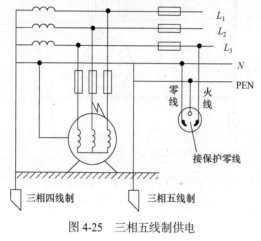

图 4-25　三相五线制供电

思考练习4.4

第4章小结

阅 读 与 应 用

不对称三相电路

- **不对称三相电路**

在三相电路中，无论是电源还是负载，只要有一部分不对称，就是不对称三相电路。造成电路不对称的主要原因是各相负载不均衡造成的负载不对称。

- **三相电路功率测量**

三相电路的有功功率可以用瓦特表来测量。对于三相三线制，无论电路对称与否，均可用两只瓦特表测出其三相有功功率。

三相电路功率测量

- **三相配电系统**

电能是一种方便、清洁、容易转换与控制、效率高、又便于输送和分配的能量。它是把一次能源(如热能、位能、核能等)在发电厂经过加工转换后形成的，因此称为二次能源。

三相配电系统

历 史 人 物

德普勒简介

马赛尔·德普勒(Marcel Deprez，1843—1918 年)是法国电工学家和物理学家，巴黎科学院院士(1886 年)。他利用电报线路将由蒸汽机驱动的发电机发出的 1500～2000V 直流电输送到与泵连接的一台电动机上。

历 史 故 事

国际电力展

如今，电力展览会在世界各地频繁出现，旨在向世人展示最新的电力技术及产品。历史上，极大地推进了电力的普及与进步的当属 1884 年在美国举办的国际电力展。

习　题　4

4-1　已知某对称星形三相电源的 A 相电压 $\dot{U}_{AN} = 220\angle 30°\ \mathrm{V}$，求各线电压 $\dot{U}_{AB}$、$\dot{U}_{BC}$ 和 $\dot{U}_{CA}$。

4-2　某对称三相负载每相为 $Z = 40 + j30\ \Omega$，接于线电压 $U_l = 380\mathrm{V}$ 的对称三相电源上。

(1) 若负载为星形连接，求负载相电压和相电流，并画出电压、电流相量图；

(2) 若负载为三角形连接，求负载相电流和线电流，并画出线、相电流的相量图。

4-3　一个对称星形负载与对称三相电源相接，若已知线电压 $\dot{U}_{AB} = 380\angle 0°\mathrm{V}$，线电流 $\dot{I}_A = 10\angle(-60°)\mathrm{A}$，求负载每相的阻抗 Z 是多少？

4-4　一台三相感应电动机，每相复阻抗 $Z = 8 + j6\ \Omega$，每相额定电压为 220V，接在线电压为 380V 的三相三线制电源上，问负载应如何连接？如果每根输电线路阻抗 $Z_l = 2\ \Omega$，求线电流及负载端线电压。

4-5　如题 4-5 图所示 Y/△ 连接的对称三相电路，已知负载各相阻抗 $Z = Z_{12} = Z_{23} = Z_{31} = 108 + j81\ \Omega$，额定相电压为 380V，如果输电线路阻抗 $Z_l = 2 + j\ \Omega$，为保证负载获得额定电压，求电源线电压、相电压。

4-6　题 4-6 图所示电路中，已知对称三相电路星形负载阻抗为 $Z = 165 + j84\ \Omega$，端线阻抗 $Z_l = 2 + j\ \Omega$，中线阻抗 $Z_N = 1 + j\ \Omega$，电源线电压 $U_l = 380\mathrm{V}$，求负载端的电流和线电压。

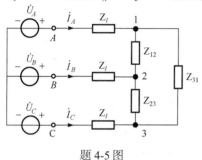
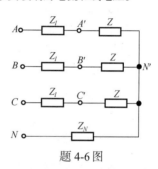

题 4-5 图　　　　　　　　　　　　题 4-6 图

4-7　在如题 4-7 图所示的对称三相电路中，已知电源线电压为 $U_l = 380\mathrm{V}$，端线阻抗 $Z_l = 1 + j2\ \Omega$，中线阻抗 $Z_N = 2 + j4\ \Omega$，负载阻抗 $Z_1 = 30 + j20\ \Omega$，$Z_2 = 30 + j30\ \Omega$，求总的线电流和负载各相的电流。

4-8　如题 4-8 图所示电路接于对称三相电源上，已知电源线电压 $U_l = 380\mathrm{V}$，电路中 $R = 380\Omega$，负载阻抗 $Z = 220\angle -30°\ \Omega$，求各线电流。

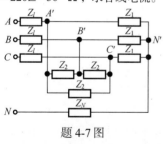
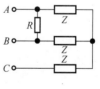

题 4-7 图　　　　　　　　　　　　题 4-8 图

4-9　有一台三相异步电动机，其绕组接成三角形，接在线电压 $U_l = 380\mathrm{V}$ 的对称三相电源上，从电源取用的功率 $P = 11.43\mathrm{kW}$，功率因数为 $\cos\phi = 0.87$，求电动机的相电流和线电流。

4-10　已知对称三相电路电源的相电压为 220V，三相感性负载的功率为 3.2kW，功率因数为 0.8，求：

(1) 线电流和负载的阻抗角；

(2) 若负载接成星形，负载阻抗为多少？

(3) 若负载接成三角形，负载阻抗又为多少？

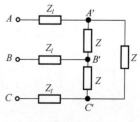

题 4-11 图

4-11 电路如题 4-11 图所示，已知对称三相电源的线电压 $U_l = 380\text{V}$，三角形三相对称负载每相阻抗 $Z = 3 + \text{j}6\,\Omega$，输电线路阻抗 $Z_l = 1 + \text{j}0.2\,\Omega$，求：

(1) 三相负载的线电流和线电压；

(2) 三相电源输出的平均功率和负载获得的平均功率。

4-12 两组对称负载(均为感性)同时连接在电源的输出端线上，如题 4-12 图所示，其中一组负载接成三角形，功率为10kW，功率因数为0.8；另一组负载接成星形，功率也是10kW，功率因数为0.855；端线阻抗 $Z_l = 0.1 + \text{j}0.2\,\Omega$，欲使负载端线电压保持为 380V，求电源端线电压应为多少？

4-13 如题 4-13 图所示对称三相电路，已知线电压为380V，星形负载的功率为10kW，功率因数为0.85(感性)，三角形负载的功率为20kW，功率因数为0.8(感性)，求：

(1) 三相电源端的线电流；

(2) 三相电源端的视在功率、有功功率和无功功率。

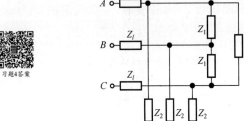

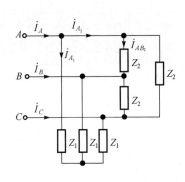

题 4-12 图   题 4-13 图

4-14 为什么中性点接地的系统不采用保护接地？为什么中性点不接地的系统不采用保护接零？

4-15 区别工作接地、保护接地和保护接零。为什么在中性点接地系统中，除采用保护接零外，还要采用重复接地？

4-16 有些家用电器(如电冰箱)用的是单相交流电，但是为什么电源插座是三孔的？试画出正确使用的电路图。

第5章 电路的暂态分析

章节导读

通过第1章的学习，已认识到电容、电感元件上的电压和电流之间具有微分或积分关系，是动态储能元件。含有电容或电感等储能元件的电路，当电路结构或参数发生变化时，如电路由断电状态变为通电状态或由通电状态变为断电状态时，都会引起电路工作状态的变化。但由于动态储能元件储存或释放的能量是不能跃变的，因此当电路从原来的稳定状态转入一个新的稳定状态时，必然会经历一个过渡过程，称其为电路的动态过程。而因持续的时间极为短暂，故又称为暂态过程，简称暂态。处于动态过程的电路称为动态电路。

电路处于暂态时，电压、电流的变化规律不同于稳定状态。前面讨论的都是电路处于稳定状态时的电路规律及分析方法。这一章将通过一阶RC、RL电路的分析来了解电路在暂态过程中电压、电流随时间变化的规律。

尽管电路的过渡过程时间一般很短，但其过渡特性常被工程上的很多领域所应用。电子电路中就利用电路的暂态特性来改善波形或产生特殊的波形，示波器、电视机等显示设备中的扫描电压(或电流)就是利用过渡过程而获得的。另一方面，电路在过渡过程中可能会出现过电压或过电流现象，对电路元件或设备造成损害，因此在设计电气设备时必须加以考虑，以确保其安全可靠地运行。我们分析电路的暂态过程，目的在于掌握规律，以便在工作中克其"弊"而用其"利"。

知识点

(1) 电路暂态过程产生。

(2) 换路定律。

(3) 一阶RC电路的零输入响应、零状态响应和全响应。

(4) 一阶RL电路的零输入响应、零状态响应和全响应。

(5) 一阶线性电路暂态分析的三要素法。

(6) 积分电路和微分电路。

掌握

(1) 换路定律及换路后电路初始值、稳态值的确定。

(2) 一阶RC、RL电路的时间常数及全响应。

(3) 快速求解一阶线性电路暂态响应的三要素法。

了解

(1) 电路暂态过程产生的原因。

(2) 一阶RC、RL电路的零输入响应和零状态响应。

(3) 积分电路和微分电路的构成条件及功能作用。

5.1 换路定律及电压、电流的初始值

所谓换路是指电路由原来的状态变换为另一种新状态。例如，电路的接通、断开、短路、激励或电路参数的改变等都会引起电路状态的改变。

以图 5-1 所示的 RC 串联电路和图 5-2 所示的 RL 串联电路为例，研究当 $t = t_0$ 时将开关闭合，即电路在 $t = t_0$ 时换路，总结换路后电容和电感储能元件的电压与电流的变化情况。

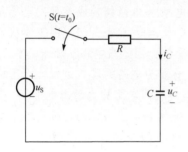

图 5-1　RC 电路

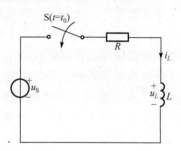

图 5-2　RL 电路

为了更加明确地区分换路前与换路后，我们用 $t = t_0^+$ 表示换路后的起始时刻，而用 $t = t_0^-$ 表示换路前的终了时刻。

对于图 5-1 所示的线性电容元件来说，在关联参考方向下，其电压和电流应有

$$u_C(t) = \frac{1}{C} \int_{-\infty}^{t} i_C(\xi)\, \mathrm{d}\xi = u_C(t_0^-) + \frac{1}{C} \int_{t_0^-}^{t} i_C(\xi)\, \mathrm{d}\xi$$

式中，$u_C(t_0^-)$ 为换路前终了时刻的电容电压值。为求得换路后起始时刻的电容电压，可把 $t = t_0^+$ 代入上式，得

$$u_C(t_0^+) = u_C(t_0^-) + \frac{1}{C} \int_{t_0^-}^{t_0^+} i_C(\xi)\mathrm{d}\xi$$

当电流 i_C 为有限值时，显然上式中的积分为零，从而得

$$u_C(t_0^+) = u_C(t_0^-) \tag{5-1}$$

这一结果说明，如果换路瞬间流经电容的电流为有限值，则电容电压在换路前后保持不变。即电容电压在换路瞬间不发生跃变。在这种情况下，只要确定了 $u_C(t_0^-)$，也就确定了 $u_C(t_0^+)$；而 $u_C(t_0^-)$ 可以由电路换路前的稳定状态来求得。

与此类似，对于图 5-2 所示的线性电感元件来说，在关联参考方向下，其电流和电压有如下关系：

$$i_L(t) = \frac{1}{L} \int_{-\infty}^{t} u_L(\xi)\, \mathrm{d}\xi = i_L(t_0^-) + \frac{1}{L} \int_{t_0^-}^{t} u_L(\xi)\, \mathrm{d}\xi$$

式中，$i_L(t_0^-)$ 为换路前终了时刻的电感电流值。把 $t = t_0^+$ 代入上式，便可求得换路后起始时刻的电感电流为

$$i_L(t_0^+) = i_L(t_0^-) + \frac{1}{L}\int_{t_0^-}^{t_0^+} u_L(\xi)\,\mathrm{d}\xi$$

可见，当电压 u_L 为有限值时，上式中的积分为零，从而得

$$i_L(t_0^+) = i_L(t_0^-) \tag{5-2}$$

这一结果说明，如果换路瞬间电感元件上的电压为有限值，则电感电流在换路前后保持不变，即电感电流在换路瞬间不发生跃变。

在动态电路的分析中，多数情况都把换路时刻记为计时起点，即认为在 $t=0$ 时换路。这时式(5-1)和式(5-2)可写为

$$u_C(0^+) = u_C(0^-) \tag{5-3}$$

$$i_L(0^+) = i_L(0^-) \tag{5-4}$$

式(5-1)、式(5-2)(或式(5-3)、式(5-4))也称为换路定律。

换路定律也可以从另外的角度来解释。由于电容元件上电压和电流的关系式为 $i_C = C\dfrac{\mathrm{d}u_C}{\mathrm{d}t}$，电感元件上电压和电流的关系式为 $u_L = L\dfrac{\mathrm{d}i_L}{\mathrm{d}t}$，如果电容电压 u_C 和电感电流 i_L 在换路瞬间发生跃变，则要求电容充、放电电流 i_C 和电感感生电压 u_L 均趋于无穷大。而实际上，电路在任一瞬间都遵守基尔霍夫定律的制约，因此 i_C 和 u_L 不可能是无限大，也就是说，电容电压 u_C 和电感电流 i_L 一般不可能发生跃变。

必须指出，换路定律仅适用于电容电压 u_C 和电感电流 i_L，至于电路中其他各元件的电压和电流则有可能发生跃变，没有换路前后保持不变的结论。例如，图 5-1 中，在 $t=0^-$ 瞬间 $i_C(0^-)=0$，而 $t=0^+$ 瞬间，由基尔霍夫定律及换路定理可以知道 R 上电压为 $u_S(t)$，则电流 $i_C(0^+) = \dfrac{u_S(t)}{R}$，可见在 $t=0$ 瞬间电容电流 i_C 发生了跃变。

由换路定律确定了 $u_C(0^+)$ 或 $i_L(0^+)$ 初始值后，电路中其他元件的电压、电流的初始值可以按以下原则确定。

(1) 换路瞬间，电容元件看作恒压源，恒压源的值为 $u_C(0^+)$。如果 $u_C(0^-)=0$，则 $u_C(0^+)=0$，电容元件在换路瞬间相当于短路。

(2) 换路瞬间，电感元件看作恒流源，恒流源的值为 $i_L(0^+)$。如果 $i_L(0^-)=0$，则 $i_L(0^+)=0$，电感元件在换路瞬间相当于开路。

(3) 按以上两原则，将电容、电感元件进行替换，得到 $t=0^+$ 瞬间的等效电路(注意该等效电路只在 $t=0^+$ 瞬间等效于原电路)，利用基尔霍夫定律以及掌握的各种分析方法对等效电路进行求解，计算出 $t=0^+$ 瞬间各元件上电压、电流的初始值。

至于 $u_C(0^+)$、$i_L(0^+)$ 的数值，应该由 $t=0^-$ 时的电路的状态求出。如果换路前电路已经处于稳定状态，则问题归结为稳态电路的求解。对于直流稳态电路求解方法已经在第 2 章中阐明，需要提醒注意的是：在直流稳态电路中，电容元件相当于开路，电感元件相当于短路。

例 5-1　在图 5-3 所示电路中，开关S开始处于闭合状态，且电路已经稳定。求开关S

断开瞬间电路各元件上电压、电流的初始值。

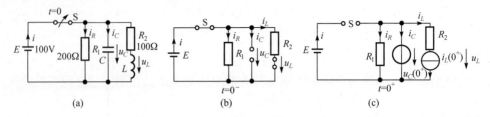

图 5-3　例 5-1 图

解　(1) $t = 0^-$ 时刻的等效电路如图 5-3(b)所示，由此得

$$u_C(0^-) = E = 100(\text{V})$$

$$i_L(0^-) = \frac{E}{R_2} = \frac{100}{100} = 1(\text{A})$$

(2) 画出 $t = 0^+$ 时刻等效电路，如图 5-3(c)所示。由换路定理 $u_C(0^+) = u_C(0^-) = 100\text{V}$，$i_L(0^+) = i_L(0^-) = 1\text{A}$，故分别用恒压源、恒流源代替(注意：仅仅是在 $t = 0^+$ 时刻，这种替代关系成立)。

(3) 由 $t = 0^+$ 时刻的等效电路，计算电路的初始值。由图 5-3(c)可知

$$i(0^+) = 0\text{A}$$

$$i_R(0^+) = \frac{u_C(0^+)}{R_1} = \frac{100}{200} = 0.5(\text{A})$$

$$i_C(0^+) = -[i_R(0^+) + i_L(0^+)] = -(0.5 + 1) = -1.5(\text{A})$$

$$u_L(0^+) = u_C(0^+) - i_L(0^+)R_2 = 100 - 1 \times 100 = 0(\text{V})$$

思考练习5.1

从上面例题的计算结果可以看出，除电容电压和电感电流在换路瞬间不发生跃变之外，其余各处电流和电压包括电容的电流和电感的电压在换路瞬间一般都可能发生跃变。因此，不可把换路定律随意应用于 u_C 和 i_L 以外的电压和电流。

5.2　一阶电路的暂态响应

电路中只含有一个储能元件或可以化简为一个独立储能元件，并能用一阶微分方程来描述的电路称为一阶电路。

一个动态电路的响应是各种能量来源共同作用于电路的结果。作用于电路的能量来源有两个方面:一是由外施激励(即独立源)提供的，称为"输入"，二是电路中储能元件储存的。储能元件所储存的能量决定于电容电压和电感电流的数值。我们把某时刻 t_0 的电容电压值 $u_C(t_0)$ 和电感电流值 $i_L(t_0)$ 称为电路在 t_0 时刻的"状态"。电路在某时刻 t_0 之后的响应就是由 t_0 时刻的状态(称初始状态)和 t_0 以后的"输入"两者共同决定的。

换路后外加输入为零(即没有外施激励)，仅由储能元件的初始储能作用在电路中产生的响应称为电路的零输入响应。

换路后储能元件没有初始储能，仅由外加输入引起的响应称为电路的零状态响应。

换路后初始状态和输入均不为零时电路的响应称为全响应。它是由电路储能元件的初始储能和外加输入两者共同引起的响应。

5.2.1　一阶电路恒定输入下的全响应

1. RC 一阶电路的全响应

如图 5-4 所示 RC 串联电路中，设开关 S 闭合之前电容已充有电压 U_0，即 $u_C(0^-) = U_0$。$t = 0$ 时开关闭合，换路之后，我们研究电路中各处的全响应，由 KVL 有

$$iR + u_C = U_S$$

又由电容元件上电压和电流的关系 $i = C\dfrac{\mathrm{d}u_C}{\mathrm{d}t}$ 可得

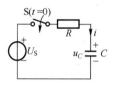

图 5-4　RC 一阶电路

$$RC\frac{\mathrm{d}u_C}{\mathrm{d}t} + u_C = U_S \,(t \geqslant 0) \tag{5-5}$$

式(5-5)是一个一阶常系数线性非齐次微分方程。其一般解应为该方程的一个特解(又称特积分)u_{Cs} 和相应齐次方程的通解(又称余函数)u_{Ct} 之和，即

$$u_C = u_{Cs} + u_{Ct} \tag{5-6}$$

式中，u_{Ct} 是微分方程(5-5)对应的齐次微分方程的通解。即

$$RC\frac{\mathrm{d}u_{Ct}}{\mathrm{d}t} + u_{Ct} = 0 \tag{5-7}$$

式(5-7)是一个常系数的一阶线性齐次微分方程，其解的一般形式为

$$u_{Ct}(t) = A\mathrm{e}^{pt} \tag{5-8}$$

式中，p 是微分方程(5-7)的特征方程

$$RCp + 1 = 0$$

的根(即特征根)，有 $p = -\dfrac{1}{RC}$，则

$$u_{Ct}(t) = A\mathrm{e}^{-\frac{t}{RC}} \tag{5-9}$$

深入研究发现当 $t \to \infty$ 时，$u_{Ct} \to 0$，$A\mathrm{e}^{-\frac{t}{RC}}$ 被称作暂态分量。由式(5-6)可以看出，因为 $u_{Ct} \to 0$，响应 $u_C \to u_{Cs}$，而此时过渡过程已经结束，电路已达到新的稳态，故非齐次方程的特解 u_{Cs} 实际上就是电路换路后抵达新的稳定状态时的解，又称作稳态分量。有

$$u_{Cs} = U_S \tag{5-10}$$

将式(5-9)和式(5-10)代入式(5-6)，可得

$$u_C(t) = U_S + A\mathrm{e}^{-\frac{t}{RC}} \tag{5-11}$$

A 为特定的积分常数，可由初始条件

$$u_C(0^+) = u_C(0^-) = U_0 \tag{5-12}$$

代入式(5-11)求得

$$A = U_0 - U_S$$

将 A 代入式(5-11)，可得到微分方程(5-5)满足初始条件的解为

$$u_C(t) = U_S + (U_0 - U_S)e^{-\frac{t}{RC}} \tag{5-13}$$

进一步可求得电路中的电流响应为

$$i(t) = C\frac{\mathrm{d}u_C}{\mathrm{d}t} = \frac{U_S - U_0}{R}e^{-\frac{t}{RC}} = I_0 e^{-\frac{t}{RC}} \tag{5-14}$$

$$u_R(t) = i(t)R = (U_S - U_0)e^{-\frac{t}{RC}} \tag{5-15}$$

以上求得的 $u_C(t)$、$i(t)$ 和 $u_R(t)$ 就是图 5-3 所示电路换路后的全响应。由式(5-13)～式(5-15)可以看出，只要 $U_0 \neq U_S$，电路就存在过渡过程。并且 RC 全响应过程中各响应均

全响应曲线

与 $e^{-\frac{t}{RC}}$ 有关，其衰减的速度取决于电路参数 RC，若记 $\tau = RC$，则各响应可进一步写成

$$u_C(t) = U_S + (U_0 - U_S)e^{-\frac{t}{\tau}}, \quad i(t) = \frac{U_S - U_0}{R}e^{-\frac{t}{\tau}} = I_0 e^{-\frac{t}{\tau}}, \quad u_R(t) = (U_S - U_0)e^{-\frac{t}{\tau}}$$

当 R 的单位为欧姆，C 的单位为法拉时，τ 的单位为秒。

$$欧 \cdot 法 = \frac{伏}{安} \cdot \frac{库}{伏} = \frac{库}{库/秒} = 秒$$

即 τ 具有时间的量纲。因此称 $\tau = RC$ 为 RC 电路的时间常数。

理论上，只有在 $t \to \infty$ 时，各响应才最终趋向于稳定状态，过渡过程才会宣告结束。

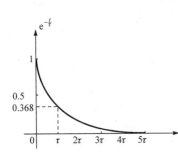

图 5-5   指数函数 $e^{-\frac{t}{\tau}}$ 衰减情况

但实际上，指数函数 $e^{-\frac{t}{\tau}}$ 的衰减在开始阶段变化快，而后逐渐缓慢，其随时间按指数规律衰减如图 5-5 所示。同时，表 5-1 列出式(5-14)即 $i(t)$ 随时间变化的情况(假设 $U_0 < U_S$)。从表中可以看出，经过一个 τ 时间，i 就从初值 I_0 下降到初值的 36.8%(实验室中，在测出全响应曲线的情形下，可根据此结论从全响应曲线上求得时间常数 τ 的值)，经过 5τ 已衰减到初值的 1%以下，此时响应已接近为零。因此，工程上一般认为，换路后经过 $(3\sim5)\tau$ 的时间，暂态过程即告结束，电路基本上已达到新的稳态，由此引起的计算误差不大于 5%。大部分实际电路，过渡过程都极为短暂。例如若图 5-4 电路中的 $R = 7.5\text{k}\Omega$，$C = 100\text{pF}$，则 $\tau = RC = 7500 \times 100 \times 10^{-12} \approx 0.75(\mu s)$。即使经过 5τ 过渡过程才结束，也不过只有 $3.75\mu s$ 的短暂时间。

表 5-1   电流随时间变化情况

t	0	τ	2τ	3τ	4τ	5τ	6τ
$e^{-\frac{t}{\tau}}$	$e^0 = 1$	$e^{-1} = 0.368$	$e^{-2} = 0.135$	$e^{-3} = 0.05$	$e^{-4} = 0.018$	$e^{-5} = 0.007$	$e^{-6} = 0.002$
$i(t) = I_0 e^{-\frac{t}{\tau}}$	I_0	$0.368I_0$	$0.135I_0$	$0.05I_0$	$0.018I_0$	$0.007I_0$	$0.002I_0$

由上述分析可知，当暂态分量 $Ae^{-\frac{t}{RC}}$ 中的幅度系数 A(只与电容电压初始值、电源电压、电路参数有关)一定时，时间常数 τ 决定了电路过渡过程的长短。从图 5-6 在不同时间常数时过渡过程的衰减曲线中可以得出，τ 越大，响应衰减越慢，过渡过程越长；τ 越小，响应衰减越快，过渡过程越短。因为时间常数 $\tau = RC$，所以适当调节 RC 电路中的参数 R 或 C，就可以控制充(放)电过程的快慢。

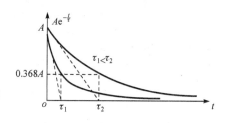

图 5-6　暂态分量 $Ae^{-\frac{t}{RC}}$ 衰减情况

通过对式(5-13)～式(5-15)的研究比对，可以得出：RC 电路的全响应可以分解为稳态分量(非齐次方程的特解)和暂态分量(相应齐次方程的通解)两个分量，即

$$全响应 = 稳态分量 + 暂态分量$$

式中，$i(t)$ 和 $u_R(t)$ 只有暂态分量，其稳态分量为零。

2. RL 一阶电路全响应

图 5-7　RL 一阶电路

图 5-7 所示 RL 并联电路中，开关S 在闭合之前，电感中已有电流，设其为 I_0，即 $i_L(0^-) = I_0$。$t = 0$ 时开关闭合，即换路之后，RL 电路的输入为 I_S。由 KCL 有

$$\frac{u_L}{R} + i_L = I_S \quad (t \geqslant 0)$$

而

$$u_L = L\frac{di_L}{dt}$$

代入可得

$$\frac{L}{R}\frac{di_L}{dt} + i_L = I_S \tag{5-16}$$

这也是一个常系数的一阶线性非齐次微分方程，其解为

$$i_L(t) = i_{Ls} + i_{Lt} \tag{5-17}$$

式中，i_{Ls} 为微分方程(5-16)的稳态分量，i_{Lt} 为暂态分量。与 RC 电路类似，可得

$$i_{Ls} = I_S$$

i_{Lt} 为一阶线性齐次微分方程的通解，即

$$i_{Lt} = Ae^{-\frac{t}{L/R}} \tag{5-18}$$

A 为待定的积分常数，可由初始条件

$$i_L(0^+) = i_L(0^-) = I_0 \tag{5-19}$$

代入式(5-17)得 $A = I_0 - I_S$。

则(5-16)满足初始条件的解为

$$i_L(t) = I_S + (I_0 - I_S)e^{-\frac{R}{L}t} = I_S + (I_0 - I_S)e^{-\frac{t}{\tau}} \tag{5-20}$$

进一步可求得

$$u_L(t) = L\frac{\mathrm{d}i_L}{\mathrm{d}t} = R(I_S - I_0)\mathrm{e}^{-\frac{R}{L}t} = R(I_S - I_0)\mathrm{e}^{-\frac{t}{\tau}} \tag{5-21}$$

式中，$\tau = L/R$。当 L 的单位为亨利，R 的单位为欧姆时，τ 的单位也为秒。它是 RL 电路的时间常数，具有如同 RC 电路中 $\tau = RC$ 一样的意义。

通过一阶 RC、RL 电路的分析，可以得出其全响应的一般形式为

$$x(t) = x_s(t) + A\mathrm{e}^{-\frac{t}{\tau}} \tag{5-22}$$

式中，$x(t)$ 为所求的任一全响应；$x_s(t)$ 为所求响应的稳态分量，可通过稳态分析求得；$A\mathrm{e}^{-\frac{t}{\tau}}$ 为所求响应的暂态分量，即相应齐次方程的通解；τ 为电路的时间常数，$\tau = RC$ 或 $\tau = L/R$。

5.2.2　一阶电路的零输入响应

电路的零输入响应是换路后仅由电路的初始状态引起的响应。

我们首先讨论 RC 电路的零输入响应。在图 5-8(a)所示电路中，开关 S 闭合之前电容已有电压 U_0，即 $u_C(0^-) = U_0$。

$t = 0$ 时开关闭合，换路之后，由 KVL 有

$$RC\frac{\mathrm{d}u_C}{\mathrm{d}t} + u_C = 0 \ \ (t \geqslant 0) \tag{5-23}$$

这是一个常系数的一阶线性齐次微分方程。对比式(5-5)可见零输入响应其实就是全响应中外加激励 $U_S = 0$ 时的响应，参照式(5-7)的求解过程，式(5-23)的解为

$$u_C(t) = U_0\mathrm{e}^{-\frac{t}{RC}} = U_0\mathrm{e}^{-\frac{t}{\tau}} \tag{5-24}$$

这是充电电容经电阻放电时的电容电压表达式。进一步可求得放电电流

$$i(t) = -C\frac{\mathrm{d}u_C}{\mathrm{d}t} = \frac{U_0}{R}\mathrm{e}^{-\frac{t}{\tau}} \tag{5-25}$$

式中，$\tau = RC$ 为时间常数。

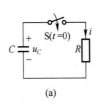 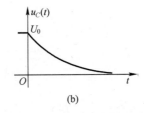 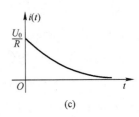

图 5-8　一阶 RC 电路的零输入响应

式(5-24)、式(5-25)就是一阶 RC 电路的零输入响应。由响应的表达式可以看出，各响应均与初始状态 U_0 成正比，都按同样的指数规律衰减。图 5-8(b)和(c)给出了各响应随时间变化的曲线。其中电容电压 $u_C(t)$ 在换路瞬间($t = 0$ 时)保持不变，为 U_0，并由 U_0 开始按指数规律衰减；放电电流 $i(t)$ 则在换路瞬间由零跃变为 U_0/R，然后由该值开始按同一指数规律衰减。随着时间的推移，各响应最终都趋近于零。

实际电容漏
电阻

实际中，可用 RC 电路的零输入响应，来计算出某个实际电容器的漏电阻。

现在讨论 RL 电路的零输入响应。在图 5-9 所示的电路中，开关 S 在打开之前，电感中已有电流，设其为 I_0，即 $i_L(0^-) = I_0$。

当 $t=0$ 时开关打开，即换路之后，RL 电路的输入为零。由 KVL 有

$$L\frac{\mathrm{d}i_L}{\mathrm{d}t} + Ri_L = 0 \tag{5-26}$$

这也是一个常系数的一阶线性齐次微分方程，其解为

$$i_L(t) = i_L(0^+)\mathrm{e}^{-\frac{R}{L}t} = I_0\mathrm{e}^{-\frac{R}{L}t} = I_0\mathrm{e}^{-\frac{t}{\tau}} \tag{5-27}$$

进一步可求得

$$u_L(t) = L\frac{\mathrm{d}i_L}{\mathrm{d}t} = -RI_0\mathrm{e}^{-\frac{R}{L}t} = -RI_0\mathrm{e}^{-\frac{t}{\tau}} \tag{5-28}$$

以上求出的 $i_L(t)$ 和 $u_L(t)$ 就是图 5-9 所示 RL 电路的零输入响应。其中 τ 是 RL 电路的时间常数，$\tau = L/R$。由响应的表达式也可看出，各响应均与初始状态 I_0 成正比，都按同样的指数规律衰减。图 5-10 给出了各响应随时间变化的曲线。其中 $u_L(t)$ 为负值是因为 $i_L(t)$ 一直在减小，电感电压的实际方向与参考方向相反。

总结分析以上的讨论可以看出，一阶电路的零输入响应是一阶电路全响应的特例，并且与初始状态 ($u_C(0^+)$ 或 $i_L(0^+)$) 呈线性关系，这称为零输入响应的线性性质。

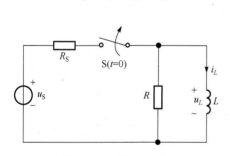

图 5-9　一阶 RL 电路

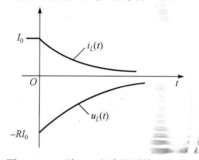

图 5-10　一阶 RL 电路的零输入响应

5.2.3　一阶电路的零状态响应

零状态响应是指仅由电路的外加输入引起的响应。

以图 5-11 所示的 RC 串联电路为例，换路前有 $u_C(0^-) = 0$；换路后由 $u_C(0^+) = u_C(0^-) = 0$ 可知电路的初始状态为零，有 $u_S = U_S$ 的外加激励。

换路后，电路方程为

$$RC\frac{\mathrm{d}u_C}{\mathrm{d}t} + u_C = U_S$$

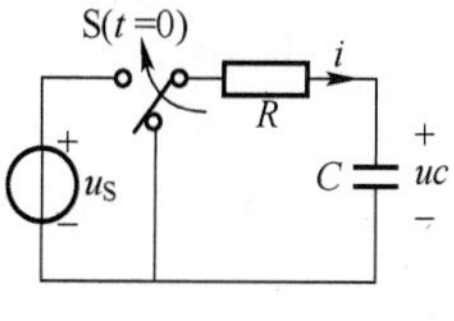

这个方程与式(5-5)完全相同。只是初始条件与式(5-12)不同，初始值为 $u_C(0^+) = u_C(0^-) = 0$，于是与 RC 电路全响应求解过程完全相同，求得零状态响应为

图 5-11　一阶 RC 电路

$$u_C(t) = U_S - (0 - U_S)\mathrm{e}^{-\frac{t}{RC}} = U_S(1 - \mathrm{e}^{-\frac{t}{\tau}}) \tag{5-29}$$

进一步可求得

$$i(t) = C \frac{\mathrm{d}u_C}{\mathrm{d}t} = \frac{U_\mathrm{S}}{R} \mathrm{e}^{-\frac{t}{RC}} = \frac{U_\mathrm{S}}{R} \mathrm{e}^{-\frac{t}{\tau}} \tag{5-30}$$

将该响应的表达式与式(5-13)、式(5-14)比对，可以看出零状态响应也是全响应的一个特例，其响应和输入 U_S 呈线性关系，也称为零状态响应的线性性质。

$u_C(t)$ 和 $i(t)$ 的变化曲线如图 5-12(a)、(b)所示。电容电压 u_C 由零被逐渐充电至 U_S，而充电电流 i 由 U_S/R 逐渐衰减到零。充电过程的快慢取决于电路的时间常数 $\tau = RC$。经过一个 τ 的时间，u_C 的暂态分量 u_{Ct} 衰减到其初值的 36.8%，而实际的电容电压则升至其稳态值的 63.2%。

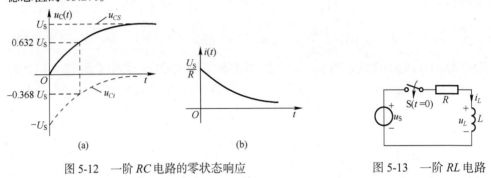

图 5-12　一阶 RC 电路的零状态响应　　　　图 5-13　一阶 RL 电路

对图 5-13 所示的 RL 串联电路，若 $i_L(0^-) = 0$，也可以进行零状态的分析，这里不再赘述。读者可自行分析，不难得出与 RC 串联电路类似的结论。

在了解了零输入响应和零状态响应之后，对一阶线性电路全响应的求解就可以利用叠加定理的思路来完成。首先令储能元件初始储能为零，由电源输入单独作用求得电路的零状态响应。然后再令电路中电源输入为零，由储能元件初始储能单独作用，求得电路的零输入响应，根据叠加定理可以得出

$$\text{全响应} = \text{零输入响应} + \text{零状态响应}$$

5.3　三要素法

只有一个储能元件(电容或电感)的电路，在实际工作中被广泛地应用。为了能更方便、更快捷地求解动态响应，不必经由列写电路的微分方程、解微分方程、确定积分常数这些烦琐的步骤。人们总结出了一种很实用的方法，这就是三要素法。

通过前面几节的分析可知，一阶电路的全响应等于该电路的暂态分量和稳态分量之和。其中暂态分量具有 $A\mathrm{e}^{-\frac{t}{\tau}}$ 的形式，因此，一阶电路的任何一种响应都可以分解表示为

$$x(t) = x_s(t) + A\mathrm{e}^{-\frac{t}{\tau}}$$

式中，$x(t)$ 为电路任一具体响应，它可以是电路任何一处的电压或电流；$x_s(t)$ 为该响应的稳态分量，即电路达新稳态时的响应；τ 为电路的时间常数；A 为待定的积分常数。将 $t = 0^+$ 代入，得

$$x(0^+) = x_s(0^+) + A$$

$$A = x(0^+) - x_s(0^+)$$

故

所求响应可以写成

$$x(t) = x_s(t) + [x(0^+) - x_s(0^+)]e^{-\frac{t}{\tau}} \tag{5-31}$$

这里 $x(0^+)$ 为所求响应在 $t = 0^+$ 时的值，称为响应的初始值。

式(5-31)表明，为了求解电路的某一具体响应，只要分别计算出换路后该响应的稳态解 $x_s(t)$、初始值 $x(0^+)$ 和电路的时间常数 τ 这三个要素，就可以根据上述公式写出所求的响应，大大减少了分析一阶电路的推导计算量。因此，式(5-31)称为求解一阶电路任一响应的快速计算公式。我们把这种方法称为分析一阶电路的三要素法。

由于零输入响应和零状态响应是全响应的特殊情况，故式(5-31)也可用来求一阶电路的零输入响应和一阶电路的零状态响应。

对于我们重点讨论的恒定输入，电路达到稳态时，各处的电压和电流均为恒定不变的确定值，称为稳态值，用 $x(\infty)$ 表示。此时式(5-31)可以改写成

$$x(t) = x(\infty) + \left[x(0^+) - x(\infty) \right] e^{-\frac{t}{\tau}} \tag{5-32}$$

应用三要素法分析一阶电路的关键是准确地确定所求响应的三个要素。三要素的确定原则和规律在前面几节的论述中均已提及，现归纳如下。

(1) 初始值。即所求响应在换路后起始时刻的值。可按以下步骤确定：①求出换路前的电容电压和电感电流的值，即 $u_C(0^-)$ 和 $i_L(0^-)$；②由换路定律求得换路后电路的初始状态 $u_C(0^+)$ 和 $i_L(0^+)$；③对于其他所求响应的初始值，可画出 $t = 0^+$ 时的等效电路来求得。其中 $t = 0^+$ 时，电容元件相当于恒压源 $u_C(0^+)$，电感元件相当于恒流源 $i_L(0^+)$。其计算方法我们在 5.1 节已详细进行了讨论。

(2) 稳态值。即所求响应在换路后达到稳定状态时的值。利用 $t = \infty$ 时的等效电路来求解。由于 $t = \infty$，电路已到达新的稳定状态，此时电容元件相当于开路，电感元件相当于短路。

(3) 时间常数。一阶电路的时间常数只决定于电路的结构和元件的参数。在 $t \geq 0$ 时的电路中，先计算出由储能元件 C 或 L 两端看过去的戴维南等效电阻 R_0，然后求 τ。若储能元件是电容，则 $\tau = R_0 C$；若储能元件为电感，则 $\tau = L / R_0$。

需要注意的是，上述的归纳总结，只针对恒定输入。一阶电路若为正弦输入，求解方法应做调整。由于正弦输入时电路抵达稳态时各电压、电流均为与输入同频率的正弦量，故应用相量法求解。

例 5-2　图 5-14 所示电路原已稳定，$t = 0$ 时将开关 S 闭合。已知：$R = 1\Omega$，$R_1 = 2\Omega$，$R_2 = 3\Omega$，$C = 5\mu F$，$U_S = 6V$。求开关 S 闭合后的 $u_C(t)$ 和 $i_C(t)$。

解　开关未闭合前，电路已达到稳定状态，电容开路，电容两端电压等于电阻 R_2 两端电压。

(1) 初始值：$u_C(0^+) = u_C(0^-) = \dfrac{R_2}{R + R_1 + R_2} \times U_S = 3V$。

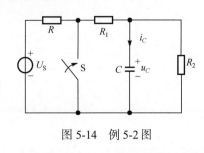

图 5-14 例 5-2 图

(2) 稳态值：换路后，开关闭合，电源 U_S 短路，$u_C(\infty)=0\text{V}$。

(3) 时间常数：由电容两端看，所余电路的等效内阻为

$$R_0 = R_1 /\!/ R_2 = \frac{R_1 R_2}{R_1 + R_2} = \frac{6}{5}\Omega$$

则

$$\tau = R_0 C = 6\times 10^{-6}\text{s}$$

将以上求得的三要素代入式(5-32)便得响应，即

$$u_C(t) = u_C(\infty) + \left[u_C(0^+) - u_C(\infty)\right]\text{e}^{-\frac{t}{\tau}} = 3\text{e}^{-\frac{10^6}{6}t}\text{V}\ (t \geqslant 0)$$

$$i_C(t) = C\frac{\text{d}u_C(t)}{\text{d}t} = -2.5\text{e}^{-\frac{10^6}{6}t}\text{A}\ (t\geqslant 0)$$

例 5-3 电路如图 5-15 所示。已知 $R_1 = R_2 = 2\Omega$，$L=0.5\text{H}$，$i_S=2\text{A}$，$u_S=10\text{V}$，$t=0$ 时开关 S 合上。求 $t\geqslant 0$ 时的电感电流 $i_L(t)$。

解 设电感电流的方向如图 5-15 所示。换路前，有 $i_L(0^-) = i_S = 2\text{A}$。

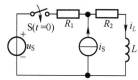

图 5-15 例 5-3 图

(1) 初始值：$i_L(0^+) = i_L(0^-) = 2\text{A}$。

(2) 稳态值：因两电源均为直流电源，换路后电路稳定时电感相当于短路，由叠加法求得

$$i_L(\infty) = i_L{'}(\infty) + i_L{''}(\infty) = \frac{u_S}{R_1+R_2} + \frac{R_1}{R_1+R_2}i_S = 2.5+1 = 3.5(\text{A})$$

(3) 时间常数：由电感两端看，所余电路的等效内阻(令电压源短路，电流源开路)为

$$R_0 = R_1 + R_2 = 4\Omega，\ 则\ \tau = \frac{L}{R_0} = \frac{0.5}{4} = \frac{1}{8}(\text{s})。$$

将以上求得的三要素代入式(5-32)便得响应，即

$$i_L(t) = i_L(\infty) + \left[i_L(0^+) - i_L(\infty)\right]\text{e}^{-\frac{t}{\tau}} = 3.5 - 1.5\text{e}^{-8t}\ \text{A}(t\geqslant 0)$$

例 5-4 如图 5-16 所示电路，开关 S 在位置 a 处已稳定，$t=0$ 时 S 打到位置 b 处，求电流 i。已知 $E_1=8\text{V}$，$E_2=4\text{V}$，$R_1=1\Omega$，$R_2=2\Omega$，$R_3=2\Omega$，$L=8\text{mH}$。

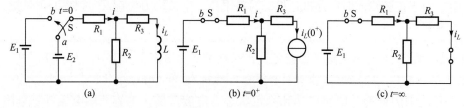

图 5-16 例 5-4 图

解 (1) 计算 $i(0^+)$。

$t=0^+$ 时等效电路如图 5-16(b)所示。

因换路前电路已处于稳定状态，故由分流公式得

$$i_L(0^-) = \frac{2}{2+2} \times \frac{-4}{1+2//2} = -1(A)$$

根据换路定理知

$$i_L(0^+) = i_L(0^-) = -1A$$

应用叠加定理可得

$$i(0^+) = \frac{E_1}{R_1+R_2} + \frac{R_2}{R_1+R_2}i_L(0^+) = \frac{8}{1+2} + \frac{2}{1+2} \times (-1) = 2(A)$$

(2) 计算 $i(\infty)$。由图 5-16(c)所示的 $t = \infty$ 时的等效电路可得

$$i(\infty) = \frac{E_1}{R_1+R_2 // R_3} = \frac{8}{1+2//2} = 4(A)$$

(3) 计算时间常数 τ。图 5-16(a)所示电路为 RL 电路，故 τ 为

$$\tau = \frac{L}{R_0} = \frac{L}{R_3 + R_1 // R_2} = \frac{8 \times 10^{-3}}{2 + 1 // 2} = 3 \times 10^{-3}(s)$$

(4) 计算求解响应 i 的响应。由三要素公式可得

$$i(t) = i(\infty) + [i(0^+) - i(\infty)]e^{-\frac{t}{\tau}} = 4 + (2-4)e^{-\frac{1000}{3}t} = 4 - 2e^{-\frac{1000}{3}t}(A) \qquad (t \geqslant 0)$$

思考练习 5.3

5.4　微分电路与积分电路

当矩形脉冲作用于 RC 电路时，随着电路时间常数的不同，响应情况也有所不同，从而得到具有重要应用的两种电路——微分电路和积分电路。

5.4.1　微分电路

在图 5-17(a)中，输入信号 u_i 是占空比为 50%的矩形脉冲序列，如图 5-17(b)所示，从电阻上取电压作为输出 u_o。当电路的时间常数 $\tau = RC \ll t_w$ 时，电路的暂态过程相对于脉宽 t_w 而言将进行得很快。

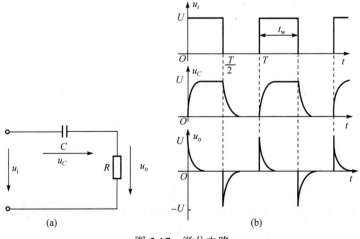

图 5-17　微分电路

当 $0 \leqslant t < \dfrac{T}{2}$ 时，因为 $u_C(0^+)=u_C(0^-)=0$，所以图 5-17(a)中电路处于零状态响应过程，信号源以恒压 U 给电容充电。由于 $\tau \ll t_w$，因此 u_C 很快达到稳态值 U，而 u_o 也由 $u_o(0^+)=U$ 衰减到 $u_o=0$。

当 $\dfrac{T}{2} \leqslant t < T$ 时，因为 $u_i = 0$，所以图 5-17(a)电路处于零输入响应过程，电容经过电阻 R 放电，且放电速度同样很快，电压 u_C 很快降到零，而 u_o 也由 $u_o\left(\dfrac{T^+}{2}\right)=-U$ 很快变为零。

由图 5-17(b)可以看出，当 $\tau \ll t_w$ 时，$u_C \approx u_i$。

又因
$$u_o = iR = RC\dfrac{\mathrm{d}u_C}{\mathrm{d}t}$$

所以
$$u_o \approx RC\dfrac{\mathrm{d}u_i}{\mathrm{d}t}$$

上式表明，输出电压 u_o 近似地与输入电压微分成正比，故称此电路为微分电路。微分电路输出的尖顶脉冲常被用在脉冲数字电路中作为触发信号。

5.4.2　积分电路

在图 5-18(a)所示的 RC 电路中，输入信号仍为占空比 50% 的脉冲序列，以电容上的电压作为输出 u_o。当电路的时间常数 $\tau = RC \gg t_w$ 时，电容充放电的过程将进行得很慢。

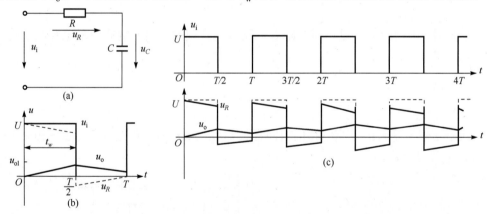

图 5-18　积分电路

当 $0 \leqslant t < \dfrac{T}{2}$ 时，同图 5-17(a)的电路一样，电路仍是零状态响应，信号源以恒压 U 给电容充电，电容电压 $u_o = U(1-\mathrm{e}^{-\frac{t}{\tau}})$。因为 $\tau \gg t_w$，所以电压 u_o 增长缓慢，在脉冲持续时间内近似于线性增长，见图 5-18(b)。当 $t = \dfrac{T}{2}$ 脉冲结束时，u_o 还很小，若令 $u_{o1} = u_o\left(\dfrac{T}{2}\right) = U(1-\mathrm{e}^{-\frac{T}{2\tau}})$，可知 $u_{o1} \ll U$；在 $\dfrac{T}{2} \leqslant t < T$ 时，电容经 R 放电，电路处于零输

入响应过程，$u_{\mathrm{o}} = u_{\mathrm{o}1}\mathrm{e}^{-\frac{t'}{\tau}}\left(t' = t - \dfrac{T}{2}\right)$。同样地，由于 $\tau \gg t_{\mathrm{w}}$，电容放电也非常缓慢，u_{o} 也近似于线性衰减。

由图 5-18(b)可以看到，当 $\tau \gg t_{\mathrm{w}}$ 时，由于 u_{o} 幅度很小，因此有 $u_R \approx u_{\mathrm{i}}$，即 $u_{\mathrm{i}} \approx iR$。

而
$$i = C\frac{\mathrm{d}u_{\mathrm{o}}}{\mathrm{d}t}$$

故
$$u_{\mathrm{o}} = \frac{1}{C}\int i\,\mathrm{d}t \approx \frac{1}{RC}\int u_{\mathrm{i}}\,\mathrm{d}t$$

上式表明输出电压 u_{o} 近似地与输入电压 u_{i} 对时间的积分成正比，因而称为积分电路。

思考练习 5.4

当输入信号的第一个周期结束时，即 $t = T, t' = \dfrac{T}{2}$ 时，电容电压 u_{o} 并未变为零，而是 $u_{\mathrm{o}}(T) = u_{\mathrm{o}1}\mathrm{e}^{-\frac{T}{2\tau}}$。之后第二个脉冲又到了，电容又开始充电，第二次充电时电容电压初始值不为零，故在第二个脉冲结束时，电容电压会比第一个脉冲时的 $u_{\mathrm{o}1}$ 提高一些，如图 5-18(c)所示。只有在经过若干个脉冲周期之后，电容的充电与放电才达到平衡状态。在平衡状态时，电容电压 u_{o} 在脉冲持续时间内的增加与在脉冲间歇时间内的衰减完全相同，见图 5-18(c)。但只要满足条件 $\tau \gg t_{\mathrm{w}}$，就总有 $u_{\mathrm{i}} \approx u_R$，$u_{\mathrm{o}} \approx \dfrac{1}{RC}\int u_{\mathrm{i}}\,\mathrm{d}t$ 成立。

第 5 章小结

阅读与应用

● 二阶电路暂态响应

用二阶微分方程描述的动态电路称为二阶电路。RLC 串联电路和 GLC 并联电路都是典型的二阶电路。下面以二阶电路的零输入响应为例，来简单讨论二阶电路的暂态响应。

二阶电路暂态响应

历 史 人 物

詹姆斯·克拉克·麦克斯韦(James Clerk Maxwell，1831—1879 年)出生于苏格兰爱丁堡，是英国物理学家、数学家，经典电动力学的创始人，统计物理学的奠基人之一。

麦克斯韦简介

历 史 故 事

路德维希·玻尔兹曼(Ludwig Edward Boltzmann，1844—1906 年)是奥地利首屈一指的物理学大师。因当时物理学正处在重大转型时期，他作为统计力学的伟大奠基者而成了关键性人物。他对物理学的发展作出了不朽功绩，诚如劳厄(M.T.F.V. Laue)所说"如果没有玻尔兹曼的贡献，现代物理学是不可想象的。"这里主要介绍的是玻尔兹曼描绘的科学之美。

玻尔兹曼的科学之美

习 题 5

5-1　各电路中 C 与 L 原来均无储能，开关 S 在 $t = 0$ 时闭合，求 S 闭合瞬间题 5-1 图所标各量的初始值。

5-2　如题 5-2 图所示，电路原已稳定，开关 S 在 $t = 0$ 时打开，求电容 C 与电感 L 在 $t = 0^+$ 时的储能。

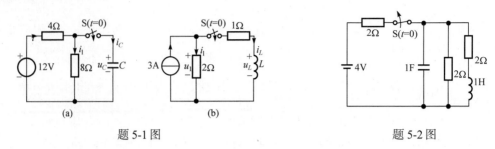

题 5-1 图　　　　　　　　　　　　　题 5-2 图

5-3　题 5-3 图所示电路中 C 与 L 原来均无储能，开关 S 在 $t=0$ 时闭合，求 $i(0^+)$ 和 $u(0^+)$。

5-4　题 5-4 图所示电路原已稳定，$t=0$ 时开关闭合。求各支路电流在 $t=0^+$ 时的值。

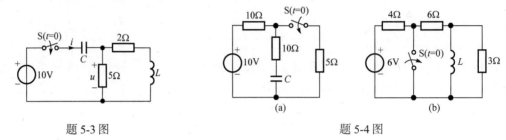

题 5-3 图　　　　　　　　　　　　题 5-4 图

习题5答案1

5-5　题 5-5 图所示电路已稳定，$t=0$ 时开关闭合，求 $t=0^+$ 时各支路的电流和电感元件的电压。

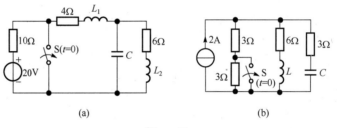

题 5-5 图

5-6　题 5-6 图所示电路中，已知 $R=5\Omega$，$R_1=R_2=10\Omega$，电压源为直流电源且 $U_S=30V$，$t=0$ 时开关闭合。求 $u_C(0^+)$、$i_L(0^+)$、$i(0^+)$、$u_L(0^+)$ 及 $i_C(0^+)$。

5-7　题 5-7 图所示电路中，电容原无储能，S 在 $t=0$ 时闭合，求 $t\geqslant0$ 时的 u_C 和 i，并画出它们的波形。

5-8　题 5-8 图所示电路中，电感原无储能，S 在 $t=0$ 时闭合，求 $t\geqslant0$ 时的 i_L 和 u，并画出它们的波形。

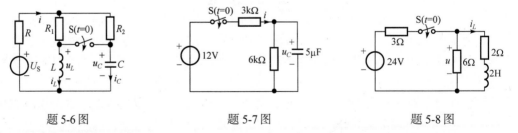

题 5-6 图　　　　　　　题 5-7 图　　　　　　　题 5-8 图

5-9　题 5-9 图所示电路原已稳定，$t=0$ 时开关闭合，求 $t\geqslant0$ 时流经电感的电流和电感两端的电压。

5-10　题 5-10 图所示电路原已稳定，$t=0$ 时开关断开，求 $t\geqslant0$ 时电容电压和流经电容的电流。

5-11　题 5-11 图所示电路中，已知 $u_C(0^-)=5V$，$I_S=2A$，$R_1=20\Omega$，$R_2=30\Omega$，$C=0.5F$，S 在 $t=0$ 时合上，求 u_C 的全响应。

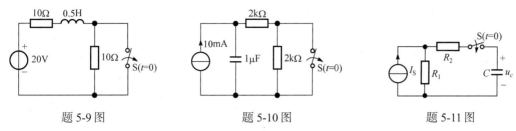

題 5-9 图　　　　題 5-10 图　　　　題 5-11 图

5-12　題 5-12 图所示电路原已稳定，S 在 $t=0$ 时合上，问 t 为何值时，电流 i 变为 5A？

5-13　題 5-13 图所示电路原已稳定，用三要素法计算换路后的 u_C、u，并画出它们的波形。

5-14　題 5-14 图所示电路原已稳定。已知 $I_S=1\text{mA}$，$U_S=10\text{V}$，$C=10\mu\text{F}$，$R_1=R_2=10\text{k}\Omega$，$R_3=20\text{k}\Omega$，求换路后电压 u。

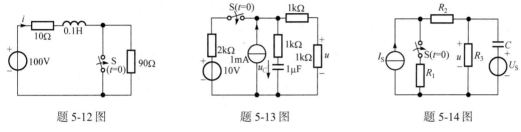

題 5-12 图　　　　題 5-13 图　　　　題 5-14 图

习題5答案2

5-15　題 5-15 图所示电路原已稳定。已知 $U_{S1}=12\text{V}$，$U_{S2}=9\text{V}$，$R_1=6\Omega$，$R_2=3\Omega$，$L=1\text{H}$，求开关闭合后的 i_L 和 i_1，并画出它们的波形。

5-16　題 5-16 图所示电路原已稳定。已知 $I_S=\dfrac{5}{3}\text{A}$，$U_S=20\text{V}$，$L=0.1\text{H}$，$R_1=12\Omega$，$R_2=6\Omega$，$r=4\Omega$，求开关闭合后的 u。

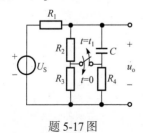　　　　　　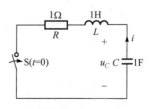

題 5-15 图　　　　　　　　　　題 5-16 图

*5-17　題 5-17 图所示电路中，开关 S 原打开时电路处于稳态，$t=0$ 时将 S 闭合，$t=t_1=1\text{ms}$ 时又将 S 打开，求电压 u_o，并画出其波形。已知 $U_S=10\text{V}$，$R_1=1\text{k}\Omega$，$R_2=R_3=R_4=2\text{k}\Omega$，$C=1\mu\text{F}$。

*5-18　題 5-18 图所示二阶暂态电路中，$t=0$ 时开关 S 闭合，设电容初始电压 $u_C(0)=1\text{V}$，电路 $i(0)=0$，求开关 S 闭合后的 u_C、i。

題 5-17 图　　　　　　　　　　題 5-18 图

第6章　磁路与变压器

章节导读

前面几章讨论的是有关电路的基本定律和基本分析方法。从本章开始将对电工技术中常用的电器设备,如变压器、电机、控制电器等进行介绍。这些电器设备在工业生产和日常生活中的应用非常普及。

变压器是一种在电能传输、企业用电、生活用电中不可或缺的电器设备,其作用就是在产生极少能量损耗的前提下,实现电压量值的变换,正是由于变压器的使用,才使得一个广阔的地区乃至一个国家的电力供应可以采用网络的形式,覆盖所有有用电需求的地区。也使得各地区的工厂企业或民用单位可以直接从供电网中取用电能,转变成任意的电压量值,而不必因自身的特殊需求自建发电机(厂)提供电能。

在物理学中已知,电与磁通常总是共存的,导体中的电流会产生磁场;变化的磁场又会在导体中产生感生电压;磁场中有电流流过的导体会受力。前面所提到的电器设备无一例外的都是依靠电与磁的相互作用、相互转化来工作的。电与磁的基本关系和定律在物理学中已学习过,这里不再详细介绍。本章仅以常用工业电器中的电磁关系为主简要回顾其中常用的变量及定律,并对变压器、电磁铁的工作原理及电磁关系进行介绍和分析。

知识点

(1) 磁路的定义,磁路中的基本电磁变量和定律。
(2) 直流铁心线圈磁路及电磁关系。
(3) 交流铁心线圈磁路及电磁关系。
(4) 变压器工作原理及铭牌参数。
(5) 变压器输入输出关系及运行特性。
(6) 特种变压器及电磁铁的基本工作原理

掌　握

(1) 铁心磁路的材质、结构、励磁电流与磁通量的关系。
(2) 交流铁心磁路电磁关系的分析与计算。
(3) 变压器输入、输出回路的等效电路,空载、有载运行时电磁关系。
(4) 变压器铭牌参数的意义,变压器运行特性。

了　解

(1) 直流铁心磁路电磁关系的分析与计算。
(2) 变压器铜损、铁损的含义及统计。
(3) 特种变压器及其工作原理。
(4) 电磁铁的基本工作原理。

6.1　磁路的基本概念和基本定律

电器设备中的磁场一般都局限在一定的路径内，这种路径就称为磁路。因此可以说磁路就是局限在一定路径内部的磁场。

6.1.1　磁场的基本物理量

用来表征磁场性质的基本物理量可归纳如下。

1. 磁感应强度 B

磁感应强度表示空间某点磁场强弱与方向的物理量，其定义为单位正电荷 q 以单位速度 v 在与磁场垂直的方向运动时所受到的力 F。

$$B = \frac{F}{qv} \tag{6-1}$$

其单位为特斯拉(T)，简称"特"或韦伯/米 ^{2}，B 常称为磁通密度。

2. 磁通

磁通是表示穿过某一截面 S 的磁感应强度矢量的通量，或者说是穿过该截面的磁力线总数，其单位为韦伯(Wb)。均匀磁场内的磁通为

$$\Phi = BS \tag{6-2}$$

3. 磁导率 μ

磁导率也称导磁系数，是用来衡量物质导磁能力的物理量。在工程上，根据磁导率的大小，常把物质分成铁磁物质和非铁磁物质两大类。

空气、铜、铝、木材等物质导磁能力很差，通常称为非铁磁物质。它们的磁导率与真空的磁导率 μ_0 很接近。μ_0 是一个常数，其值为 $4\pi \times 10^{-7}$H/m(亨利/米)。

硅钢、铸铁、合金等物质，导磁能力很强，通常称为铁磁物质。各种铁磁物质的磁导率 μ 比非铁磁物质的磁导率 μ_0 大得多，它们的导磁能力非常强，因此被广泛应用于各种电器设备中。如变压器、电机和各种电磁器件的线圈中都装有由铁磁物质制成的铁心。

为了便于比较各种物质的导磁能力，常把某种材料的磁导率 μ 与真空中的磁导率 μ_0 相比，其比值称为该物质的相对磁导率，即

$$\mu_r = \frac{\mu}{\mu_0} \tag{6-3}$$

式中，μ_r 是一个没有单位的量，它表明铁磁物质的磁导率是真空磁导率的多少倍。

铁磁物质的高导磁性能可以用磁畴理论来解释。在各种磁性物质的分子中，由于电子环绕原子核运动和本身的自转运动而产生电子磁矩。自然状态下，电子磁矩在铁磁物质内部已经按某个方向在一个个小区域内平行地排列起来，从而具有一定的磁性，这种自生的磁性小区域称作磁畴，如图 6-1(a)所示。铁磁物质内部具有许多个磁畴。通常，这些磁畴任意取向，排列杂乱无章，磁性互相抵消，因此铁磁物质对外界不呈现磁性。当有外磁场 B 加于磁性物质上时，磁畴的磁矩受外磁场的作用，均顺向排列起来，使得铁磁物质内部出现很强的磁性，如图 6-1(b)所示，这种现象称为磁化。被外加磁场磁化后的铁磁物质，在外

磁场消失后，仍会保留一定的磁性，这就是所谓的磁滞现象。这是由于外磁场消失后，铁磁物质内部已顺向排列的磁畴，在短时间内尚未恢复到自然状态下的无序排列，因此铁磁物质仍呈现有磁性。随着时间的推移，这种磁性逐渐减弱直至消失。

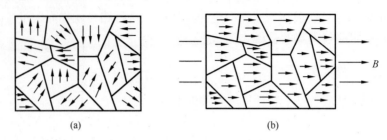

图 6-1　铁磁物质中的磁畴

4. 磁场强度 H

磁场强度定义：介质中某点的磁感应强度与介质磁导率之比，即

$$H = \frac{B}{\mu} \tag{6-4}$$

磁场强度是一个矢量，是为了对磁场进行计算而引入的一个物理量。

在电磁场中磁场都是由电流产生的，同样大小的电流在不同的磁介质中产生的磁场强弱不同。这是因为不同的物质在外磁场的磁化作用下产生不同的附加磁场，此种附加磁场反过来又会影响外磁场。如果把磁介质中的磁场称为内磁场，则前面介绍的 Φ 和 B 是描述内磁场强弱和方向的物理量；而磁场强度 H 是描述外磁场即磁场源强弱的物理量。电磁场中 H 与励磁电流 I 成正比，与磁介质无关。

6.1.2　铁磁物质的磁化曲线

由于铁磁物质的磁导率 μ 不是常数，因此式(6-4)只能表示 B 和 H 之间的定性关系。通过实验测出的铁磁物质在磁化过程中 $B\text{-}H$ 关系曲线如图 6-2 所示，该曲线又称磁化曲线。

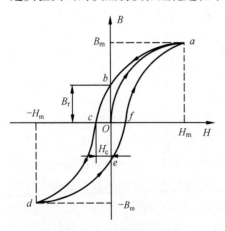

图 6-2　铁磁物质的磁化曲线

当磁场强度由 0 增大到最大值 H_m 时，磁感应强度 B 也相应地增大到最大值 B_m，如图 6-2 中 Oa 段曲线，Oa 称为原始磁化曲线。当磁场强度由 H_m 逐渐减小时，磁感应强度 B 沿曲线 ab 段下降。当 H 降为零时，铁磁物质内仍保留有一定量的剩磁，其相应的磁感应强度为 B_r，这种 B 落后于 H 变化的特性称为铁磁物质的磁滞性。若要使 B 降为零，则 H 应变为负值 H_c，H_c 称为矫顽力。当 H 由 H_c 继续反向增加至 H_m 时，B 沿曲线 cd 段反向增加至 $-B_m$。若磁场强度再由 $-H_m$ 逐渐增加至 $+H_m$，磁感应强度 B 沿曲线 $defa$ 上升至 $+B_m$。可见，铁磁物质的磁化曲线不是一条曲线，而是一个回线，称为磁滞回线。

不同铁磁物质具有不同的磁滞回线，如图 6-3 所示。

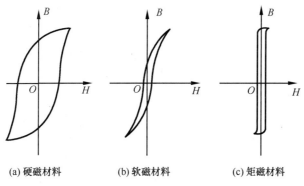

(a) 硬磁材料　　(b) 软磁材料　　(c) 矩磁材料

图 6-3　不同物质的磁滞回线

具有图 6-3(a)所示磁滞回线的物质称为硬磁材料，它可以使磁性长久地保留，不易消失。常见的硬磁材料有金属铝镍钴系、铁铬钴、钕铁硼、硬磁铁氧体等合成材料。其中钕铁硼是当今最新的磁性材料，有很高的应用价值。具有图 6-3(b)磁滞回线的物质称为软磁材料，这种材料具有很高的磁导率，且 B-H 关系比其他材料更接近线性。硅钢、坡莫合金、铸钢、铁、软磁铁氧体等属于此类材料，适于制造电机、变压器的铁心。具有图 6-3(c)磁滞回线的物质称为矩磁材料，常见的有镁锰铁氧体、铁镍合金等。这种物质剩磁大且又易于翻转，被用作记忆元件，如电子计算机存储器中的磁芯。

图 6-4 画出了几种电工设备常用软磁材料的基本磁化曲线，基本磁化曲线相当于磁滞回线中的初始磁化曲线，即图 6-2 中曲线 Oa 段。由图 6-4 中曲线可以看出，当磁场强度 H 增大到一定值时，磁感应强度 B 几乎不再随 H 变化，即达到了饱和值，这种现象称为磁饱和。

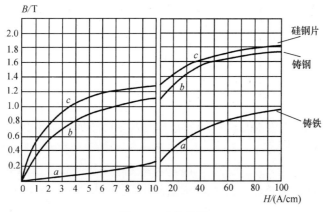

图 6-4　磁化曲线

6.1.3　磁路及其基本定律

1. 磁路

电机、电器内部的磁场通常都是由通有电流的线圈产生的。为了用较小的励磁电流产生较强的磁场，从而得到较大的感应电动势或电磁力，同时也为了使线圈所产生的磁场局限在一定范围内，实际应用中，常把线圈绕制在用铁磁材料制成的一定形状的铁心上，这就构成了磁路，如图 6-5 所示。

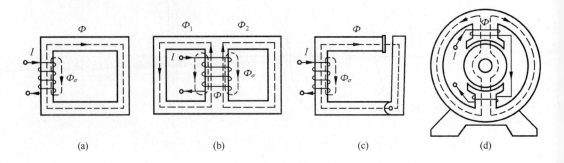

图 6-5　常见铁心磁路

当线圈通电流时，将有磁场产生。通过磁路形成闭合路径的磁通，称为主磁通，用 Φ 表示；通过空气形成闭合路径的磁通，称为漏磁通，用 Φ_σ 表示，如图 6-5 所示。因为铁心的磁导率比空气磁导率大很多倍，所以主磁通 Φ 比漏磁通 Φ_σ 大很多倍，因此在磁路计算时通常可以忽略 Φ_σ。这样在具有铁心的电器设备中，分布在空间的复杂的磁场问题，就可以归结为磁路内的磁场问题来分析和计算。

2. 磁路的基本定律

磁路的基本定律是由描述磁场性质的磁通连续性原理和全电流定律(或称安培环路定律)推导出来的。

磁通连续性原理指出：磁力线是没有起止的封闭曲线，因此，通过任意闭合曲面的总磁通量为零。

全电流定律指出：在磁场中，沿任一闭合路径磁场强度矢量的线积分，等于穿过该闭合路径所围面积内各电流的代数和。它的数学表达式为

$$\oint H \mathrm{d}l = \sum I \tag{6-5}$$

其中，电流的矢量方向是这样确定的：当电流的方向与所选路径的循行方向符合右手螺旋定则时，电流前取正号，否则取负号。

电工设备中的磁路通常都是材质均匀且形状规则的整体磁路或分段磁路。当闭合路径选择与主磁通方向完全相同时，H 与 $\mathrm{d}l$ 同方向，矢量积分变为标量积分。这种情况下，由磁通连续性原理及磁场强度 H 的定义式(6-4)、式(6-2)，可知在一段磁通恒定、截面均匀的磁路内，磁场强度 H 不随路径 l 变化，即式(6-5)可简化为

$$\oint \boldsymbol{H} \mathrm{d}l = \oint H \mathrm{d}l = H_1 \int_{l_1} \mathrm{d}l + H_2 \int_{l_2} \mathrm{d}l + \cdots + H_n \int_{l_n} \mathrm{d}l = \sum I$$

即

$$\sum_{k=1}^{n} H_k l_k = \sum I \tag{6-6}$$

式中，$l_1, l_2, \cdots, l_n$ 代表磁路的各分段路径，在一个分段内磁路均匀。

根据磁通连续性原理和全电流定律可以推导出磁路的欧姆定律和基尔霍夫定律。

1) 磁路的欧姆定律

对于图 6-5(a)所示的磁路，磁路始终均匀，式(6-6)可以简化为

$$Hl = NI \tag{6-7}$$

式中，l 为磁路的平均长度，单位为米(m)；N 为线圈的匝数。如果假设铁心的截面积及结构均匀，则式(6-7)与式(6-2)、式(6-4)联立可进一步推出

$$\frac{\Phi}{\mu S}l = NI \tag{6-8}$$

令 $F=NI$，$R_{\mathrm{m}} = \dfrac{l}{\mu S}$，则上式可写成

$$F = \Phi R_{\mathrm{m}} \tag{6-9}$$

式(6-9)就是磁路的欧姆定律表示式。式中，R_{m} 称为磁阻，F 称为磁动势。应当注意的是，电路的欧姆定律可用于电路的计算，而磁路中由于铁磁材料的磁导率不是常数，故磁阻 R_{m} 也不是常数。磁路的欧姆定律只能对磁路进行定性分析，不能进行定量计算。

2) 磁路的基尔霍夫第一定律

对于图 6-5(b)所示的有分支磁路，根据磁通连续性原理，在磁路的分支处必然会有 $\Phi - \Phi_1 - \Phi_2 = 0$，即

$$\sum \Phi = 0 \tag{6-10}$$

3) 磁路的基尔霍夫第二定律

对于图 6-5(c)所示的磁路，磁路中有段空气隙。根据磁通连续原理可知，磁路中磁通 Φ 守恒，即空气隙中的磁通量与铁心中磁通量相等。因为空气的磁导率与铁心磁导率不同，所以磁场强度 H 不同。因此，式(6-6)可改写为

$$H_{铁心}l_{铁心} + H_{气隙}l_{气隙} = NI$$

对于不同导磁材料构成的磁路，结合式(6-8)、式(6-9)，可推出

$$\sum F = \sum \Phi R_{\mathrm{m}} \tag{6-11}$$

如果把 ΦR_{m} 称为磁压降，则上式表明在任一闭合的磁路中磁压降的代数和等于总磁动势的代数和。

综上所述可知，磁路与电路有许多相似之处。但应该指出，用电路的基本定律来描述磁路问题，只是为了帮助理解和记忆磁路基本物理量和基本定律，绝不能因此而误认为磁路和电路有着相同的物理本质。事实上，磁路与电路之间存在着本质的差别。例如，电流是带电质点的有规律的运动，电流流过电阻要消耗能量，使电阻发热。而磁通则不是质点的运动，恒定的磁通通过磁阻时，并不消耗能量。电路中电路开路时电流为零，但电动势依然存在，而磁路中有磁动势必然伴有磁通，即使磁路中有空气隙存在，磁通也不能为零。另外，电路中有良好的绝缘材料，而磁路中却没有。

根据磁路的基本定律对磁路进行计算是设计和分析电机、电器时必须进行的工作。

思考练习6.1

6.2　直流铁心磁路

我们知道，空气的磁导率很小，因此空心线圈是一种电感量不大的线性电感元件。在电器工业中，为了获得较大的电感量，常在线圈中放入铁心，这种线圈称为铁心线圈。图6-5给出几种电工设备常见的铁心线圈。根据线圈励磁电流是直流还是交流，又分为直流铁心线圈和交流铁心线圈。

下面通过几个例题简单介绍直流磁路的分析计算。

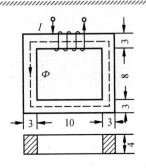

图 6-6　例 6-1 图

例 6-1　在如图 6-6 所示的磁路中，其励磁线圈为 1200 匝，尺寸如图所示，单位为 cm。

(1) 若直流电流 $I=0.2$A，分别计算铁心材料为铸铁和硅钢片时的磁感应强度和磁通。

(2) 为使铁心中的磁通 $\Phi=7.2\times10^{-4}$Wb，计算当铁心材料为铸铁和硅钢片时励磁电流各为多少？

解　因为磁路材料相同且均匀，所以沿平均长度上的磁场强度相等。由式(6-7)得

$$H = \frac{NI}{l} = \frac{1200\times0.2}{48} = 5(\text{A/cm})$$

(1) 当铁心材料为铸铁时，由图 6-4 查得 $B_a \approx 0.1$T，由式(6-2)可求出

$$\Phi_a = B_a S = 0.1\times12\times10^{-4} = 1.2\times10^{-4}(\text{Wb})$$

同理当铁心为硅钢片时，查得 $B_c \approx 1.1$T

$$\Phi_c = B_c S = 1.1\times12\times10^{-4} = 13.2\times10^{-4}(\text{Wb})$$

(2) 因为磁路规则且截面积均匀，所以可以认为磁通量在横截面内均匀分布。即

$$B = \frac{\Phi}{S} = \frac{7.2\times10^{-4}}{12\times10^{-4}} = 0.6(\text{T})$$

当铁心采用铸铁时，由图 6-4 查得 $H \approx 30$A/cm；当铁心为硅钢片时，查得 $H_c \approx 1.3$A/cm，因此

$$I_a = \frac{H_a l}{N} = \frac{30\times48}{1200} = 1.2(\text{A})$$

$$I_c = \frac{H_c l}{N} = \frac{1.3\times48}{1200} = 0.052(\text{A})$$

由本例的结果可知，在相同磁动势下，采用硅钢片作铁心比采用铸铁作铁心磁通大。反过来为获得相同的磁通，选用硅钢片作铁心时励磁电流则大大降低。因此，一般的电器设备都采用磁导率较高的硅钢片作铁心。

例 6-2　有一个环形铁心线圈，如图 6-7 所示，其内径为 10cm，外径为 15cm，铁心材料为铸钢。在磁路中含有一段空气隙，其长度 l_0 等于 0.2cm。设线圈中通有 1A 的电流，如

要得到 0.9T 的磁感应强度。试求：

(1) 该线圈的匝数；

(2) 若铁心是闭合的,要得到 0.9T 的磁感应强度,需要多少匝线圈？

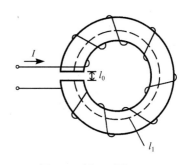

图 6-7　例 6-2 图

解　这是一个无分支磁路,磁路的平均长度为

$$l = \frac{10+15}{2}\pi = 39.2(\text{cm})$$

(1) 从图 6-4 基本磁化曲线中查得：当 $B=0.9\text{T}$ 时,在铸钢铁心中 $H_1=5\text{A/cm}$,则

$$H_1 l_1 = 5 \times (39.2 - 0.2) = 195(\text{A})$$

由磁通连续性原理可知,在空气隙中的磁通 Φ_0 与铁心中磁通完全相同,由于气隙很窄,可以近似认为气隙磁路截面积与铁心部分相同,故磁感应强度 B_0 与 B 也相同,于是有

$$H_0 = \frac{B_0}{\mu_0} = \frac{0.9}{4\pi \times 10^{-7}} = 7.2 \times 10^5 (\text{A} / \text{cm})$$

$$H_0 l_0 = 7.2 \times 10^5 \times 0.2 \times 10^{-2} = 1440(\text{A})$$

由磁路基尔霍夫第二定律有

$$NI = H_1 l_1 + H_0 l_0 = 195 + 1440 = 1635(\text{A}),\quad N = 1635 匝$$

由上面计算的结果可以看出,在长度为 0.2cm 的空气隙中的磁压降 $H_0 l_0$ 要比长度为 39cm 的铁心中的磁压降 $H_1 l_1$ 大很多,磁动势主要用来克服空气隙的磁阻。

(2) 若铁心是闭合的,则有

$$NI = H_1 l_1 = 5 \times 39.2 = 196.0(\text{A}),\quad N = 196 匝$$

由此看出,对于含有空气隙的铁心,即使空气隙很短,要获得足够大的磁通,必须有足够大的磁动势。而要实现足够大的磁动势则只能增加线圈匝数或增大励磁电流,这样会使用铜量增加或能耗增大,因此电器设备中要尽量避免不必要的空气隙。

例 6-3　在图 6-8 所示的磁路中,长度单位均为 mm,铁心由硅钢片叠成,中间有一段气隙,气隙宽度 $l_0=2\text{mm}$,励磁绕组匝数为 120 匝。求在磁路中得到磁通 $\Phi=15 \times 10^{-4}\text{Wb}$ 时

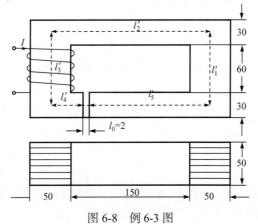

图 6-8　例 6-3 图

所需要的励磁电流。

解 由图 6-8 可知，铁心截面积不完全相同，故将磁路分为 3 段，即铁心部分截面积不同的两段和一段气隙。令

$$l_1 = l_1' + l_3' = 2l_1' = 2(15 + 60 + 15) = 180(\text{mm}), \qquad S_1 = 50 \times 50 = 2500(\text{mm}^2)$$

$$l_2 = l_2' + l_4' + l_5' = 2l_2' - l_0 = 398(\text{mm}), \qquad S_2 = 50 \times 30 = 1500(\text{mm}^2)$$

$$l_0 = 2\text{mm}, \quad S_0 = 50 \times 30 = 1500(\text{mm}^2)$$

$$B_1 = \frac{\Phi}{S_1} = \frac{15 \times 10^{-4}}{2500 \times 10^{-6}} = 0.6(\text{T})$$

$$B_2 = \frac{\Phi}{S_2} = \frac{15 \times 10^{-4}}{1500 \times 10^{-6}} = 1(\text{T})$$

$$B_0 = \frac{\Phi}{S_0} = \frac{15 \times 10^{-4}}{1500 \times 10^{-6}} = 1(\text{T})$$

铁心部分查图 6-4 磁化曲线得 H_1=1.3 A/cm，H_2=3.5 A/cm，气隙部分

$$H_0 = \frac{B_0}{\mu_0} = \frac{1}{4\pi \times 10^{-7}} = 8.0 \times 10^5 \ (\text{A/m})=8.0 \times 10^3 (\text{A/cm})$$

$$F=NI=H_1l_1+H_2l_2+H_0l_0=1.3 \times 18+3.5 \times 39.8+8000 \times 0.2=1762.7(\text{A})$$

$$I = \frac{F}{N} = \frac{1762.7}{120} = 14.69(\text{A})$$

以上例题，都是已知磁通 Φ，求相应的励磁电流 I。反过来，如果已知励磁电流 I，要求铁心中的磁通 Φ，又该如何？

对于例 6-1 所示的单一磁路，可以根据磁动势 NI 求得磁场强度 H，由 H 查磁化曲线得到磁感性强度 B，进而再计算得到 Φ。而对于分段磁路，以例 6-2 为例，由关系式 $NI=H_1l_1+H_0l_0$ 并不能求出 H_1、H_0 各为多少，所以求解比较麻烦。工程上一般采用试探法，即假定磁通为某一数值（称为初值），然后按照已知磁通求励磁电流的步骤，求出所需要的电流，与给定的励磁电流比较，如果比较结果在给定的误差范围内，那么假设的磁通就是所求的磁通，否则要根据电流比较的结果，对磁通初值进行修正(增大或减小一定量)，再重新假设磁通进行计算。往往需要经过几次试探才能得出结果。

思考练习6.2

6.3 交流铁心线圈

本节将研究正弦交流励磁下的铁心线圈特性、电压平衡方程及功率损耗等问题。这些分析对变压器、交流电动机及交流电器的学习具有重要意义。

6.3.1 电磁关系

铁心线圈如图 6-9(a)所示，当线圈两端加上交流电压 u 时，线圈将产生交变电流 i，在磁路中将产生交变磁动势 Ni。

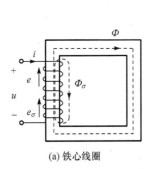

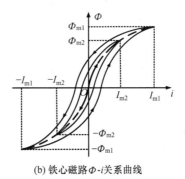

(a) 铁心线圈   (b) 铁心磁路 Φ-i 关系曲线

图 6-9 交流铁心线圈

这个磁动势产生的磁通包括主磁通 Φ 和漏磁通 Φ_σ 两部分，由前面知识已知 $\Phi \gg \Phi_\sigma$，因为磁动势 Ni 是交变的，所以磁通 Φ、Φ_σ 也是交变的。根据电磁感应定律，它们在线圈中都要产生感生电动势，即主磁感应电动势 e 和漏磁感应电动势 e_σ。其电磁关系可表示为

$$u \to i(Ni) \nearrow\hspace{-1.2em}\searrow \begin{array}{l} \Phi \to e = N\dfrac{\mathrm{d}\Phi}{\mathrm{d}t} \\[2mm] \Phi_\sigma \to e_\sigma = N\dfrac{\mathrm{d}\Phi_\sigma}{\mathrm{d}t} = L_\sigma\dfrac{\mathrm{d}i}{\mathrm{d}t} \end{array} \tag{6-12}$$

漏磁通主要是通过空气闭合的，空气的磁导率是常数，因此，励磁电流 i 与 Φ_σ 间成正比关系，而且相位相同。铁心线圈对应于漏磁通的漏磁电感为

$$L_\sigma = \frac{N\Phi_\sigma}{i} \tag{6-13}$$

式中，L_σ 为一常数，简称漏感，相当于空心螺线圈的自感系数。

对于图 6-9(a)所示铁心线圈，其铁心的截面积 S、线圈的匝数 N 已经固定，由 $\Phi = BS$，$Hl = Ni$，可以将图 6-2 所示的磁化曲线 B-H 的关系，变换为 Φ-i 的关系曲线。如图 6-9(b)所示，图中 I_{m1}、I_{m2} 代表不同正弦交流电流的幅值。

铁心线圈的主磁电感 L 值为

$$L = \frac{N\Phi}{i} = \frac{N^2\Phi}{Ni} = \frac{N^2\Phi}{F} = \frac{N^2\Phi}{\Phi R_m} = \frac{N^2}{R_m} \tag{6-14}$$

对于交流铁心线圈，因为组成磁路的铁磁材料的磁导率 μ 不是常数，磁阻 R_m 也不是常数，所以主磁电感 L 不是常数，因此线圈对外电路而言是一个非线性电感元件。在电子电路中，也有很多用塑料、绝缘胶木等合成材料构成的磁心，磁导率接近常数，主磁电感 L 也是常数，这样的线圈对外电路而言相当于一个线性电感元件。

事实上，当图 6-9 所示交流铁心中励磁电流 i 较大时，根据磁化曲线可知，有可能已出现磁饱和现象。这时，即使励磁电流 i 是标准的正弦交流，主磁通 Φ、磁感应强度 B 也将发生畸变，畸变成平顶非正弦的波形，主磁感应电动势 e 也将是非正弦的周期性交变电动势。进一步地，外加正弦电压 u 与 e 的共同作用会使励磁电流 i 也发生一定程度的畸变。磁饱和的程度越深，i、Φ、e 的畸变越严重。因此，工程上应尽量避免深度磁饱和现象的出现，即磁动势 Ni 不可以过大。对于一个匝数已固定的线圈，则要求 i 不可以过大。

6.3.2   电压平衡方程式

根据图 6-9 中电量的参考方向，可以画出交流铁心励磁回路的等效电路图，如图 6-10 所示。

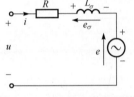

图 6-10   交流铁心励磁回路

图中，因为漏磁电感 L_σ 为一常数，所以用一线性电感元件 L_σ 替代，R 为线圈导线的电阻，而主磁电感 L 不是常数，因此不能用我们已了解的线性元件替代，故仍以其自感应电动势 e 来考虑，用一交变的电压源来替代。由图 6-10 可列出 KVL 方程

$$u = iR + e_\sigma + e = iR + L_\sigma \frac{\mathrm{d}i}{\mathrm{d}t} + e \tag{6-15}$$

当 u 是正弦量时，如果交流铁心中 i、Φ 畸变很轻，可以视为正弦。于是式(6-15)又可用相量表示为

$$\dot{U} = \dot{I}(R + \mathrm{j}X_\sigma) + \dot{E} = \dot{I}Z + \dot{E} \tag{6-16}$$

式中，$X_\sigma = \omega L_\sigma$，称为漏磁感抗，单位为欧($\Omega$)；$Z = R + \mathrm{j}X_\sigma$ 称为漏阻抗。

由于铁心的磁导率比空气磁导率大很多倍，所以主磁感生电动势 $e \gg e_\sigma$，并且为使铁心中主磁通 Φ 接近于正弦，除了必须选用软磁材料作铁心外，励磁电流 i 也要很小；另外，绕线电阻 R 只会带来无效的有功损耗，导致发热与温升，所以制造交流铁心时，一般均使 R 尽可能小，于是有 $\dot{E} \gg \dot{I}(R + \mathrm{j}X_\sigma)$。若忽略漏阻抗所造成的压降，有

$$\dot{U} \approx \dot{E} \tag{6-17}$$

6.3.3   主磁感应电动势 E 的计算

由于主磁感应电动势所对应的主磁感抗不是常数，因此可按下面方法计算。令主磁通基本为正弦，即 $\Phi(t) = \Phi_\mathrm{m} \sin \omega t$，则

$$e = N \frac{\mathrm{d}\Phi(t)}{\mathrm{d}t} = N\Phi_\mathrm{m}\omega \cos \omega t = 2\pi f N \Phi_\mathrm{m} \sin(\omega t + 90°) \tag{6-18}$$

可见，主磁感应电动势 e 的幅值为 $E_\mathrm{m} = 2\pi f N \Phi_\mathrm{m}$，其有效值为

$$E = \frac{E_\mathrm{m}}{\sqrt{2}} = \frac{2\pi f N \Phi_\mathrm{m}}{\sqrt{2}} \approx 4.44 f N \Phi_\mathrm{m} \tag{6-19}$$

由式(6-17)和式(6-19)的关系可知

$$U \approx E = 4.44 f N \Phi_\mathrm{m} \tag{6-20}$$

由此可知，交流铁心在频率、匝数一定，i、$\Phi(t)$ 畸变很小，波形近似正弦时，主磁通最大值 Φ_m 与 U 成正比，即当外加电压有效值不变时，主磁通幅值几乎不变。式(6-20)是分析变压器和电机的常用公式。

6.3.4   功率关系

当交流铁心线圈接通交流电源后，除了产生由线圈电阻引起的功率损耗 P_R(简称铜损)外，交流磁通在铁心中还会引起功率损耗(简称铁损)。铁损包括磁滞损耗和涡流损耗。

1. 磁滞损耗

铁磁材料在反复磁化时存在磁滞现象，由此而引起的电损耗称为磁滞损耗。在图 6-2 中可以看出，反复磁化过程中，当励磁电流为零即磁动势为零时，磁感应强度不为零(图中 b、e 点处)，这就称为磁滞现象。当要在铁心当中建立反向磁场时，必须克服正向的滞留磁通，因此必然带来电损耗。可以证明，在一个磁化循环过程中损耗的功率正比于该铁磁材料磁滞回线所包围的面积。磁滞损耗会引起铁心发热。

2. 涡流损耗

铁心不仅是导磁材料，同时也是导电材料。在交变磁通作用下，铁心内部也要产生感应电动势，从而在垂直于磁通方向的铁心平面内要产生如图 6-11(a)所示的漩涡状的感应电流，称为涡流。由涡流在铁磁材料内产生的能量损耗，称为涡流损耗。涡流损耗也要引起铁心发热，降低电器、电机的效率。因此必须尽量减少涡流损耗。常用的方法是增大涡流通路的电阻值来限制涡流。具体措施是铁心由顺着磁场方向且彼此绝缘的薄钢片叠成，如图 6-11(b)所示，并选用电阻率较大的铁磁材料，如硅钢片。

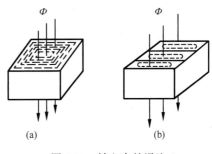

图 6-11　铁心中的涡流

思考练习6.3

6.4　变　压　器

变压器是一种非常通用的电器。其工作原理是将交流电源的电能以磁耦合的方式传递给负载，使负载获得与电源同频率但量值不同的交流电压，而电源与负载之间并无电路连接。其结构原理是在交流铁心线圈的基础上再增加一套(或多套)线圈，图 6-12 所示为两绕组变压器。与电源相接的一侧线圈称为原边或初级或一次回路，与负载相接的线圈称为副边或次级或二次回路，由于绕制线圈用的导线和线间绝缘材料及制造手段不同，变压器原边与副边不可以混用。磁芯也有圆形、长圆形等其他形状。根据磁芯材料的不同，变压器有线性变压器与非线性变压器之分。线性变压器的磁芯采用线性导磁材料制成，如空气、塑料、电木等，又称为空芯变压器。当然"空芯"并不代表没有磁芯，只是制成磁芯所用的线性材料的磁导率是常数，这一点与空气相同。根据原、副两边匝数的多少，变压器又分为升压变压器或降压变压器。

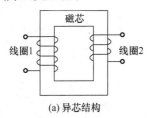

(a) 异芯结构

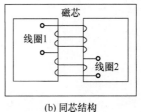

(b) 同芯结构

图 6-12　变压器结构原理图

变压器的种类非常多，电压范围也很广，从伏特级到百万伏特级都有。有电子电路使用的低功率、中高频率变压器，也有电力电路使用的中大功率、低频率变压器。在电工技术中我们主要学习电力变压器。

在电力系统中，远距离输电都采用变压器将发电机发出的电压升高到输电所需要的电压数值(如 110kV、220kV、500kV)再进行远距离输送，以减少线路上的损耗。在用电方面，为了安全和降低用电设备的绝缘费用以及满足各种低压用电设备的需要，可用变压器将高压降低到电器设备的额定值，如 380V、220V、110V。在一些环境条件较差的工作场所，还要用到 36V、24V、12V 的安全电压。这种供输电与配电用的变压器，称为电力变压器。

变压器除了能改变交流电压以外，还可以改变交流电流(如电流互感器)、变换阻抗(如电子电路中的阻抗变换器)、改变相位(如脉冲变压器)等。

6.4.1　变压器的构造

变压器常见的结构形式有两种。

(1) 异芯结构，如图 6-12(a)所示，又称芯式结构。它的两个绕组分别绕在铁心的两个芯柱上，绕组包围着铁心。这种形式的结构比较简单，容易绝缘，适用于电压较高的变压器。

(2) 同芯结构，如图 6-12(b)所示，又称壳式结构。它的两个绕组都套装在铁心中间的一个芯柱上，铁心包围着绕组。这种变压器不需要专门的外壳，铁心容易散热，机械强度高，但是对于线间的绝缘要求较高，适用于功率较小的单相变压器和电源变压器。

铁心变压器为了减少铁心中的能耗，铁心一般都采用厚度为 0.35～0.5mm、表面经过绝缘处理的硅钢片交错叠装而成。

绕组即线圈，构成变压器的电路。单相小功率变压器的绕组多采用高强度漆包线绕制而成。大功率变压器绕组多采用扁铜线或扁铝线绕制而成。

除铁心、绕组外，变压器还有一些附件和其他装置。例如，为了散热，大功率变压器的铁心线圈多浸在装有变压器油的油箱里。为提高散热能力，在油箱外壁还装了许多散热器。此外，变压器还有油枕、防爆管、分接开关、继电保护装置、高低压瓷瓶等，其实物及外形示意图如图 6-13 所示。

(a)

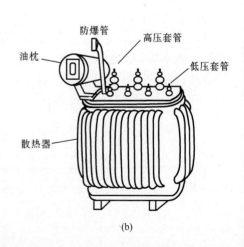

(b)

图 6-13　电力变压器

6.4.2 铁心变压器的工作原理

电工变压器的工作目的是改变正弦交流电压的大小，如果同时也改变了交流电的波形与频率，则称为"畸变"，会造成下级供电网络或负载用电不正常，工程上是不允许的。图 6-14 是一台单相双绕组变压器的工作原理图。原边匝数为 N_1，其电压、电流、电动势分别用 u_1，i_1，e_1 表示；副边匝数为 N_2，其电压、电流、电动势用标准符号加角标"2"表示。

下面分析变压器的空载和有载运行。

1. 变压器的空载运行

所谓空载运行，就是变压器绕组的原边接入额定的正弦电压 u_1，副边空载运行。此时原边励磁电流通常以 i_0 表示。

空载运行变压器的电磁关系和 6.3 节的交流铁心线圈一样。由于变压器的空载励磁电流很小，可以认为主磁通 Φ 也是正弦交变的，它穿越原、副两边绕组并在其中产生感生电动势 e_1 和 e_2。

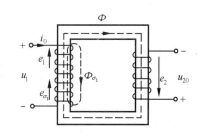

图 6-14 单相双绕组变压器原理图

$$e_1 = N_1 \frac{\mathrm{d}\Phi}{\mathrm{d}t}, \quad e_2 = N_2 \frac{\mathrm{d}\Phi}{\mathrm{d}t} \tag{6-21}$$

由式(6-20)可知

$$U_1 \approx E_1 = 4.44 f N_1 \Phi_{\mathrm{m}} \tag{6-22}$$

$$U_{20} = E_2 = 4.44 f N_2 \Phi_{\mathrm{m}} \tag{6-23}$$

式中，Φ_{m} 为主磁通最大值；f 为电源频率；U_{20} 为变压器副边空载电压有效值。

由式(6-22)、式(6-23)可求出

$$\frac{U_1}{U_{20}} \approx \frac{N_1}{N_2} = K \tag{6-24}$$

式中，K 称为变压器的变比。式(6-24)说明变压器原边绕组与副边绕组电压之比等于它们的匝数之比。

工程上规定原绕组加额定电压 $u_{1\mathrm{N}}$ 时，副绕组的空载电压 u_{20} 就是副绕组的额定电压 $u_{2\mathrm{N}}$。制造变压器时，会根据额定电压等级来选择绕线间的绝缘材料及绝缘方式，而绝缘材料又限制了绕组的发热与温升，变压器温度过高首先损坏绝缘。

2. 变压器的有载运行

如图 6-15 所示，变压器副边接入负载，在感应电动势 e_2 作用下，副边绕组中会有电流 i_2 产生。同时 i_2 也会产生磁通，根据右手定则，i_2 产生的漏磁通 $\Phi_{\sigma 2}$ 方向如图所示，i_2 在铁心中产生的主磁通与 Φ 方向相反，是削弱原空载励磁电流 i_0 产生的磁通的。如果铁心中磁通减小，则感生电动势 e_1 相应减小，外加电压 u_1 不变，励磁电流将增加，若令有载时励磁电流为 i_1，必有 $I_1 > I_0$；励磁电流增加又使得磁通增加。这样，原空载的变压器接入负载后，磁通 Φ 先减小后增加，励磁电流从 i_0 增大到 i_1。

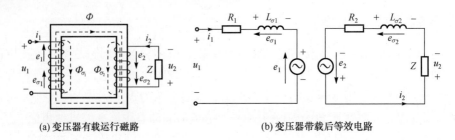

(a) 变压器有载运行磁路　　　　(b) 变压器带载后等效电路

图 6-15　变压器有载运行

根据铁心磁化曲线的特点，要得到足够大的磁通，又要尽量保持磁通不畸变，变压器有载与空载时主磁通量 Φ 大小基本相当。另外，由式(6-20)也可以推知，当原边电源电压 U_1 一定时，主磁通最大值 Φ_m 近似恒定。

下面分析变压器原副两边电流之间的关系。由磁路定律，磁路中磁通 Φ 由原边磁动势 $N_1 i_1$ 与副边磁动势 $N_2 i_2$ 共同作用产生，当变压器空载或有载主磁通基本不变时，有

$$N_1 i_0 = N_1 i_1 - N_2 i_2 \tag{6-25}$$

写成向量形式

$$N_1 \dot{I}_0 = N_1 \dot{I}_1 - N_2 \dot{I}_2 \tag{6-26}$$

将上式称为变压器的磁动势平衡方程式，它是变压器有载后必须遵循的规律。

将式(6-26)两边除以 N_1 并移项有

$$\dot{I}_1 = \dot{I}_0 + \frac{N_2}{N_1} \dot{I}_2 = \dot{I}_0 + \frac{1}{K} \dot{I}_2 = \dot{I}_0 + \dot{I}_L \tag{6-27}$$

式中，$\dot{I}_L = \dfrac{1}{K} \dot{I}_2$。式(6-27)说明，变压器带负载后，原边电流包含两个分量，一是空载电流 $\dot{I}_0$，用来产生主磁通；另一个是 $\dot{I}_L$，用来补偿 $\dot{I}_2$ 对变压器带来的影响。实际上，由于变压器铁心的磁导率很高，空载电流 $\dot{I}_0$ 很小，其有效值 I_0 一般不到原边额定电流 I_{1N} 的 10%，故可以忽略不计，于是式(6-27)可写成

$$\dot{I}_1 \approx \dot{I}_L = \frac{1}{K} \dot{I}_2$$

或

$$\frac{\dot{I}_1}{\dot{I}_2} \approx \frac{1}{K} = \frac{N_2}{N_1} \tag{6-28}$$

式(6-28)表明，变压器有载运行时，原副两边的电流比近似等于其匝数比的倒数。这就是变压器的电流变换关系。

根据变压器原副两边的电压、电流关系，将变压器视为理想的电器，即用理想导线绕制($R_1 = R_2 = 0$)，有理想的磁绝缘材料限制漏磁($L_{\sigma 1} = L_{\sigma 2} = 0$)，铁心为线性导磁体且只导磁不导电(无磁滞与涡流损耗)，可将变压器用图 6-16 的理想变压器符号来表示，其中 u_1 与 u_2、i_1 与 i_2 的关系即式(6-24)和式(6-28)。

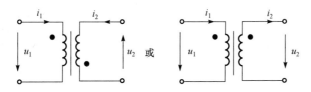

图 6-16　变压器的电路符号

图 6-16 中黑点表示同名端，即主磁通 Φ 在原、副边产生的感生电压的同极性端。

3. 变压器的阻抗变换作用

如图 6-17 电路，对于外加电源 u_1 而言，变压器与 Z_L 整体相当于一个负载，该负载的等效阻抗为

$$Z'_L = \frac{\dot{U}_1}{\dot{I}_1} = \frac{\dot{U}_2 K}{\dot{I}_2 / K} = K^2 \frac{\dot{U}_2}{\dot{I}_2}$$

因为

$$Z_L = \frac{\dot{U}_2}{\dot{I}_2}$$

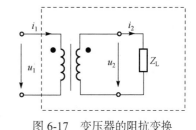

图 6-17　变压器的阻抗变换

所以

$$Z'_L = K^2 Z_L \tag{6-29}$$

式(6-29)称为变压器的阻抗变换关系。它表明，如果将阻抗为 Z_L 的负载接到变压器副绕组上，对电源而言，相当于接上阻抗为 $Z'_L = K^2 Z_L$ 的负载。由式(6-29)得知，采用改变变压器匝数的方法，就可将负载阻抗变换成所需要的数值，这种方法通常称为阻抗匹配。在电子线路中，变压器常用作阻抗变换器。

6.4.3　变压器铭牌参数

1. 额定电压(U_{1N}、U_{2N})

原边额定电压 U_{1N} 是指原边绕组应加的电源电压；副边额定电压 U_{2N} 是指原边施加额定电压时副边绕组的开路电压。变压器有载运行时，因考虑有内阻抗压降，所以副边额定输出电压应比负载所需的额定电压高 5%～10%。通常铭牌上都以 U_{1N}/U_{2N} 的分数形式标记。

2. 额定电流(I_{1N}、I_{2N})

原、副边额定电流 I_{1N} 和 I_{2N} 是根据变压器额定容量和额定电压算出的电流值，也就是变压器运行时原、副绕组允许通过而不会引起设备损坏的规定电流值。

3. 额定容量(S_N)

额定容量是指变压器副边的额定视在功率，即额定电压与额定电流的乘积。

4. 额定频率(f_N)

变压器所加电源电压的频率应符合额定频率，额定频率不同的电源变压器一般不能换用。

6.4.4　变压器运行特性

变压器对负载而言，相当于一个电压源，对电源来说，又相当于一个负载，因此有必

要对其外特性和效率进行分析。

1. 变压器的外特性和电压调整率

作为电源的变压器，其副边所接的负荷量通常总是变化的。在电源电压保持不变，负载功率因数 $\cos\phi_2$ 一定的条件下，变压器副边绕组的输出电压 U_2 随负载电流 I_2 的变化关系称为变压器的外特性，如图 6-18 所示。

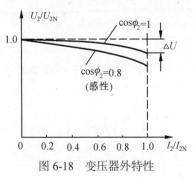

图 6-18　变压器外特性

当负载电流 I_2 增加时，变压器副边电压 U_2 随之下降，其下降程度与负载的功率因数及原副绕组阻抗有关。负载功率因数越低，原副绕组阻抗越大，电压下降越多。

一般情况，负载都要求电源电压稳定，即希望变压器副边电压 U_2 变动越小越好。从空载到额定负载，副边电压变化程度用电压调整率 ΔU 表示，即

$$\Delta U = \frac{U_{2N} - U_2}{U_{2N}} \tag{6-30}$$

在一般变压器中，原、副绕组的阻抗很小，因此电压调整率不大，约 5%。通常电力变压器为了调整输出电压，在高压线圈中均设有 ±5% 抽头。

2. 变压器损耗及效率

变压器运行时会有一定能耗。其能耗包括原副两边绕组电阻的电能损耗和铁心磁路中的磁能损耗两项。前者称为铜损 ΔP_{Cu} 后者称为铁损 ΔP_{Fe}。

变压器空载运行时，在其原边可测得输入功率。由于变压器空载励磁电流 I_0 很小，因此可忽略此时绕组的铜损耗。测得的功率就是铁心磁路的铁损，它包括磁滞损耗和涡流损耗。铁损又称为空载损耗。

由式(6-20)可知，当变压器原边所加电压不变时，铁心中磁通也基本不变，即变压器空载和有载时的铁损基本相等，则变压器有载运行时的总损耗可用下式表示

$$\Delta P = \Delta P_{Cu} + \Delta P_{Fe} \tag{6-31}$$

若将变压器有载运行时的总损耗 ΔP 测出，则可通过上式求出铜损。

若变压器的输出功率为

$$P_2 = U_2 I_2 \cos\phi_2 \tag{6-32}$$

则变压器的输入功率为

$$P_1 = U_1 I_1 \cos\phi_1 = P_2 + \Delta P \tag{6-33}$$

变压器的效率为

$$\eta = \frac{P_2}{P_1} \times 100\%$$

通常电力变压器的损耗相对其输出功率而言较小，效率很高，一般均在 95%～99%。

6.4.5　变压器的极性

为适应不同的电源电压或者为负载提供不同的输出电压，变压器要有几个原绕组和副绕组，如图 6-19 所示。在应用中，对这种多绕组变压器，为了能够正确连接各绕组，必须

先确定每个绕组的极性，也就是前面提到过的同名端。

在图 6-19(a)中，依楞次定律可以判断出 1、3、6 为同名端，同样 2、4、5 也是同名端。若需要将绕组并联，应将同名端连接在一起，如图 6-19(b)所示。这样，在并联的两个绕组回路内，感生电动势互相抵消，因此在绕组回路内不会有环绕电流产生。否则，若将异名端(如图中 3 与 5 或 4 与 6)并联，在绕组回路内两感生电动势顺向叠加，相当于短路，会因环绕电流过大烧毁绕组。所以设计多绕组变压器时，必须标清绕组的同名端，以便使用。若按图 6-19(c)将绕组异名端串联在一起，会得到多大的输出电压，请读者自己分析。

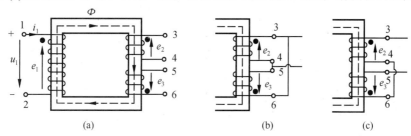

图 6-19　变压器同名端的用法

对于已经封装好的变压器，绕组绕向无法确定，同名端标志也可能因磨损而变得不清晰，这时需要通过实验方法来判别同名端。

1. 交流判别法

如图 6-20 所示，将两个不同绕组的任意两端用导线相连后，在高压绕组侧加一个便于测量的低电压，用电压表分别测出变压器各端子之间的电压。若 $U_{15}=U_{12}-U_{56}$，则 U_{12} 与 U_{56} 为逆向串联，1、5 应为同名端；若 $U_{15}=U_{12}+U_{56}$，则 U_{12} 与 U_{56} 为顺向串联，1、6 应为同名端。

2. 直流判别法

如图 6-21 所示，将一直流电源经开关 S 接到变压器一相绕组上，另一绕组接一直流电流表，极性如图。当开关闭合瞬间，表针正向偏转，则 1、5 为同名端；表针反偏，则 1、6 为同名端。

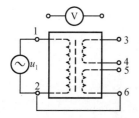

图 6-20　同名端交流判别法

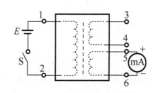

图 6-21　同名端直流判别法

例 6-4　如图 6-22 所示三绕组变压器，已知原边匝数 $N_1=700$ 匝，额定电压 380V，频率 50Hz；副边有两个绕组，匝数分别为 $N_2=234$ 匝，$N_3=44$ 匝，铁心截面积为 24cm^2，平均长度为 48cm。求：

(1) 变压器空载励磁电流 I_0；

(2) 变压器副边两绕组的额定电压 U_{2N}、U_{3N}；

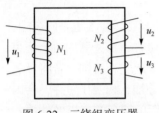

图 6-22 三绕组变压器

(3) 当一个副绕组接入纯电阻负载，使 $I_2 = 0.93$A，另一副绕组开路时，求原边励磁电流；

(4) 当两个副绕组都接入纯电阻负载，使 $I_2 = 0.93$A，$I_3 = 3$A 时，求原边励磁电流。

解 (1) 由式(6-20)可知铁心中主磁通最大值

$$\Phi_{\mathrm{m}} = \frac{U_{1\mathrm{N}}}{4.44 f_{\mathrm{N}} N_1} = 2.445 \times 10^{-3} \, \mathrm{Wb}$$

磁感应强度最大值

$$B_{\mathrm{m}} = \frac{\Phi_{\mathrm{m}}}{S} = \frac{2.445 \times 10^{-3}}{24 \times 10^{-4}} = 1(\mathrm{Wb})$$

由图 6-4 所示磁化曲线，可查出相应的磁场强度最大值 $H_{\mathrm{m}} = 3.5$A/cm，进一步可求出励磁电流

$$I_{\mathrm{m}0} = \frac{H_{\mathrm{m}} l}{N_1} = \frac{3.5 \times 48}{700} = 0.24(\mathrm{A})$$

$$I_0 = \frac{I_{\mathrm{m}0}}{\sqrt{2}} \approx 0.17\mathrm{A}$$

(2) 由式(6-24)求出

$$\frac{N_1}{N_2} = \frac{U_{1\mathrm{N}}}{U_{2\mathrm{N}}}, \qquad U_{2\mathrm{N}} = \frac{N_2}{N_1} U_{1\mathrm{N}} = 127\mathrm{V}$$

$$\frac{N_1}{N_3} = \frac{U_{1\mathrm{N}}}{U_{3\mathrm{N}}}, \qquad U_{3\mathrm{N}} = \frac{N_3}{N_1} U_{1\mathrm{N}} = 24\mathrm{V}$$

(3) 由式(6-28)可求出

$$I_1 = \frac{N_2}{N_1} I_2 = \frac{234}{700} \times 0.93 = 0.31(\mathrm{A})$$

(4) 当两个副绕组中都有电流流过时，根据磁路的磁动势平衡方程有

$$N_1 \dot{I}_1 - N_2 \dot{I}_2 - N_3 \dot{I}_3 = N_1 \dot{I}_0 \approx 0$$

因为是纯电阻负载，所以 $\dot{I}_1$、$\dot{I}_2$ 同相位，故有

$$N_1 I_1 - N_2 I_2 - N_3 I_3 = 0, \qquad I_1 = \frac{N_2}{N_1} I_2 + \frac{N_3}{N_1} I_3 = 0.5\mathrm{A}$$

6.4.6 三相变压器

三相变压器的结构及原理如图 6-23 所示。

变压器的原、副绕组均可视需要接成星形或三角形的形式，通常以 Y/Y_0、$\mathrm{Y}_0/\triangle$、$\mathrm{Y}/\triangle$ 三种连接应用最广。这种书写方式表示"原边/副边"的接法。

以 $\mathrm{Y}_0/\triangle$ 为例，这种接法表示原边绕组接成 Y 形带有中线的形式，副边绕组接成 $\triangle$ 形。其优点：高压绕组接成 Y 形，相电压只有线电压的 $1/\sqrt{3}$，因而每相绕组的绝缘要求可降低；低压绕组接成 $\triangle$ 形，相电流只有线电流的 $1/\sqrt{3}$，因而导线截面积可以缩小。因此，大容量的变压器常采用 $\mathrm{Y}/\triangle$ 或 $\mathrm{Y}_0/\triangle$ 接法。而 Y/Y_0 接法适用于容量不大的三相配电变压器，可供给动力和照明混合负载。

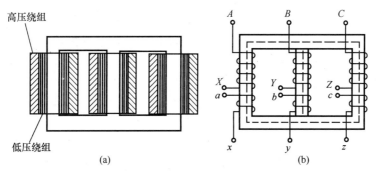

图 6-23　三相变压器原理图

三相变压器的工作原理与单相变压器工作原理完全相同。但是三相变压器铭牌上所给出的额定电压和电流，均指线电压、线电流。因此，三相变压器原、副边的电压比不仅与匝数有关，而且与接法有关。另外，原、副边接法的不同，还会造成两边线电压有一定的相位差。

在图 6-24 中，变压器原边 Y 形接，理想情况下，$\dot{U}_{ax}$ 与 $\dot{U}_{AX}$ 同相，而原边线电压 $\dot{U}_{AB}$ 比 $\dot{U}_{AX}$ 超前 30°，副边为 △ 形连接，其相电压 $\dot{U}_{ax}$ 与线电压 $\dot{U}_{ab}$ 相等，因此，副边线电压滞后原边线电压 30°，如图 6-24 向量图所示。

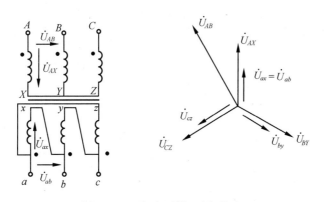

图 6-24　三相变压器 Y/△ 接法

思考练习6.4

第6章小结

阅读与应用

● 　特殊变压器

前面介绍的变压器是普通的变压器。下面介绍几种在生产及科学实验中常用到的特殊变压器。

● 　电磁铁

电磁铁是利用电磁力来实现某一机械动作或保持某种工件于固定位置的电磁元件。电磁铁用途很广，通常把它做成各种自动控制电器，如继电器、接触器和电磁阀等。

特殊变压器

电磁铁

历 史 人 物

尼古拉·特斯拉(Nikola Tesla，1856—1943 年)生于克罗地亚，是一个绝世天才，对电

特斯拉简介

力学和磁力学做出了杰出贡献。他发明了交流电(AC)，创立了多相电力传输技术，一生有1000 多项发明专利，主要有：交流电、特斯拉涡轮发动机、异步电动机、地面固定波、双线线圈、无线电技术和无线传输电能技术等。

历 史 故 事

1982 年，住友特殊金属公司的佐川真人(Masato Sagawa)发明钕磁铁(Neodymium magnet)，也称为钕铁硼磁铁。其磁特性优于钐钴磁铁，是迄今为止全世界性价比最高的、磁性最强的人造永磁铁，能吸引起自身重量近千倍的铁块，在磁学界被誉为磁王。因此，稀土成为重要资源。

习 题 6

6-1 有一线圈，其匝数 N=1500 匝，绕在由铸钢制成的铁心上(铁心是闭合的)，铁心截面积 S=10cm²，铁心平均长度 l=75cm。

(1) 若要在铁心中产生磁通 Φ=0.001Wb，试计算线圈中应通入多大的直流电流。

(2) 若线圈中通入的电流为 2.5A，铁心中的磁通 Φ 为多少？

6-2 试定性分析一截面均匀的直流电磁铁闭合铁心中的磁感应强度，线圈中的电流在下列情况下将如何变化：

(1) 铁心截面积加倍，线圈的电阻和匝数以及电源电压保持不变；

(2) 线圈匝数加倍，线圈的电阻及电源电压保持不变；

(3) 电路与磁路结构及参数均不变，将铁心换成高磁导率材料。

6-3 交流电磁铁，试定性分析铁心中的磁感应强度，线圈中的电流和铜损在下列几种情况下将如何变化：

(1) 电源频率减半，电源电压的大小保持不变，磁路结构和材料不变；

(2) 电源频率及电压的大小均减半；

(3) 铁心截面积加倍，线圈的电阻和匝数以及电源电压保持不变；

(4) 线圈匝数加倍，线圈的电阻及电源电压保持不变。

6-4 有一个直流铁心，铁心采用硅钢材料，平均长度 l=101cm，各处截面积相等且 S=10cm²，当磁路中磁通 Φ=0.0012Wb 时，试求铁心和空气隙部分的磁场强度、磁阻、磁压降及磁动势。

6-5 题 6-4 中直流铁心，如果磁路带有空气隙，铁心部分平均长度 l=100cm，空气隙长度 l_0=1cm。其他参数均不改变，再求铁心的磁场强度、磁阻、磁压降及磁动势。

6-6 一台变压器的额定电压为 220/110V，如果不慎将低压绕组接到 220V 电源上，励磁电流有何变化？

6-7 一台变压器的额定电压为 220/110V，N_1=2000 匝，N_2=1000 匝。有人提出为了节约铜，建议将匝数减少为 250 匝和 125 匝，这种改法是否可以？为什么？

6-8 有一台变压器原边绕组为 733 匝，副边绕组为 60 匝，铁心截面积为 13cm²，原边电压为 220V，频率为 50Hz。试求：

(1) 变压器的变比 K 及副边电压 U_2；

(2) 铁心中磁感应强度的最大值 B_m。

6-9 有一台变压器，原边绕线匝数 N_1=460 匝，接于 220V 电源上。现副边需要三种电压：U_{21}=110V，U_{22}=36V，U_{23}=6.3V，空载电流忽略不计时，副边电流分别为 I_{21}=0.2，I_{22}=0.5A，I_{23}=1A，负载全为电阻，试求：

(1) 副边绕组匝数 N_{21}, N_{22}, N_{23} 各为多少？

(2) 变压器原边电流是多少? 其容量最少应为多少?

6-10 有一单相照明变压器, 容量为 10kV·A, 电压为 3300/220V, 今欲在副边接上 60W, 220V 的白炽灯, 如果变压器在额定情况下运行, 求: ①原、副绕组的额定电流; ②这种电灯可接多少盏?

6-11 题 6-10 的变压器, 如果换作日光灯, 灯管额定功率 60W, 电压 220V, 额定功率因数 0.6, 如果变压器在额定情况下运行, 问: 这种日光灯可接多少盏?

6-12 电力系统中通常共用一个供电变压器的负荷默认都应当是阻性负载或感性的, 如果有较大功率的容性负载用电, 则需要为其专门设置变压器, 请解释为什么。

6-13 一台扬声器电阻 $R=8\Omega$, 将它接在输出变压器的副边, 此变压器原边绕组为 500 匝, 副边绕组为 100 匝。试求: ①扬声器在原边的等效阻抗; ②将变压器原边接入电动势 $E=10V$, 内阻 $R_0=250\Omega$ 的信号源时, 输送到扬声器上的功率。

习题6答案

6-14 有一台 CJO-10A 的接触器, 原理电路如题 6-14 图所示, 其线圈电压为 380V, 有 8750 匝, 导线直径为 0.09mm。问: 若将其改装成线圈电压为 36V 的接触器, 应如何改装? (提示: 改装前后磁动势相等, 导线截面积与所通过的电流成正比)

6-15 有一拍合式电磁铁, 其磁路尺寸: $c=4cm$, $l=7cm$, 铁心由硅钢片叠成, 铁心和衔铁的横截面都是正方形, 每边长度为 $a=1cm$, 如题 6-15 图所示。励磁线圈电压为交流 220V, 现要求衔铁在最大空气隙 $\delta=1cm$(平均值)时需产生吸力 50N。试计算线圈匝数和此时的电流值。(计算时可忽略漏磁通, 并认为铁心和衔铁的磁阻与空气隙相比可以不计)

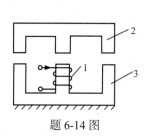

题 6-14 图

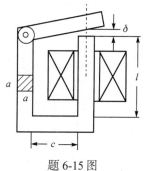

题 6-15 图

第7章 三相异步电动机

　　交流电机是一种将机械能和交流电能进行相互转换的旋转式电磁机械装置。交流电机包括将机械能转变成交流电能的交流发电机和将交流电能转变成机械能的交流电动机。交流电动机又分为异步电动机和同步电动机。在现代工农业生产中，各种生产机械差不多都是由电动机作为原动机来拖动的，称之为电力拖动。目前工农业生产中各种生产机械几乎都是采用异步电动机作为原动机，同步电动机主要应用于功率较大、不需调速、长期工作的少量生产机械。电动型家用电器中所使用的电动机大多也是异步电动机。异步电动机得到广泛应用的原因是它具有构造简单、工作可靠、维护方便、价格低廉等一系列的优点。本章主要介绍三相异步电动机的构造、工作原理、各种工作特性以及使用中遇到的起动、反转、制动和调速过程。

知 识 点

(1) 三相异步电动机的铭牌数据。
(2) 三相异步电动机的工作原理。
(3) 三相异步电动机的机械特性。
(4) 三相异步电动机的起动方法。

掌 握

(1) 三相异步电动机的参数计算。
(2) 三相异步电动机的机械特性曲线。
(3) 三相异步电动机的星形-三角形起动。
(4) 三相异步电动机的自耦变压器降压起动。

了 解

(1) 三相异步电动机的结构。
(2) 三相异步电动机的工作原理。
(3) 三相异步电动机的调速方法。
(4) 三相异步电动机的反转方法。
(5) 三相异步电动机的制动方法。

7.1　三相异步电动机的构造

　　三相异步电动机是由定子(固定不动的部分)和转子(转动的部分)两大部分组成,如图7-1所示。

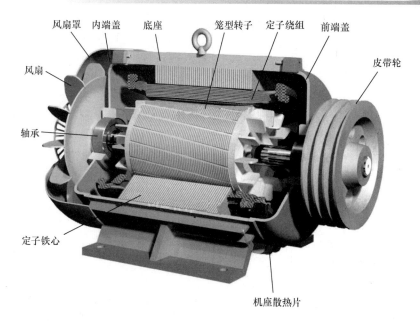

风扇罩　内端盖　底座　　笼型转子　定子绕组　前端盖

风扇

皮带轮

轴承

定子铁心

机座散热片

图 7-1　三相鼠笼式异步电动机的结构

7.1.1　定子

异步电动机的定子主要由定子铁心、定子绕组和机座三部分组成。

1. 定子铁心

为了减少涡流损耗和磁滞损耗，定子铁心是由导磁性能较好的 0.5mm 厚、且冲有一定槽形的硅钢片叠压而成，如图 7-2 所示。定子铁心的作用有两方面：一是安放定子绕组，二是构成主磁通磁路的一部分。

2. 定子绕组

定子绕组是异步电动机定子的电路部分，它是由许多线圈按一定规律连接而成的三相对称绕组。定子绕组用彼此绝缘的铜或铝导线绕成。定子绕组的作用是通入三相对称电流而形成旋转磁场。

3. 机座

机座的作用主要是支撑定子铁心。对中、小型异步电动机通常用铸铁机座；对大型电动机一般采用钢板焊接的机座。

7.1.2　转子

异步电动机的转子主要由转子铁心、转子绕组和转轴组成。

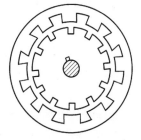

图 7-2　定子与转子的硅钢冲片

1. 转子铁心

为了减少转子铁心中的铁损，转子铁心一般也由 0.5mm 厚、冲有槽的硅钢片叠成，如图 7-2 所示。铁心固定在转轴或转子支架上。整个转子铁心的外表面呈圆柱形。

2. 转子绕组

转子绕组分为鼠笼型和绕线型两种结构。

(1) 鼠笼型绕组就是在转子铁心的槽中放入铜条，其两端用端环连接，简称笼型绕组。也可在转子铁心的槽中灌铸铝液铸成，如图7-3所示。

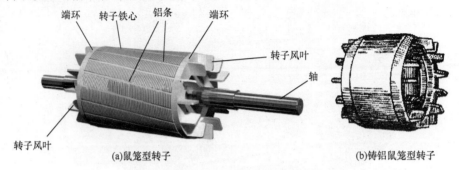

图 7-3　鼠笼型转子的绕组

(2) 绕线型绕组和定子绕组一样，也是一个对称三相绕组，这个三相绕组接成星形，并接到用铜制的滑环上。滑环固定在转轴上，环与环、环与轴都互相绝缘，再通过电刷使转子绕组与外电路接通，如图7-4所示。通过滑环和电刷可在转子回路中接入附加电阻或其他控制装置，以便改善电动机的起动性能或调速性能。

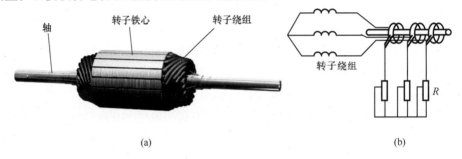

图 7-4　绕线型转子的外形与结构示意图

思考练习7.1

转子绕组为鼠笼型的异步电动机称为鼠笼式(笼型)电动机，转子绕组为绕线型的异步电动机称为绕线式电动机。由于鼠笼型电动机价格低廉、工作可靠，因此生产中应用最广。

7.2　三相异步电动机的铭牌数据

每台电动机都有一块铭牌，上面标明了这台电动机的各项技术数据，这些技术数据称为额定值。额定值是制造厂家对电动机正常运行时的电量和机械量所规定的有关数据。如果电动机运行时这些量符合额定值，称为额定运行状态。在额定运行状态下工作，电动机能可靠地运行，并具有良好的性能。

实际运行中，电动机不是总运行在额定状态。例如，流过电动机的电流小于额定电流，称为欠载运行；超过额定电流，称为过载运行。长期过载或欠载运行都不好。长期过载有可能因过载而损坏电动机；长期欠载，运行效率较低，能量浪费较大。

了解电动机的铭牌数据，对于电动机的正确使用、维护和修理等都是必不可少的。现以 Y160M-4 型电动机为例，说明铭牌上各数据的意义。

三相异步电动机		
型号 Y160M-4	功率 15kW	频率 50Hz
电压 380V	电流 30.3A	接法 △
转速 1460r/min	绝缘等级 E	工作方式连续

1) 型号

为了适应不同用途和不同工作环境的需要，电动机制成不同的系列，而每种系列用各种型号表示。Y 系列是通用的笼型三相异步电动机，是我国 20 世纪 80 年代新设计的统一系列产品。其型号具体说明如下：

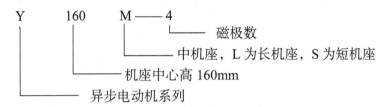

JO$_2$ 系列的型号说明如下：

JO$_2$–L–52–4

J 表示三相交流电动机；O 表示封闭式；2 表示第二次设计；L 表示定子绕组材料为铝线；5 表示机座号；2 表示铁心长序号；4 表示磁极数。

应该指出，除了 JO$_2$ 系列外，还有 J、JO、JR 等系列，但都属于旧系列。它们已逐步被Y、Y-L 系列所代替。国产电动机常用系列型号及新旧系列替换关系见表 7-1。

表 7-1　异步电动机产品名称代号

产品名称	新代号	汉字意义	老代号
异步电动机	Y	异	J、JO
绕线式异步电动机	YR	异绕	JR、JRO
防爆型异步电动机	YB	异爆	JB、JBS
高起动转矩异步电动机	YQ	异起	JQ、JQO

2) 额定功率

电动机的额定功率也称额定容量，是指电动机在额定运行情况下转轴上输出的机械功率。

3) 额定电压

指电动机额定运行时，加在定子绕组上的线电压。

4) 额定电流

指电动机在定子绕组上加额定电压，轴上输出额定功率时，定子绕组的线电流。

5) 额定频率

指电动机使用的交流电源的频率。

6) 额定转速

指电动机定子绕组加额定频率的额定电压后，轴上输出额定功率时电动机的转速。

7) 接法

电动机定子绕组的常用接法为△和 Y。△称为三角形接法；Y 称为星形接法。它们的原理图和在接线盒内的连接，如图 7-5 所示。其中 U_1、V_1、W_1 代表三相绕组首端，U_2、V_2、W_2 代表三相绕组末端。

有的电动机铭牌上标有"220/380V，△/Y 接"。这表示当电源线电压为 220V 时，定子绕组为△接法；当电源线电压为 380V 时，定子绕组为 Y 接法。

8) 绝缘等级

电动机的绝缘等级是指绕组所采用的绝缘材料的耐热等级。绝缘材料按耐热能力分 Y，A，E，B，F，H，C 等级，C 级耐热能力最强。每一种绝缘材料的绝缘等级都有相对应的极限温度。电动机的绕组温度如果超过允许限度，会使绝缘老化，缩短电动机的寿命。若温度超过允许限度过多，绝缘就会破坏，从而导致电动机烧毁。

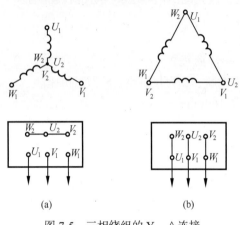

图 7-5　三相绕组的 Y、△连接

9) 定额

电动机的定额是指在额定情况下，允许连续使用时间的长短。电动机的定额有三种：

(1) 连续使用的电动机可按额定运行情况长时间连续工作。

(2) 短时使用的电动机只能在规定的短时间内，按照额定情况工作。

(3) 断续使用的电动机可在额定运行情况下间歇工作，并可多次重复。

例 7-1　Y180M-2 型三相异步电动机，$P_{2N} = 22\text{kW}$，$U_N = 380\text{V}$，三角形连接，$I_N = 42.2\text{A}$，$\cos\varphi_N = 0.89$，$f_1 = 50\text{Hz}$，$n_N = 2940\text{r/min}$。求额定状态下的定子绕组相电流、输入有功功率及效率。

解　已知定子三相绕组为三角形接法，故定子绕组相电流

$$I_p = \frac{I_N}{\sqrt{3}} = \frac{42.2}{\sqrt{3}} = 24.4(\text{A})$$

输入有功功率

$$P_{1N} = \sqrt{3}U_N I_N \cos\varphi_N = \sqrt{3} \times 380 \times 42.2 \times 0.89 = 24.7(\text{kW})$$

效率

$$\eta_N = \frac{P_{2N}}{P_{1N}} \times 100\% = \frac{22}{24.7} \times 100\% = 89.1\%$$

思考练习7.2

7.3　三相异步电动机的工作原理

在三相异步电动机中实现能量转换的前提是产生一种旋转磁场。因此，先讨论旋转磁

场的问题。

7.3.1 旋转磁场的产生

我们知道，在三相异步电动机的定子铁心中放有三相对称绕组 U_1U_2、V_1V_2、W_1W_2。现将三相绕组接成星形，接在三相电源上，绕组中便通过三相对称电流，其参考方向和波形如图 7-6 所示。

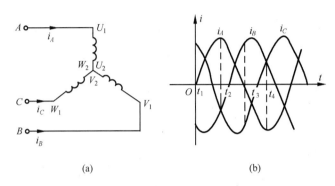

图 7-6　定子绕组的星形连接与三相对称电流

为了说明三相对称电流流进三相对称绕组会产生旋转磁场，可以任选几个不同的时刻来进行分析。在图 7-6 的 t_1 时刻，$i_A = 0$，i_B 为负。这表明此时电流 i_B 的实际方向与规定的参考方向相反，即从 V_2 流入，用符号 $\otimes$ 表示，从 V_1 流出，用符号 $\odot$ 表示。i_C 为正，其实际方向与参考方向相同，即从 W_1 流入，从 W_2 流出。然后根据右手螺旋法则可知，它们产生的磁场如图 7-7(a)中的虚线所示，是两个磁极的磁场，上面是 N 极，下面是 S 极。

在图 7-6 的 t_2 时刻，i_A 为正，电流从 U_1 流入，从 U_2 流出；i_B 和 i_C 都为负，即 i_B 从 V_2 流入，从 V_1 流出，i_C 从 W_2 流入，从 W_1 流出。它们产生的磁场如图 7-7(b)所示。

同理可以得出在图 7-6 的 t_3 和 t_4 时刻的磁场，如图 7-7(c)、(d)所示。依次观察图 7-7 各图，便会发现三相电流通过三相对称绕组后，所建立的合成磁场并非静止，而是在空间不断地旋转。

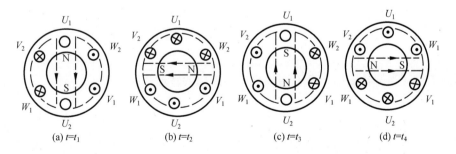

图 7-7　三相对称电流产生的旋转磁场

下面讨论一下旋转磁场的旋转方向。由图 7-7 可见，旋转磁场是沿着 $U_1 \rightarrow V_1 \rightarrow W_1$ 方向，也就是说，旋转磁场的旋转方向和三相电流的相序是一致的。

如果把三相绕组接到电源的三根引出线中的任意两根对调，如把 B、C 两根线对调，利用同样的分析方法，可知此时旋转磁场的旋转方向将是 $U_1 \rightarrow W_1 \rightarrow V_1$，逆时针方向旋转。

由此可以得出结论，即旋转磁场的旋转方向与三相电流的相序是相关的。

再讨论一下旋转磁场的旋转速度 n_0，也称同步转速。在图 7-7 中所讨论的是只有两个磁极的情况。当电流变化一周即 360°时，旋转磁场在空间恰好也转过一周。当电流的频率为 f_1 时，则旋转磁场每秒转 f_1 转，因此旋转磁场每分钟的转速为 $n_0 = 60 f_1$。

假若磁极对数 $P=2$ (即两个 N 极，两个 S 极)，情况又如何呢？图 7-8 所示为两对磁极的情况。其定子上有六个完全相同的线圈，各线圈在空间相隔 60°，分别放置在 12 个槽里，每相隔 180°的两个线圈串联起来作为一相。三相绕组接成图 7-8(a)所示的星形(或三角形)，通过图 7-6 所示的三相对称电流。在 $t = t_1$ 的瞬间，定子绕组中的电流方向如图 7-8(b)所示，这时电流产生一个四极磁场。在 $t = t_2$ 的瞬间，定子绕组中的电流方向如图 7-8(c)所示，这时电流仍产生一个四极磁场，但是磁场的位置却在空间转了 45°。以此类推，电流变化一周，磁场在空间转过半周，比 $P=1$ 时的转速慢了一半，即

$$n_0 = \frac{60 f_1}{2}$$

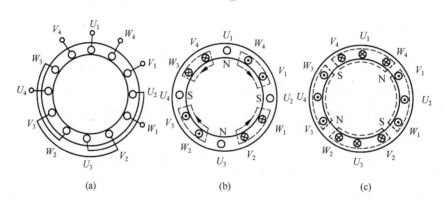

$$(a) \qquad\qquad (b) \qquad\qquad (c)$$

图 7-8　产生四极的定子绕组及旋转磁场($P=2$)

同理可知，在三对磁极的情况下，当电流变化一周时，磁场在空间仅旋转 1/3 周，是 $P=1$ 时转速 n_0 的 1/3，即

$$n_0 = \frac{60 f_1}{3}$$

以此类推，当旋转磁场具有 P 对磁极时，磁场的转速将为

$$n_0 = \frac{60 f_1}{P} \tag{7-1}$$

因此，旋转磁场的转速 n_0 决定于定子电流频率 f_1 和磁极对数 P，而磁极对数又决定于三相绕组的安排情况。

由于我国的工频电流为 50Hz，因此由式(7-1)可得出对应于不同磁极对数旋转磁场的转速 n_0，见表 7-2。

表 7-2　不同磁极对数的旋转磁场的转速

P	1	2	3	4	5	6
n_0/(r/min)	3000	1500	1000	750	600	500

7.3.2　转子的转动原理

图 7-9 是三相异步电动机的工作原理示意图。当电机的定子绕组接通三相电源后，在定子内的空间便产生旋转磁场。设旋转磁场的旋转方向为顺时针，旋转磁场的磁力线被转子导条所切割而产生感生电动势，因为转子电路是闭合的，所以转子导条中就产生电流。转子导条中的感应电动势的实际方向可由右手定则确定，如近似认为转子电路是一个纯电阻电路，则感生电动势和感生电流方向相同，如图 7-9 所示。转子导条的电流和磁场相互作用而产生电磁力 F，其实际方向用左手定则来确定。由电磁力 F 产生的电磁转矩驱动三相异步电动机的转子沿着旋转磁场的旋转方向转动。这就是三相异步电动机转动工作的原理。

知道了异步电动机的工作原理之后，一定会想到这样一个问题：转子和旋转磁场既然同向旋转，那么转子转速是多少？能否与旋转磁场的转速相同？或超过旋转磁场的转速？

在一般情况下，异步电动机转子的转速 n 不能达到旋转磁场的同步转速 n_0，因为转子与旋转磁场之间存在相对运动才会发生电磁感应作用而产生转子上的电磁转矩。如果转子转速达到旋转磁场的转速，则转子与旋转磁场之间不再有相对运动，因而不可能在转子电路中产生感生电动势和感生电流，当然也就不会产生电磁转矩来拖动机械负载。因此异步电动机的转子转速 n 总是小于旋转磁场的转速 n_0，即与旋转磁场异步地转动，"异步"电动机即由此而命名。又因转子电路中的电流是由电磁感应所产生，所以异步电动机又称为感应电动机。

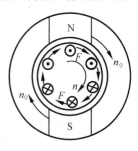

图 7-9　工作原理图

n_0 与 n 之差称为转差。转差 $n_0 - n$ 的存在是异步电动机运行的必要条件，而转差 $n_0 - n$ 与同步转速 n_0 之比，称为转差率，用 S 表示，即

$$S(\%) = \frac{n_0 - n}{n_0} \times 100\% \tag{7-2}$$

转差率是三相异步电动机的一个重要参数。一般情况下，异步电动机的转差率变化不大，空载转差率在 0.5% 以下，满载转差率在 5% 左右。

例 7-2　有一台 50Hz 的异步电动机，额定转速 $n_N = 730\text{r/min}$，空载转差率 $S_0 = 0.00267$。试求该电动机的极对数、同步转速、空载转速及额定负载时的转差率。

解　已知 $n_N = 730$ r/min，而额定转速略小于同步转速 n_0。由表 7-2 可知该电动机的同步转速 $n_0 = 750$ r/min，因此极对数

$$P = \frac{60 f_1}{n_0} = \frac{60 \times 50}{750} = 4$$

空载转速为

$$n_0{}' = n_0(1 - S_0) = 750 \times (1 - 0.00267) = 748(\text{r/min})$$

额定转差率

$$S_N = \frac{n_0 - n_N}{n_0} = \frac{750 - 730}{750} = 2.67\%$$

7.4　三相异步电动机的运行

异步电动机的运行有两种情况：一种是电动机虽在运转，但没有拖动机械负载，称为空载运行；另一种是电动机拖动机械负载的运行，称为负载运行。

当异步电动机空载运行时，只需要克服很小的摩擦转矩，这时转子转速 n 与定子旋转磁场转速 n_0 很接近(参见例 7-2)，转子电势和电流很小，可以近似忽略。这样空载运行时与转子转速等于定子旋转磁场转速时的情况很接近。

下面就以上两种情况来研究电动机的运行。

7.4.1　转子转速等于旋转磁场转速

这时转子导体与定子旋转磁场之间便没有相对转速。转子绕组中没有感应电动势，因而转子电流等于零。从电力网输入定子每相绕组中的电流有效值为 I_0，主要是用来产生旋转磁场的。

1. 定子绕组中的电动势

定子三相对称电流共同产生的旋转磁场，以同步转速 n_0 在空间旋转，从效果上看相当于有一对永久磁铁在空间旋转。由于电动机在结构上的原因，使磁场的磁感应强度沿定子与转子间的空气隙近于按正弦规律分布，因而当其旋转时，通过定子每相绕组的磁通也是随时间按正弦规律变化的。设其为 $\Phi = \Phi_m \sin\omega t$，其中 Φ_m 是通过每相绕组的磁通最大值，在数值上等于旋转磁场的每极下磁通，即为空气隙中磁感应强度的平均值与每极面积的乘积。

根据电磁感应定律，定子每相绕组中产生的感应电动势为

$$e_1 = N_1 \frac{d\Phi}{dt}$$

其有效值为

$$E_1 = 4.44 K_1 f_1 N_1 \Phi_m \tag{7-3}$$

式中，K_1 称为定子绕组的绕组系数，与绕组结构有关；f_1 是 e_1 的频率，它等于定子电流的频率；N_1 是定子每相绕组的等效匝数；Φ_m 是旋转磁场的每极磁通量，常称为主磁通。

定子电流除产生旋转磁场(它既穿过定子绕组，又穿过转子绕组)的主磁通外，还会产生少量的漏磁通 $\Phi_{\sigma 1}$。漏磁通只交链定子某一相绕组，而不交链转子绕组。由于定子电流是交变的，因此漏磁通 $\Phi_{\sigma 1}$ 也是交变的，它将在定子绕组中感应出漏磁电动势。这如同处理变压器原绕组漏磁感应电动势一样，要一个漏感抗电压分量去克服它。除此之外，定子绕组本身有电阻 R_1，也要有相应的电压去平衡。

因为定子绕组三相对称，在以后的讨论中，只讨论其中的一相。现取其中的一相画在图 7-10 中，各物理量

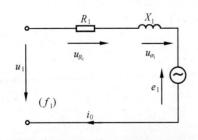

图 7-10　定子绕组一相的等效电路

的参考方向如图所示。

2. 电压方程式

根据KVL定律，有

$$u_1 = e_1 + u_{R_1} + u_{\sigma_1}$$

写成相量形式为

$$\dot{U}_1 = \dot{E}_1 + \dot{I}_0 R_1 + j\dot{I}_0 X_1 = \dot{E}_1 + \dot{I}_0 Z_1 \tag{7-4}$$

式中，$Z_1 = R_1 + jX_1$ 称为定子每相绕组的漏阻抗，单位为 Ω；$X_1 = \omega_1 L_{\sigma 1} = 2\pi f_1 L_{\sigma 1}$ 称为定子每相绕组的漏感抗，单位为 Ω；$L_{\sigma 1}$ 为定子每相绕组的漏电感，是一个常数，单位为 H。

定子每相绕组的漏阻抗很小，漏阻抗中压降一般仅占外加电压的百分之几，因此漏阻抗压降可以忽略。这样式(7-4)可近似表示为

$$\dot{U}_1 \approx \dot{E}_1$$

只考虑大小有

$$U_1 \approx E_1 = 4.44 K_1 f_1 N_1 \Phi_{\mathrm{m}} \tag{7-5}$$

在异步电动机中一般 K_1 略小于 1。

7.4.2　转子转速低于旋转磁场转速

当异步电动机拖动机械负载时，转子转速 n 低于旋转磁场的转速 n_0，定子旋转磁场以相对转速 $n_0 - n$ 切割转子绕组中的导体，在转子绕组中产生电动势与电流。

1. 转子绕组中的电动势

定子电流产生的旋转磁场不仅穿过定子绕组，也穿过转子绕组，因而在转子绕组中产生感应电动势。下面分两种情况来研究转子每相绕组中的电动势。

1) 当转子不转时 $n = 0$

这种情况一般发生在异步电动机起动的瞬间。这时旋转磁场切割转子绕组导体的速度就是同步转速 n_0，因为转子各相绕组是对称的，所以转子每相绕组的电势有效值大小是相等的，用 E_{20} 表示。

而旋转磁场切割定子绕组导体的速度与切割转子绕组导体的速度是相同的，因此转子绕组电动势和定子绕组电动势的频率是一样的，即 f_1。与研究定子每相绕组电动势的方法一样，转子每相绕组主磁感应电动势的有效值为

$$E_{20} = 4.44 K_2 f_1 N_2 \Phi_{\mathrm{m}} \tag{7-6}$$

式中，K_2 为转子绕组的绕组系数，$K_2 < 1$；N_2 是转子绕组每相的等效匝数。

2) 当转子以转速 n 旋转时

这时旋转磁场切割转子绕组导体的相对速度为 $n_0 - n$，则转子电动势和电流的频率为

$$f_2 = \frac{P(n_0 - n)}{60} = \frac{Pn_0}{60} \cdot \frac{n_0 - n}{n_0} = Sf_1 \tag{7-7}$$

故转子旋转时，转子绕组每相电动势的有效值为

$$E_2 = 4.44 K_2 f_2 N_2 \Phi_{\mathrm{m}} = S\left(4.44 K_2 f_1 N_2 \Phi_{\mathrm{m}}\right) = SE_{20} \tag{7-8}$$

2. 转子绕组中的电流

现以绕线式异步电动机为例来研究转子绕组中的电流。绕线式转子具有三相对称绕组，设每相绕组本身具有电阻 R_2，转子电流产生的漏磁通为 $\Phi_{\sigma 2}$，它只交链转子绕组而不交链定子绕组，且它的闭合路径很大一部分处在空气中。转子电流是交变的，将在转子绕组中感应出漏电势。这如同处理变压器副绕组漏电势一样，需要一个漏感抗电压分量去克服转子漏电势。现画出转子绕组一相的等效电路，并标出各物理量的参考方向，如图 7-11 所示。

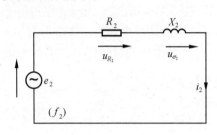

图 7-11　转子绕组一相的等效电路

根据 KVL，有

$$e_2 = u_{R_2} + u_{\sigma_2}$$

可用相量表示为

$$\dot{E}_2 = \dot{U}_{R_2} + \dot{U}_{\sigma_2} = \dot{I}_2 R_2 + j\dot{I}_2 X_2 \tag{7-9}$$

令 $X_2 = 2\pi f_2 L_{\sigma 2} = 2\pi S f_1 L_{\sigma 2} = S X_{20}$，$X_{20} = 2\pi f_1 L_{\sigma 2}$，$X_{20}$ 是转子不转动时转子每相绕组的漏感抗。将式 (7-8) 代入式 (7-9) 有

$$S\dot{E}_{20} = \dot{I}_2 R_2 + j\dot{I}_2 S X_{20}$$

将上式两边除以 S，得

$$\dot{E}_{20} = \dot{I}_2 \frac{R_2}{S} + j\dot{I}_2 X_{20} \tag{7-10}$$

转子每相绕组中电流的有效值为

$$I_2 = \frac{E_2}{\sqrt{R_2^2 + X_2^2}} = \frac{E_{20}}{\sqrt{\left(\dfrac{R_2}{S}\right)^2 + X_{20}^2}} \tag{7-11}$$

从图 7-11 可见，转子电路是一个感性电路。设 i_2 滞后 e_2 一个 φ_2 角度，因而转子电路的功率因数

$$\cos\varphi_2 = \frac{R_2}{\sqrt{R_2^2 + X_2^2}} = \frac{R_2}{\sqrt{R_2^2 + \left(S X_{20}\right)^2}} \tag{7-12}$$

综上所述，当异步电动机负载运行时，转子绕组中的电流 I_2、转子电动势 E_2、转子频率 f_2、每相漏感抗 X_2 及转子电路的功率因数 $\cos\varphi_2$ 都是转差率 S 的函数，如图 7-12 所示。

当异步电动机负载运行时，定子电流为 I_1，定子每相绕组中的电压方程式为

$$\dot{U}_1 = \dot{E}_1 + \dot{I}_1 R_1 + j\dot{I}_1 X_1 \tag{7-13}$$

异步电动机正常工作时，定子绕组的漏阻抗压降为外加电压的一小部分，工程上可忽略不计，仍可认为

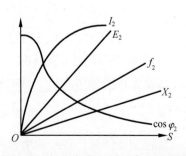

图 7-12　转子各量与转差率 S 的曲线

$$U_1 \approx E_1 = 4.44 K_1 f_1 N_1 \Phi_m \tag{7-14}$$

上式说明只要保持外加电压有效值 U_1 不变，即使负载在正常范围内变化，旋转磁场磁通也近似不变。只有改变 U_1 的大小，磁通才随之作相应的变化，这称为恒磁通原理。设 $\dot{F}_0$ 为异步电动机在空载运行时的磁势相量；$\dot{F}_1$ 为异步电动机在负载运行时定子绕组的磁势相量；$\dot{F}_2$ 为异步电动机在负载运行时转子绕组的磁势相量。根据恒磁通原理可知 $\dot{F}_0$ 与 $\dot{F}_1 + \dot{F}_2$ 的作用相当，即

$$\dot{F}_1 + \dot{F}_2 = \dot{F}_0 \tag{7-15}$$

又因 $\dot{F}_0$ 较小，可略去不计，则有

$$\dot{F}_1 \approx -\dot{F}_2 \tag{7-16}$$

式(7-15)或式(7-16)称为磁势平衡方程式。

思考练习7.4

与变压器相似，当电动机的机械负载增大时，转子绕组的电流和磁势随着增大。但 Φ_m 近似不变，故定子绕组的磁势和电流必然增大。

7.5 三相异步电动机的电磁转矩和机械特性

电动机是作为原动机来带动生产机械的，因此评价一部电动机性能的好坏，除了考虑其电气性能外，还要看其机械性能。这主要包括电动机能够产生多大的电磁转矩(以下简称转矩)、电力拖动是否稳定以及调速范围是大还是小。本节先介绍前两个问题。

7.5.1 转矩表达式

1. 物理表达式

异步电动机的转矩是由旋转磁场和转子电流相互作用产生的，因此必然和主磁通 Φ_m 以及转子电流 I_2 有关。其转矩的物理表达式为

$$T = K_T \Phi_m I_2 \cos\varphi_2 \tag{7-17}$$

式中，T 是电动机的转矩；K_T 是与电动机结构有关的转矩常数；Φ_m 是旋转磁场的每极磁通；$\cos\varphi_2$ 是转子每相的功率因数；$I_2\cos\varphi_2$ 是转子电流的有功分量。为什么转矩与 $\cos\varphi_2$ 有关呢？这是因为只有转子电流的有功分量才能转变成机械能而做有用功。

式(7-17)用以分析异步电动机在各种运转状态下的物理过程较为方便，但反映不出电动机参数及电源对转矩的影响。为此将式(7-17)再作推导，即可得参数表达式。

2. 参数表达式

根据式(7-8)、式(7-11)、式(7-12)及式(7-14)可知

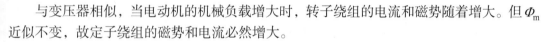

$$\Phi_m = \frac{E_1}{4.44 K_1 f_1 N_1} \approx \frac{U_1}{4.44 K_1 f_1 N_1}$$

$$I_2 = \frac{S E_{20}}{\sqrt{R_2^2 + (S X_{20})^2}} = \frac{S(4.44 K_2 f_1 N_2 \Phi_m)}{\sqrt{R_2^2 + (S X_{20})^2}}$$

$$\cos\varphi_2 = \frac{R_2}{\sqrt{R_2^2 + (SX_{20})^2}}$$

如将以上三式代入式(7-17)中，整理后可得参数表达式为

$$T = K\frac{SR_2U_1^2}{R_2^2 + (SX_{20})^2} \tag{7-18}$$

式中，K 为一常数，由电动机本身所决定。利用式(7-18)可分析当一些参数改变对电动机性能与特性的影响。如 $T \propto U_1^2$，可见转矩对电压的波动十分敏感，即电压稍有波动，会引起转矩较大的变化。

7.5.2　机械特性

当电源电压 U_1、转子电阻 R_2 以及 X_{20} 为常数时，转矩与转差率的关系曲线 $T = f(S)$ 或转子转速与转矩的关系曲线 $n = f(T)$ 称为异步电动机的机械特性。在已知参数的条件下，根据式(7-18)可画出 $T = f(S)$ 曲线，如图 7-13 所示。将 $T = f(S)$ 曲线顺时针方向转 $90°$，再将表示 T 的横轴向下平移即可得出 $n = f(T)$ 曲线，如图 7-14 所示。

从 $T = f(S)$ 曲线可见，在 $0 < S < S_\mathrm{m}$ 范围内，由于 S 很小，因此 $SX_{20} \ll R_2$，可忽略，此时转矩 T 随转差率 S 几乎成正比地增加；在 $S_\mathrm{m} < S < 1$ 范围内，S 值增大，$SX_{20} \gg R_2$，R_2 可忽略，此时转矩 T 随转差率 S 的增大几乎成反比地减小。机械特性曲线上有三个重要参数。

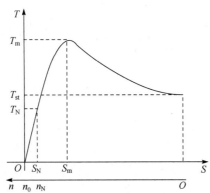

图 7-13　三相异步电动机的 $T = f(S)$ 曲线

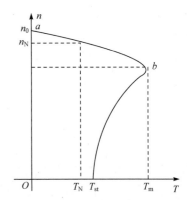

图 7-14　三相异步电动机的 $n = f(T)$ 曲线

1. 额定转矩 T_N

额定转矩是电动机在额定负载时的转矩。这时的转差率 S_N 称为额定转差率，而这时的转速 n_N 称为额定转速。电动机的额定转矩 T_N 为

$$T_\mathrm{N} = 9550\frac{P_{2\mathrm{N}}}{n_\mathrm{N}} \tag{7-19}$$

式中，$P_{2\mathrm{N}}$ 是电动机的额定输出机械功率，单位为 kW；n_N 是电动机额定转速，单位为 r/min；T_N 是电动机的额定转矩，单位为 N·m。式(7-19)的由来可简述如下：根据力学中转矩平

衡方程式 $T = T_c + J\dfrac{\mathrm{d}\Omega}{\mathrm{d}t}$ 可知，拖动系统稳定运行时，必有 $T = T_c$。T_c 代表阻转矩，T 主要包括机械负载转矩 T_2，其次是空载损耗转矩 T_0。由于 T_0 很小，而常被忽略，因此 $T = T_2 + T_0 \approx T_2$，即

$$T \approx T_2 = \frac{P_2}{\Omega} = \frac{P_2}{\dfrac{2\pi n}{60}} = 9.95\frac{P_2}{n}$$

式中，P_2 是电动机轴上输出的机械功率，单位为 W；转速 n 的单位为 r/min；T 是转矩，单位为 N·m。当功率单位为 kW 时，则有

$$T = 9550\frac{P_2}{n} \tag{7-20}$$

当电动机的运行状态是额定工作状态时，那么式(7-20)即变成式(7-19)。

2. 最大转矩 T_m

机械特性曲线中最大的转矩称为最大转矩或临界转矩。对应于最大转矩的转差率称为临界转差率，用 S_m 表示。为求 T_m 和 S_m，可令

$$\frac{\mathrm{d}T}{\mathrm{d}S} = 0$$

解得结果

$$S_m = \pm\frac{R_2}{X_{20}}\,(\text{取正值}) \tag{7-21}$$

从上式可见，S_m 与转子电阻 R_2 成正比，与 X_{20} 成反比，与电源电压无关。将式(7-21)代入式(7-18)中，可得

$$T_m = K\frac{U_1^2}{2X_{20}} \tag{7-22}$$

从上式可见，T_m 与 U_1^2 成正比，与转子电阻 R_2 无关，而与 X_{20} 成反比。

为避免电动机出现过热，不允许长期运行在超过额定转矩的过载条件下。但如果过载时间短，电动机还不至于过热，是允许的。因此，最大转矩也表示电动机短时允许的过载能力。

电动机的最大转矩与额定转矩之比称为过载系数 λ，即

$$\lambda = \frac{T_m}{T_N} \tag{7-23}$$

一般异步电动机的过载系数为 1.6～2.2。

3. 起动转矩 T_{st}

电动机刚一起动瞬间($n = 0$，$S = 1$)的转矩称为起动转矩。将 $S = 1$ 代入式(7-18)中，可求出

$$T_{st} = K\frac{R_2 U_1^2}{R_2^2 + X_{20}^2} \tag{7-24}$$

由上式可见，T_{st} 与 U_1^2 成正比，与转子电阻 R_2 有关。适当增大转子电阻，起动转矩会增大。

最后讨论电力拖动系统的稳定性问题。假设电动机拖动的是恒转矩负载(如起重机)，它的机械特性曲线如图7-15中与纵轴平行的直线所示。要满足匀速运转的条件则必有 $T = T_c$，电动机的工作点应在电动机和负载的两条机械特性曲线的相交点上。图中可见有两个相交点 a 和 b，a 点在机械特性曲线的 $0 < S < S_m$ 部分，而 b 点在曲线 $S_m < S < 1$ 部分。但是电动机在这两个部分不是都能稳定运行的。对大多数负载来说，电动机只有在 $0 < S < S_m$ 区域中运行才是稳定的。

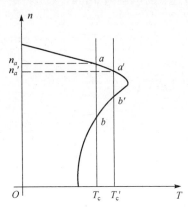

图 7-15　三相异步电动机的稳定运行区和不稳定运行区

设电动机工作在 a 点，这时电动机的电磁转矩与反抗转矩相平衡，即 $T_a = T_c$，稳定转速为 n_a。现在反抗转矩 T_c 增大到 T_c'，这一瞬间破坏了 $T_a = T_c$ 的平衡关系，这时 $T_a < T_c'$。由转矩平衡方程式 $T - T_c = J\dfrac{\mathrm{d}\Omega}{\mathrm{d}t}$ 可知，将产生负的角加速度，转速下降。随着转速的下降，电动机的电磁转矩逐渐增大，直到新的电磁转矩 T_a' 与新的反抗转矩 T_c' 相平衡时为止，这时电动机以新的转速 n_a' 稳定运转。新的转速将低于原转速。如果反抗转矩又从 T_c' 下降到 T_c，这一瞬间转矩平衡关系又被打破。根据转矩平衡方程式，要产生正的角加速度，转子转速必须升高。随着转速的升高，电磁转矩逐渐减小到 T_a，又与 T_c 相平衡为止，这时电动机又重新回到原转速 n_a 稳定运转。由此可见，在 $0 < S < S_m$ 这段区域为稳定区域。如果电动机原来工作在 b 点，由于某种原因反抗转矩 T_c 增大到 T_c'，转速一定要下降。从图7-15中可见转速下降，电磁转矩也下降，则转速将继续下降直到停转。因此在 $S_m < S < 1$ 这段区域一般称为不稳定区域。

例 7-3　已知一台三相异步电动机，$P_{2N} = 7.5\text{kW}$，$n_N = 1450\ \text{r}/\min$，起动能力 $T_{st}/T_N = 1.4$，过载能力 $T_m/T_N = 2$。试求该电动机的额定转矩、起动转矩和最大转矩。

解
$$T_N = 9550\frac{P_{2N}}{n_N} = 9550 \times \frac{7.5}{1450} = 49.4(\text{N} \cdot \text{m})$$

$$T_{st} = 1.4T_N = 1.4 \times 49.4 = 69.2(\text{N} \cdot \text{m})$$

$$T_m = 2T_N = 2 \times 49.4 = 98.8(\text{N} \cdot \text{m})$$

思考练习7.5

7.6　三相异步电动机的起动

电动机的起动就是指将其由停转状态开动起来的过程。评价一台异步电动机的起动性能好坏应全面考虑各项指标，如起动电流、起动转矩、起动时间、经济性和可靠性等。在这里主要讨论起动电流和起动转矩。

7.6.1　起动性能

首先讨论起动电流。在电动机接入电网起动的瞬间 ($S=1$，$n=0$)，由于旋转磁场对静止的转子有很大的相对转速，这时转子电路中的感应电动势和感应电流都很大。转子电流大，定子电流也大，因此异步电动机直接接通电源起动时，定子电流通常是额定电流的 4~7 倍。由于起动时间短，只要电动机不是频繁起动，一般不至于引起电动机本身过热，但是将导致供电线路的电压下降，从而影响接在同一电力网上的其他电器设备的正常工作。

下面再讨论起动转矩。异步电动机的起动电流虽然大，但由于转子功率因数 $\cos\varphi_2$ 在起动时很低，因此起动转矩并不大，一般只有额定转矩的 1.0~2.4 倍。这对于经常满载起动的电动机，如电梯、起重机、皮带传输机等，当起动转矩小于负载转矩时，根本就转不起来。

总之，异步电动机的起动性能比较差。为改善其起动性能必须采用适当的起动方法。

7.6.2　鼠笼式异步电动机的起动方法

三相鼠笼式异步电动机常有直接起动与降压起动两种方法。

1. 直接起动

直接起动是一种最简单的起动方法。起动时，通过一些直接起动设备把全部电源电压(即全压)直接加到电动机的定子绕组上。

一般规定异步电动机的功率低于 7.5kW 时允许直接起动。如果功率大于 7.5kW，而电源总容量较大，能符合下式要求者，电动机也可允许直接起动。

$$\frac{I_{lst}}{I_{IN}} \leqslant \frac{1}{4}\left(3+\frac{\text{电源总容量}}{\text{起动电动机容量}}\right) \tag{7-25}$$

式中，I_{lst} 为电动机直接起动时定子绕组线电流有效值；而 I_{IN} 为电动机定子绕组额定线电流有效值。如不满足式(7-25)，则必须采用降压起动的方法。通过降压，把起动电流 I_{lst} 限制到允许的数值。

2. 降压起动

现介绍两种降压起动的方法。

1) 星形-三角形(Y-△)起动

对于正常运行是△形接法的电动机，起动时如果改接成 Y 形接法，则电动机每相绕组所承受的电压自然会降低为额定电压的 $1/\sqrt{3}$。图 7-16 是异步电动机 Y-△起动的线路图。电动机定子三相绕组首尾六个出线端都引出来，接在开关 Q_2 上。起动时，先将三相定子绕组接成星形，待转速接近稳定时再改接成三角形，在全压下运行。

正常运行时，定子接成△形，其相电压等于线电压；起动时，定子接成 Y 形，其相电压等于线电压的 $1/\sqrt{3}$，因此电压降低的比值是 $\sqrt{3}$。

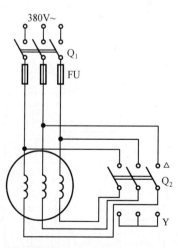

图 7-16　Y-△降压起动原理图

图 7-17 是定子绕组的两种接法。$|Z|$ 为起动时定子每相绕组的等效阻抗。

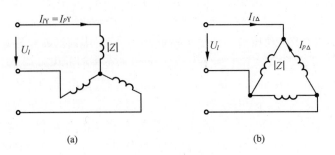

(a)　　　　　　　　　　(b)

图 7-17　Y-△ 连接时起动电流的比较

当绕组星形连接时，

$$I_{lY} = I_{pY} = \frac{U_l / \sqrt{3}}{|Z|}$$

当绕组三角形连接时，

$$I_{l\triangle} = \sqrt{3} I_{p\triangle} = \sqrt{3} \frac{U_l}{|Z|}$$

比较上面两式，有

$$\frac{I_{lY}}{I_{l\triangle}} = \frac{1}{3} \tag{7-26}$$

又因起动转矩与相电压的平方成正比，所以起动转矩也减小到直接起动时的 $(1/\sqrt{3})^2 = 1/3$。

这种换接起动可以采用专门的星形-三角形起动器来实现，也可以采用自动控制实现。

2) 自耦变压器降压起动

图 7-18 是异步电动机用三相自耦变压器降压起动的线路图。起动时，开关 Q_2 投向起动位置，则自耦变压器线圈接电源，其副边抽头接电动机，此时电动机降压起动。待转速接近稳定值时，将开关 Q_2 倒向运行位置，这样就把自耦变压器切除，电动机将全压运行。

利用自耦变压器降压起动能减小起动电流，同时也会减小起动转矩。但减小的程度和什么因素有关，下面我们进行推导。图 7-19 和图 7-20 分别表示直接起动和利用自耦变压器降压起动的异步电动机一相的电路图，设自耦变压器的变比为 K。当然，不管是直接起动还是降压起动，每相电压都是额定电压 U_{1N}。直接起动时由电源提供给电机每相绕组的起动电流为 I_{st}；降压起动时由电源提供给自耦变压器原边的起

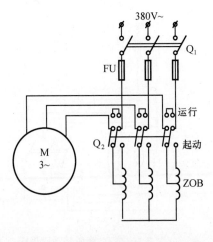

图 7-18　自耦变压器降压起动原理图

动电流为 I'_{1st}，而流进电动机每相电路的电流为 I'_{2st}。I'_{2st} 与 I_{st} 应该与起动时加在电动机上的相电压成正比，即

$$\frac{I'_{2st}}{I_{st}} = \frac{U_2}{U_{1N}}$$

又

$$\frac{U_2}{U_{1N}} = \frac{I'_{1st}}{I'_{2st}} = \frac{1}{K}$$

因此

$$I'_{1st} = \frac{1}{K} I'_{2st} = \frac{I_{st}}{K^2} \tag{7-27}$$

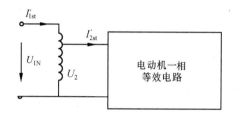

图 7-19　三相异步电动机直接起动一相等效电路　　图 7-20　三相异步电动机用自耦变压器降压
起动一相等效电路

当电机为 Y 形连接降压起动时，供电的线电流等于自耦变压器原边的相电流，即

$$I'_{lYst} = I'_{1st} = \frac{1}{K^2} I_{lYst}$$

当电机为 △ 形连接降压起动时，供电的线电流是自耦变压器原边相电流的 $\sqrt{3}$ 倍，即

$$I'_{l\triangle st} = \sqrt{3} I'_{1st} = \frac{1}{K^2} \cdot \sqrt{3} I_{st} = \frac{1}{K^2} I_{l\triangle st}$$

因此，采用自耦变压器降压起动时，无论电机是 Y 形还是 △ 形，起动电压降低的比值是 K，而起动电流降低的比值却是 K^2。至于起动转矩，它仍应与电压的平方成正比，即

$$T'_{st} = \frac{T_{st}}{\left(\dfrac{U_{1N}}{U_2}\right)^2} = \frac{T_{st}}{K^2} \tag{7-28}$$

为了改变降压倍数以适应不同情况，自耦变压器有抽头可供选择。它们分别是电源电压的 55%，64%，73%；或者 40%，60%，80%。

与第一种方法相比较，用自耦变压器降压起动可以有较多的降压等级，且电压降低 K 倍时，电流降低 K^2 倍，所花的代价是起动设备体积大，价格也贵些。

7.6.3　绕线式异步电动机的起动方法

中大容量电动机重载起动时问题最尖锐，此时可采用绕线式电动机。因为只要给绕线式电动机转子串接合适的电阻，既可以增大起动转矩，又能减小起动电流，其接线图如图 7-4(b)所示。

例 7-4　有一个鼠笼式异步电动机，额定容量为 75kW，额定转速 970r/min，额定电压为 380V，额定电流 137.5A，△连接，起动转矩与额定转矩的比值为 1∶1，起动电流与额定电流的比值为 6.5。问：

(1) 能否用 Y-△变换起动？如果能，起动电流为多少？

(2) 若改用自耦降压起动，使起动电流不大于 380A，自耦变压器的变比应为多少？

解　(1) 该电动机正常工作时为△形连接，故可以采用 Y-△变换起动。

$$I_{l\triangle\text{st}} = 6.5 \times 137.5 = 894(\text{A})$$

$$I_{l\text{Yst}} = \frac{1}{3}I_{l\triangle\text{st}} = \frac{1}{3} \times 894 = 298(\text{A})$$

(2) 求限制起动电流为 380A 的变比 K。由式(7-27)有

$$K = \sqrt{\frac{894}{380}} = 1.534$$

$$\frac{1}{K} = \frac{1}{1.534} = 0.652$$

思考练习7.6

变比 K 应大于 1.534，实际上取 64%抽头即可。

7.7　三相异步电动机的调速

为了提高劳动生产率和产品质量，在现代工业中，大量的生产机械(如各种机床、轧钢机、造纸机、纺织机械等)要求在不同的情况下，以不同的速度工作。这就要求我们采用一定的方法来改变生产机械的工作速度，以满足生产的需要，这种方法通常称为调速。换言之，调速也就是用人为的方法改变电动机的机械特性，使在同一负载下获得不同的转速。

调速可用机械、电气或机电配合的方法。本节只讨论三相异步电动机的电气调速方法。

对调速一般有三个要求，即调速范围(用最高转速和最低转速的比值表示)是否广、是否均匀和是否经济。

异步电动机结构简单、价格便宜、运行可靠、维护方便，各个方面都优于直流电动机，但是在调速和控制性能上不如直流电动机。因此，在很多对调速性能和控制精度要求较高的场合都采用直流电动机作为拖动电机。近年来随着变频调速技术的发展，交流异步电动机的调速和控制完全可以与直流电动机相比，因此大有取代直流电动机的趋势。

异步电动机有几种调速方法呢？从公式

$$n = (1-S)n_0 = (1-S)\frac{60f_1}{P}$$

可见有三种方法，即改变电源频率 f_1、改变极对数 P 以及改变转差率 S。改变电源频率是一种很有效的调速方法，但是电力网频率固定为 50 Hz，必须配备专门的变频设备。改变极对数是鼠笼式电动机常用的调速方法，而改变转差率是绕线式电动机常用的调速方法。

7.7.1　改变磁极对数的调速

改变定子的磁极对数，可使异步电动机的同步转速 $\frac{60f_1}{P}$ 改变，从而得到转速的调节。

如何改变定子的磁极对数呢？异步电动机的磁极对数决定于定子绕组的连接方式。下面以四极变二极为例，来说明变极数的原理。

图 7-21 是一个四级 $(P = 2)$ 电机 U 相绕组中两个线圈的示意图。U_1U_2 和 U_3U_4 中电流的方向如图所示。显然，它们所产生的主磁场是四极的。如果用图 7-22 的方式使其中一个线圈 U_3U_4 中的电流反向，或者反向并联如图 7-22(b) 所示或者反向串联如图 7-22(c) 所示，用右手螺旋定则可以判断所产生的主磁场已经变成二极的了。当然图上没有画出来的 V 相和 W 相也应同时换接。由上可见，使半相绕组的电流反向，就能使极数减少一半，从而使同步转速提高一倍，转子转速基本上也提高一倍。像这样能够变极调速的电动机称为多速电动机。

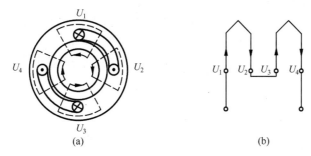

图 7-21　改变极对数调速 $(P = 2)$

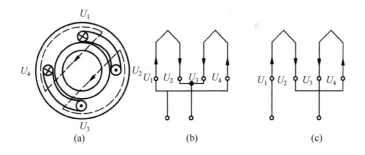

图 7-22　改变极对数调速 $(P = 1)$

变换极数的多速电动机都是鼠笼型转子。为什么呢？这是因为鼠笼型转子绕组本身没有确定的极数，其极数是由旋转磁场决定的。也就是说，完全取决于定子绕组的极数，变极时只要换接定子绕组就够了。如果用绕线型转子，则必须定子、转子绕组同时换接才行，显然要费事得多。

7.7.2　改变转差率的调速

绕线式电动机转子串电阻属于改变转差率 S 的调速。为了说明绕线式电动机转子串电阻也能调速，特画出转子串电阻电动机的机械特性，如图 7-23 所示。其机械特性曲线的性质如下：

(1) 转子串接电阻时，同步转速不变；

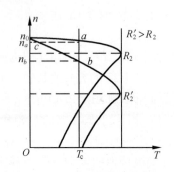

图 7-23 对应不同转子电阻时的
$n = f(T)$ 曲线

(2) 转子串接电阻值越大,机械特性运行段的斜率也越大,在同一转矩下,转差率 S 与转子总电阻成正比;

(3) 当 $S_m \leqslant 1$ 时,转子串电阻后,电机的起动转矩大;而 $S_m > 1$ 以后,电阻越大,起动转矩反而小。

调速的物理过程如下:设原来的工作点为 a,对应的转速为 n_a,此时 $T = T_c$。当 U_1、f_1 及 T_c 都不变时,增加调速电阻,使转子电路的电阻为 R'_2。由于惯性,转速或转差率 S 不会立即发生变化。于是转子电流将降低,电磁转矩也就降低,工作点从 a 点平移到 c 点。此时 $T < T_c$,转速 n 沿着新的机械特性曲线下降,I_2 和 T 继续增大,直到稳定运行在 b 点为止。此时 $T = T_c$,b 点对应的转速为 n_b,显见 $n_a > n_b$。

这种调速方法的特点是设备比较简单,初投资不高;低速运行时,稳定性差、损耗大、效率不高。

基于上述特点,这种调速方法适用于短时频繁调速的设备,如起重设备。

7.7.3 改变供电电源频率的调速

这种调速方式通常简称变频调速。额定频率称为基频,变频调速时可以从基频向上调,也可以从基频向下调。

1) 从基频向下变频调速

由于 $U_1 \approx E_1 = 4.44 K_1 f_1 N_1 \Phi_m$,如果降低 f_1 还保持电压 U_1 不变,则随 f_1 下降磁通 Φ_m 将增大。电动机磁路本来就刚进入饱和状态,Φ_m 增大,励磁电流将大大增加,这是不允许的。故在降低频率的同时,必须降低电源电压,保持 $\dfrac{U_1}{f_1} \approx \dfrac{E_1}{f_1} = 4.44 K_1 N_1 \Phi_m =$ 常数,这样才能保持 Φ_m 在调速过程中不变,这种调速方式又称恒磁通调速。此外,也有保持 U_1/f_1 为某一函数关系的调速方式。

2) 从基频向上变频调速

此时如果也按比例升高电压,则电压会超过电动机的额定电压,也是不允许的,因此只好保持电压不变。频率越往上调,磁通就越小,是一种弱磁调速。

综上所述,变频调速具有以下几个主要特点。

(1) 从基频向下调速,为恒转矩调速方式;从基频向上调速,近似为恒功率调速方式。

(2) 调速范围大。

(3) 转速稳定性好。

(4) 频率 f_1 可以连续调节,为无级调速。

(5) 需要专门的变频电源。

变频调速是一种非常有价值的调速方式。这种调速方式在过去很少应用,其原因是国内元件价格较贵、制造水平较低、技术复杂等。近年来,由于大功率半导体器件以及电子技术的发展,调频电源设备易于实现,尤其是工业变频器的产生和使用,使得三相及单相异步电动机的变频调速系统发展迅速并得到推广。

目前对于中小容量的三相及单相异步电动机已有价格较便宜的通用工业变频器，可以实现语言编程、数字显示、计算机联网等功能。

思考练习7.7

7.8　三相异步电动机的反转与制动

7.8.1　反转

为了适应生产和生活上的需要，大多数电动机，其中包括异步电动机都需要反转。然而，如何使异步电动机反转呢？我们知道，当异步电动机的转差率 $0<S<1$ 时，异步电动机转子的旋转方向同旋转磁场的方向一致。而旋转磁场的方向又取决于定子电流的相序，因此只要改变定子电流的相序就可以改变电动机转子的旋转方向。实际上只要将接在定子绕组上的三根电源线任意对调两根，就可使电动机转子反转。

而电源线的对调可利用图 7-24 所示的开关来实现。

7.8.2　制动

在生产过程中为了提高劳动生产率和安全生产，某些生产机械的旋转工作部件需要迅速停止；但由于电动机的旋转部件具有惯性，切断电源后，电动机将继续旋转一段时间以后才能停止。因此要采取措施来制动电动机，使之迅速停止。

制动就是给电动机施加一个与转向相反的转矩，该转矩称为制动转矩。这个制动转矩如果是用机械制动闸的摩擦转矩来产生，则称为机械制动；如果是电动机本身产生的电磁转矩，则称为电气制动。本节只介绍后者，即介绍三相异步电动机电气制动的三种方法：能耗制动、反接制动及回馈制动。

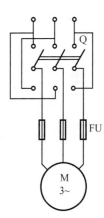

图 7-24　三相异步电动机的反转控制图

1. 能耗制动

原理线路如图 7-25 所示。当需要制动时，通过控制电路将接触器触点 KM_1 断开，使电动机定子绕组脱离三相电源，同时立即将接触器 KM_2 的触点闭合，使在电动机定子绕组中通入直流电。于是产生如图 7-26 所示的恒定磁场。此时转子由于机械惯性继续旋转(假设按顺时针方向)，转子导体将产生感应电动势；由于转子回路一般都是闭合的，故要产生感应电流。根据右手定则可判定出感应电动势的实际方向。由于转子电路可近似认为是纯电阻电路，感应电流的实际方向将与感应电动势的实际方向一致。通电导体在磁场内将会受到力的作用，此力的方向可用左手定则判定。由图 7-27 可见，此作用力产生的转矩与转子原来的转向相反，故起到制动作用，从而使电动机的转子迅速停转。

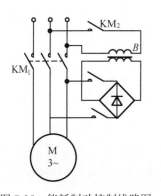

图 7-25　能耗制动控制线路图

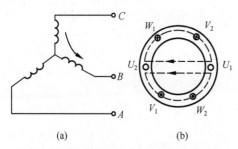
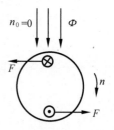

图 7-26　能耗制动时产生的恒定磁场　　　图 7-27　能耗制动产生制动力矩

由于这种制动方法是将转子旋转的动能变换成消耗在转子电阻上的电能，故称为能耗制动。

制动转矩的大小一方面取决于定子直流电流的大小(即恒定磁场的大小)，另一方面取决于转子电流的大小。因此，对于鼠笼式电动机，可利用调节定子中直流电流的大小来控制制动力的强弱；而对于绕线式电动机，调节定子直流电流或调节转子附加电阻均可控制制动力的强弱。

这种制动方法的优点是准确可靠，对电网影响小；缺点是需要一套专门的直流电源。而且由于制动转矩随转子电流的减小而减小，故不易制停。

2. 反接制动

实现反接制动有转速反向与定子两相反接两种方法，现分别讨论如下。

1) 转速反向的反接制动

在绕线式电动机提升重物时，如果不断增加转子电路中的电阻 R_2，则从图 7-28 可知，电动机的转速将不断下降。R_2 到达某一值，可使转速为零。如果再增加 R_2，则电动机的机械特性曲线和重物的机械特性曲线相交在第四象限，即转速为负。说明电动机已被重物拖着反转。这时电动机转子的转动方向与旋转磁场的方向相反。根据左、右手定则可知产生的转矩为制动转矩，从而限制了重物下降的速度。这种制动方法常常用于起重机的重物下降。

2) 定子两相反接的反接制动

在电动机需要停车时，可将接到电源的三相火线任意对调两相，使旋转磁场反转。而转子仍在原方向转动，设为顺时针方向。这时用左、右手定则判别可知转矩的方向与电动机转子转动方向相反，见图 7-29，从而起到制动作用。

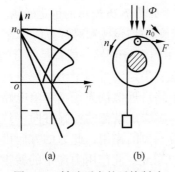
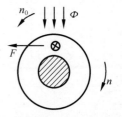

图 7-28　转速反向的反接制动　　　图 7-29　定子两相反接的反接制动

制动时，由于转子与反向旋转磁场的相对速度 $n_0 + n$ 很大，因此电流也很大。为了避免电动机过热和电力网电压有较大的波动，应在定子电路中串接限流电阻。

两相反接制动的优点是制动效果好，缺点是能量损耗大，制动准确性差。因为一旦电动机转速迅速降至零，必须及时拉闸断电，否则电动机将反向旋转。为了提高制动的准确性，通常都利用速度继电器等一类电器进行自动控制。

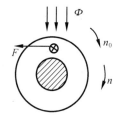

思考练习7.8

3. 回馈制动

由于原动机拖动或负载力矩带动异步电动机出现转子的转速超过旋转磁场转速的情况，同样利用左、右手定则可知此时产生的转矩也为制动转矩，见图 7-30。这时电动机已转入发电机运行，将负载的位能转换为电能回馈到电网中去，故称为回馈制动。

图 7-30　回馈制动

第7章小结

阅读与应用

● 单相电动机

在只有单相电源或只需容量较小电动机的情况下，常常采用单相异步电动机。单相异步电动机具有结构简单、成本低廉等特点，因此被广泛应用于工农业生产和人民生活的各个方面，特别是医疗器械、家用电器、电动工具等使用较多。

单相电动机

历 史 人 物

丹麦物理学家汉斯·奥斯特，1777 年生于兰格朗岛鲁德乔宾的一个药剂师家庭。1820 年因电流磁效应这一杰出发现获英国皇家学会科普利奖章。1937 年美国物理教师协会设立"奥斯特奖章"，奖励在物理教学上做出贡献的物理教师。

奥斯特简介

历 史 故 事

三相异步电动机使用了通电导体在磁场中受力的原理，发现这一原理的是丹麦物理学家奥斯特。

通电导体受力

习　题　7

7-1　已知三相异步电动机的额定转速为 1470r/min，频率为 50Hz，求同步转速以及磁极对数。

7-2　一台 50Hz、12 极三相异步电动机的额定转差率为 5%，试求：

(1) 电动机的额定转速；

(2) 空载转差率为 2.5% 时的空载转速；

(3) 转子额定电流的频率。

7-3　三相四极异步电动机的额定功率为 4kW，额定电压为 220/380 V，额定转速为 1450 r/min，额定功率因数为 0.85，额定效率为 0.86。当电动机在额定情况下运行时，试求：

(1) 输入功率；

(2) 定子绕组接成星形和三角形时的线电流；

(3) 转矩；

(4) 转差率。

7-4　三相异步电动机接上电源后，若转子卡住长期不能转动，将产生什么后果？

7-5　一台三相异步电动机铭牌上写明，额定电压为380/220V，定子绕组接法为Y/△。试问：

(1) 使用时，如果将定子绕组接成△，并接于380V的三相电源上，能否空载运行或带额定负载运行？会发生什么现象？

(2) 使用时，如果将定子绕组接成Y，并接于220V的三相电源上，能否空载运行或带额定负载运行？会发生什么现象？

7-6　有一台鼠笼式异步电动机，电压为380V，接法为△，额定功率为40kW，额定转速为1450r/min，起动转矩与额定转矩之比为0.75，求起动转矩。如果负载转矩为额定转矩的20%或50%，试计算能否采取星形起动？

7-7　有一台三相四极异步电动机，其额定功率为30kW，额定电压为380V，三角形接法，频率为50Hz。在额定负载时，其转差率为0.02，效率为90%，线电流为57.5A。$T_{st}/T_N = 1.2$，$I_{ist}/I_{IN} = 7$，如果采用自耦变压器降压起动，而使电动机的起动转矩为额定转矩的85%，试求：

(1) 自耦变压器的变比；

(2) 电动机的起动电流和线路上的起动电流各为多少？

7-8　三相异步电动机技术数据如下：额定功率4.5kW，额定转速975 r/min，额定效率84.5%，额定功率因数0.8，频率50Hz，过载系数2.2，起动电流与额定电流之比为6.5，起动转矩与额定转矩之比为1.8，电压220/380V。试求：

(1) 电动机的极对数；

(2) 额定负载时的转差率、电磁转矩及电流；

(3) Y与△接法时的起动线电流及起动转矩。

7-9　Y200-4型三相异步电动机的额定功率为30kW，额定电压为380V，三角形接法，频率为50Hz，额定负载下运行时，其转差率为0.02，效率为92.2%，线电流为56.8A。试求：

(1) 额定转矩；

(2) 电动机的功率因数。

7-10　一个三相六极异步电动机在频率为50Hz，电压为380V的电网上运行，此时电动机的定子输入功率44.6kW，定子电流78A，转差率0.04，轴上输出转矩392N·m。试求：

(1) 转速；

(2) 轴上输出的功率；

(3) 功率因数；

(4) 效率。

7-11　某三相异步电动机，极对数$P = 2$，定子绕组三角形联结，接于50Hz、380V的三相电源上工作，当负载转矩$T_L = 91N·m$时，测得$I_l = 30A$，$P_1 = 16kW$，$n = 1470 r/min$，求该电动机带此负载运行时的S、P_2、η和$\cos\varphi$。

7-12　某三相异步电动机，额定功率$P_{2N} = 45kW$，额定转速$n_N = 2970r/min$，$T_{st}/T_N = 2.0$，$T_m/T_N = 2.2$。若$T_L = 200N·m$，试问能否带此负载：

(1) 长期运行；

(2) 短时运行；

(3) 直接起动。

7-13　一台Y250M-6型三相鼠笼式异步电动机，$U_N = 380V$，三角形连接，$P_N = 37kW$，$n_N = 985r/min$，$I_N = 72 A$，$T_{st}/T_N = 1.8$，$I_{st}/I_N = 6.5$。已知电动机起动时的负载转矩$T_L = 250N·m$，从电源取用的电流不得超过360 A，试问：

(1) 能否直接起动？

(2) 能否采用星形-三角形起动？

(3) 能否采用$K = 1.25$的自耦变压器起动？

7-14　有一台 Y225M-4 型三相异步电动机，定子绕组三角形连接，其额定数据如下表所示。试求：

(1) 额定电流 I_N ；

(2) 额定转差率 S_N ；

(3) 额定转矩 T_N 、最大转矩 T_m 、起动转矩 T_{st} 。

功率	转速	电压	效率	功率因数	I_{st}/I_N	T_{st}/T_N	T_m/T_N
45kW	1480r/min	380V	92.3%	0.88	7.0	1.9	2.2

7-15　上题中：

(1) 如果负载转矩为 510.2N·m ，试问在 $U = U_N$ 和 $U' = 0.9U_N$ 两种情况下电动机能否起动？

(2) 若采用星形-三角形起动，求起动电流和起动转矩。又当负载转矩为额定转矩的 80%和 50%时，电动机能否起动？

习题7答案

7-16　某设备原装有 Y132M-4 型三相异步电动机拖动，三角形接法，其额定数据如下表所示。已知起动时它的负载反转矩为 40N·m ，今电网不允许起动电流超过 100A 。问：

(1) 该电动机能否直接起动？

(2) 能否采用星形-三角形换接起动，为什么？

功率	电流	效率	功率因数	转速	I_{st}/I_N	T_{st}/T_N	T_m/T_N
7.5kW	15.4A	87%	0.85	1440r/min	7	2.2	2.2

7-17　三相异步电动机如果断掉一根电源线能否起动？如果在运行时断掉一根电源线能否继续旋转？为什么？

第8章 直流电动机

章节导读

直流电机的作用是实现直流电能和机械能的相互转换。直流电动机是由直流电源供电，把直流电能转变为机械能的动力装置；反之，把机械能转变为直流电能输出的电机称为直流发电机。

直流电动机与交流电动机相比，具有调速范围宽、调速平滑、起动转矩大的优点，因而被用于高精度、深调速、大负载起动、特别是快速可逆的电力拖动系统中。例如，它可用作需要精密调速的各种机床、需要大起动力矩的电力牵引设备等生产机械的拖动电机。近年来随着工业变频器的产生和发展，交流电动机的调速与控制变得很容易实现，而直流电动机因其内部结构复杂、制造及维护成本高，且直流供电需要专门的装置，故其应用较少。相反交流电动机的应用则更为广泛。

直流发电机的作用是提供直流电源。例如它可用作直流电动机、同步机的励磁,以及化工、冶炼、交通运输中某些设备的直流电源。随着电力电子技术的发展，直流发电机已逐渐被半导体整流设备所取代。因此本章仅对直流电动机做简要介绍，包括机械特性及起动、调速、反转、制动的基本原理和基本方法。

知识点

(1) 直流电动机的工作原理。

(2) 直流电动机的分类。

(3) 他励直流电动机的定、转子等效电路。

(4) 他励直流电动机的机械特性。

(5) 直流电动机的起动、调速、制动方案及原理。

(6) 无刷直流电机。

8.1 直流电机的结构

直流电动机和直流发电机在构造上是相同的，主要由定子和转子两部分组成。图 8-1 是一台小型永磁式直流电机的结构模型图。与交流电机相似，直流电机的结构也分为定子、转子两部分。

8.1.1 定子部分

定子主要由机壳、磁极、电刷装置、端盖等组成，如图8-2所示。

(1) 机壳——机壳一般由铸钢或钢板制成，一方面作为磁通的通路，另一方面在其上安装磁极等固定不动的部件，并通过端盖支撑运转的转子部分。

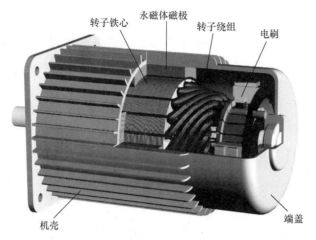

图 8-1　永磁式直流电机的结构模型图

(2) 磁极——永磁直流电机，用永久磁铁来励磁，一般为小型直流电机。其他直流电机的磁极是由直流铁心线圈构成的，磁极铁心由硅钢片叠成固定在机座上，上面绕有励磁线圈，当励磁绕组中通直流电流时，磁极便产生磁场。他励直流电动机的定子磁路如图 8-3 所示。图中 I_f 为定子磁极的励磁电流，用以产生直流磁通。

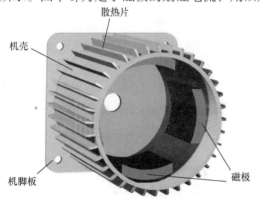

图 8-2　永磁式直流电机机壳及磁极部分模型图

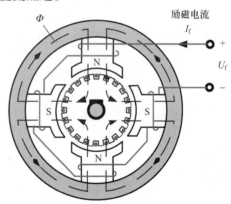

图 8-3　他励直流电动机定子磁路

(3) 电刷装置——电刷是由石墨制成的导电块。它的作用是使转子绕组和外电路接通，以引入或引出电流，同时通过换向器进行电流的换向。电刷固定于机壳上(图 8-4)，属于定子部分，不会随转子转动。

8.1.2　转子部分

直流电机的转子部分包括转子铁心、转子绕组、换向器、转轴、风扇。

(1) 转子——转子又称电枢，是产生感生电动势和电磁转矩的部分，由铁心和绕组组成。转子铁心由硅钢片叠成，外周冲有槽孔，槽孔中嵌入绕组，绕组的接线端都按一定规律固定在换向片

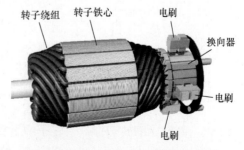

图 8-4　直流电机转子及电刷结构模型

上，如图 8-4 所示。

(2) 换向器——换向器的构造如图 8-4 所示。由楔形铜片叠成圆柱形，楔形之间用云母绝缘。换向器的作用是通过与电刷之间的滑动接触，实现转动着的转子绕组与固定不动的外电路之间电流的传递。

思考练习8.1

电动机工作时，转子电流经电刷、换向器流入转子绕组中。他励直流电动机需要外部输入两个电流，即定子励磁电流和转子绕组电流(又称电枢电流)，通常励磁电流较小，电枢电流较大。

8.2 直流电动机的工作原理

一台简化了的两极直流电动机模型如图 8-5 所示。图中 N、S 为主磁极，$abcd$ 为某一条转子绕线，见图 8-5(a)。多条相同的绕线彼此绝缘扎在一起构成绕组，绕组再按一定规律嵌入转子的每个槽孔中，见图 8-5(b)。绕组端头固定在相应的换向片上，换向片与绕组一起转动，电刷静止不动。

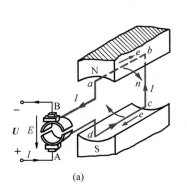
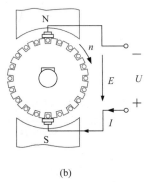

(a)   (b)

图 8-5 直流电动机工作原理

图 8-5(a)中直流电流从电刷 A 流入，经过绕组从电刷 B 流出。由左手定则可以判定 N 极下方的绕组受力始终向右，例如，图中绕组的 ab 边；S 极上方的绕组受力始终向左，例如，图中绕组的 cd 边。这两个力形成电磁力矩 T，绕组在电磁力矩 T 作用下将顺时针旋转，从而带动转子转动。

另外，电动机在运行过程中，镶嵌在转子槽口中的电枢绕组切割磁力线，会有感生电动势 e 产生。每段绕组产生的感生电动势顺向串联，汇聚到电刷形成合成电势 E。E 的实际方向与电枢电流实际方向相反，故称为反向感生电动势。

根据电源电压、感生电动势、电流之间的关系可画出直流电动机转子回路等效电路，如图 8-6 所示。

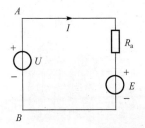

图 8-6 直流电动机转子回路
等效电路图

图 8-6 中，U 为电源电压，R_a 为转子绕组等效电阻，E 为转子绕组反向感生电动势。由电磁感应定律可知，E 与磁感应强度 B、绕组有效长度 l、绕组切割磁力线线速度 v 成正比

$$E \propto Blv \tag{8-1}$$

将磁感应强度 B 用磁通量 Φ 表示，绕组旋转线速度 v 用转速 n 表示，有

$$E = C_E \Phi \cdot n \tag{8-2}$$

思考练习8.2

式中，C_E 为与电机结构有关的常数；Φ 为主磁通量(Wb)；n 为电机转速(r/min)；E 的单位为伏特(V)。

8.3　直流电动机的分类和机械特性

8.3.1　直流电动机的分类

直流电动机，按其励磁绕组和电枢绕组连接方式的不同，可分为他励电动机、并励电动机、串励电动机和复励电动机四类。

(1) 他励电动机：电枢绕组和励磁绕组分别由两个不同的直流电源供电，如图 8-7 所示。

(2) 并励电动机：电枢绕组与励磁绕组并联，由同一直流电源供电，如图 8-8 所示。

(3) 串励电动机：励磁绕组与电枢绕组串联后，由直流电源供电，如图 8-9 所示。

(4) 复励电动机：复励电动机有两个励磁绕组、一个并励绕组和一个串励绕组，它们分别与电枢绕组串联和并联后由同一直流电源供电，如图 8-10 所示。

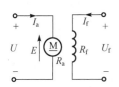　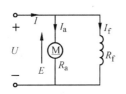　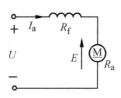　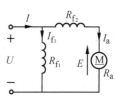

图 8-7　他励电动机　　图 8-8　并励电动机　　图 8-9　串励电动机　　图 8-10　复励电动机

8.3.2　他(并)励电动机的机械特性

电动机的机械特性是指电机转速 n 与转轴输出的电磁转矩 T 之间的关系。由图 8-6 所示的电机转子绕组的等效电路可得

$$U = E + R_a I_a \tag{8-3}$$

根据分析我们知道，电磁转矩应当与电枢绕组中的电流 I_a 及磁场的磁通量 Φ 成正比，即

$$T = C_T \Phi \cdot I_a \tag{8-4}$$

式中，T 为电磁转矩，单位为 N·m；Φ 为主磁通量，单位为 Wb；I_a 为电枢电流，单位为 A；C_T 为与电机结构有关的参数。

将式(8-3)、式(8-4)代入式(8-2)中，求转速 n，则有

$$n = \frac{E}{C_E \Phi} = \frac{U - R_a I_a}{C_E \Phi} = \frac{U}{C_E \Phi} - \frac{R_a}{C_T C_E \Phi^2} T \tag{8-5}$$

式(8-5)就是直流电动机的机械特性方程式。令

$$n_0 = \frac{U}{C_E \Phi} \tag{8-6}$$

$$\beta = \frac{R_a}{C_T C_E \Phi^2} \tag{8-7}$$

则机械特性方程式可以简化为

$$n = n_0 - \beta T \tag{8-8}$$

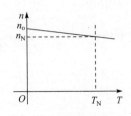

式(8-6)、式(8-8)中 n_0 称为理想空载转速。它也就是电枢绕组外加电压 U，而输出的电磁转矩为零时的转速。事实上，电动机在空载时也会存在摩擦转矩，T 始终不可能为零，因此电动机靠自身的电磁力矩牵引，实际转速总是达不到 n_0 的值。

根据式(8-8)可以绘出电动机的机械特性曲线如图 8-11 所示。用 Δn 表示电机实际转速与理想空载转速 n_0 的差。

图 8-11　直流电动机机械
　　特性曲线

$$\Delta n = n_0 - n = \frac{R_a}{C_T C_E \Phi^2} T = \beta T \tag{8-9}$$

式中，Δn 称为转速差或转速降；β 为机械特性曲线的斜率。当电枢回路电阻 R_a 恒定，电机励磁电流 I_f 不发生变化时，磁通 Φ 也基本不变，β 可视为一个常数。

从图 8-11 可以看出，当转矩 T 增加时，转速 n 会下降。其原因是：当电磁转矩增加时，电枢电流 I_a 会增大，而外加电源电压 U 是不变的，因此由式(8-3)可知感生电动势 E 必然减小，转速必然下降。

机械特性曲线的斜率由 β 决定。β 越大，曲线越陡，这样的特性称为软机械特性；β 越小，曲线越平缓，这样的机械特性称为硬机械特性。要求转速恒定的负载，都希望拖动电机具有较硬的机械特性。他(并)励电动机在自然运行状态下具有比较硬的机械特性，因此他(并)励电动机在生产实际中应用最多。

例 8-1　一台并励直流电动机，其额定功率 $P_N=13\text{kW}$，额定转速 $n_N=1500\text{r/min}$，额定电压 $U_N=220\text{V}$，额定电枢电流 $I_{aN}=69\text{A}$，电枢电阻 $R_a=0.23\Omega$，空载时转轴的摩擦转矩 $T_0=5\text{N·m}$，试求：

(1) 额定转矩 T_N 与额定运行状态下反向感生电动势 E_N；

(2) 理想空载转速与实际空载转速；

(3) 如果输出转矩 $T=41.4\text{N·m}$，求此时转速 n；

(4) 电机自然起动时的起动电流。

解　(1) 额定转矩与额定反向感生电动势：

$$T_N = 9550 \cdot \frac{P_N}{n_N} = \frac{9550 \times 13}{1500} = 82.8 \,(\text{N·m})$$

$$E_N = U_N - R_a I_{aN} = 220 - 69 \times 0.23 = 204.13 \,(\text{V})$$

比较 U_N 与 E_N 可见，额定运行状态下转子绕组的反向感生电动势与转子额定电压相差不多，转子绕组的电压降只有约 16V，相对 220V 电源电压而言很小。

(2) 理想空载转速与实际空载转速。

由式(8-2)有

$$C_E \Phi = \frac{E_N}{n_N} = \frac{204.13}{1500} = 0.1361 \text{V/(r/min)}$$

理想空载转速

$$n_0 = \frac{U_N}{C_E \Phi} = \frac{220}{0.1361} = 1616 \ (\text{r/min})$$

将 n_0 以及额定转速、转矩代入式(8-8)，可求得机械特性曲线的斜率 β 为

$$\beta = \frac{n_0 - n_N}{T_N} = \frac{1616 - 1500}{82.8} = 1.4010 \ (\text{r/min})/(\text{N} \cdot \text{m})$$

实际空载转速 $n_0' = n_0 - \beta T_0 = 1616 - 1.4010 \times 5 = 1609 \ (\text{r/min})$

(3) 将 $T = 41.4\text{N·m}$，$\beta = 1.4010$ 代入机械特性方程式(8-8)中解得 $n \approx 1558 \ \text{r/min}$。以额定转速与额定转矩为参照，此时转矩下降幅度为 50%，而转速降幅仅为 $(1558 - 1500)/1500 = 3.87\%$。可见此并励直流电动机具有较硬的机械特性。

(4) 电机自然起动瞬间，$n=0$，则 $E=0$，由式(8-3)有

$$I_{aS} = \frac{U_N}{R_a} = \frac{220}{0.23} = 957 \ (\text{A})$$

起动瞬间转子绕组中的电流高达 957 A，是额定运行时的 13.86 倍。这么大的电流极有可能在电刷和换向器间产生强烈的电火花，烧坏绝缘，对电机造成不可逆转的损害。因此他(并)励直流电动机一般不可以直接起动。

思考练习8.3

8.4 直流电动机的运行

本节以他(并)励直流电动机及永磁式直流电动机为主要研究对象，分析它们的起动、调速、制动及反转运行状态。

8.4.1 他(并)励直流电动机的起动

通过例 8-1 第(4)问已知，电动机在刚起动瞬间，电机起动电流为

$$I_{aS} = \frac{U_N}{R_a} \tag{8-10}$$

由于电枢电阻 R_a 很小，若以额定电压加到电枢绕组两端，则会产生很大的起动电流。这个电流可能是额定电流的十多倍。过大的电流会导致电机换向的恶化。同时与电枢电流成正比的起动转矩也很大，将可能损坏电机的传动机构。为此在起动时我们应设法限制起动电流。

对于并励和他励电动机来说，限制电枢电流的方法有以下两种。

1. 改变电枢回路电阻——转子串电阻起动

在电枢回路串入起动电阻 R 之后，起动电流为

$$I_{aS} = \frac{U_N}{R_a + R} \tag{8-11}$$

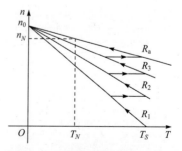

图 8-12 转子回路串电阻起动机械特性

适当选择电阻 R 的数值，就可以将起动电流限制在允许的范围内(一般均为 $1.5 \sim 2.5$ 倍额定电流)。一般情况，在起动过程中，电机转子回路所串的起动电阻是逐级切换的。当电机转速接近额定转速时，将 R 全部切换掉。其起动过程的机械特性曲线变化如图 8-12 所示。

这种起动方式的优点是起动装置简单，工作可靠；缺点是所串电阻要白白消耗能量，起动的经济效益差。

2. 改变电源电压——降压起动

起动时用降低电源电压 U 来限制起动电流，以后随着电动机转速的升高，逐步增加电源电压的数值，一直到电动机在全压下正常运行。这种方法的优点是能量损耗小，效率高，另外，可以实现平滑、无级起动，使平稳性大大提高。缺点是需要一个可调压的直流电源专供电枢电路之用。

8.4.2 他(并)励直流电动机的调速

直流电动机最大的优点就是可以在很广的范围内平滑而经济地调节转速。根据电动机机械特性表达式

$$n = \frac{U}{C_E \Phi} - \frac{R_a}{C_T C_E \Phi^2} T$$

可以判断，在负载转矩不变的情况下，改变转速 n 有三种方法：

(1) 改变电枢电压 U。

(2) 改变电枢回路电阻，具体可以采用串电阻的方法。

(3) 改变磁通量 Φ。

下面分别介绍这三种方法的特点。

1. 变电枢电压调速

受电机内部的绝缘材料等级所限，变转子电压的调速方法只能是降压调速，不可以升压。当电枢两端的电压变化而电机其他参数不变时，电机的理想空载转速 n_0 将与电压成正比例变化，而转速下降 Δn 却不变。电机的机械特性如图 8-13 所示。降压调速电机转速与转矩的变化过程如图中箭头所示。

这种调速方法的优点是：①机械特性硬度不变；②转速可以实现均匀调节，即实现无级调速；③电能损耗小，比较经济。缺点是：对直流电源有较高要求，不仅要求其电压连续可调，而且要求电压调节的速度要与电机转速的变化相对应。

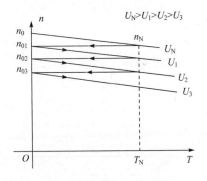

图 8-13 降压调速机械特性

2. 改变电枢回路电阻的调速

在电枢回路适当串入电阻 R 时，由式(8-6)、式(8-7)可推知 n_0 不会改变，β 将增大，机械特性曲线将变陡。图 8-14 为他(并)励电动机转子回路串电阻调速的机械特性曲线。这种调速方法装置简单，容易实现，但机械特性将变软，而且电阻耗能大，经济效益差。

3. 变磁通调速

通常情况下，直流电动机都是在电枢电压和励磁电

流为额定值的情况下运行的，这时额定磁通已使磁路接近饱和，这样可以使电动机的体积变小、成本减少。因此改变磁通量的调速只能从额定值往下调，即所谓的弱磁调速。具体实现办法是在励磁回路串入一个可变电阻 R，通过调节 R 使励磁电流和磁通量 Φ 减少。

分析电动机的机械特性方程式(8-5)、式(8-8)可知，弱磁调速使电动机理想空载转速 n_0 升高，系数 β 增大，特性有所变软。弱磁调速的机械特性曲线如图 8-15 所示。弱磁调速的物理过程：当主磁通 Φ 下降时，电机转速来不及变化，因此感生电动势 E 将下降，电枢电流 I_a 将增大。由于 I_a 增大的影响超过 Φ 下降的影响，因此转矩 T 也将增加，电机转速 n 上升，反电动势 E 也增大，最后达到平衡。

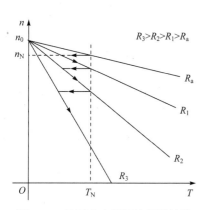

图 8-14　转子串电阻调速机械特性

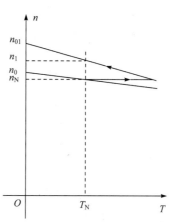

图 8-15　弱磁调速机械特性

如果电机在弱磁调速之前已处于额定运行状态，那么在不改变负载转矩的情况下进行弱磁调速时，由公式 $T=C_T\Phi\cdot I_a$ 可以看出，电枢电流将会大于额定值，这是不允许的。为了保证调速前后电枢电流均不超过额定值，必须减轻负载转矩。因此这种调速方式只适合于转矩与转速成反比例变化的情况，即输出功率基本不变的场合，如用于切削机床中。这种调速方式常称为恒功率调速。

值得注意的是，这种调速方法在磁通很小时，转速会很高。这是电机换向及转子机械结构所不允许的。故这种调速方式对于普通电机而言，最高可以到额定转速的 1.2～2 倍。也正是由于上述原因，他(并)励电动机的励磁回路是不允许断路的。

这种调速的优点是调速比较均匀，能量损耗小、经济，且控制方便。

8.4.3　直流他励电动机的制动

直流电动机和交流电动机一样，电磁制动分为能耗制动、反接制动和再生发电制动。

(1) 能耗制动。能耗制动的电路如图 8-16 所示。当需要对电动机进行制动时，将开关 S 掷向右边，使电枢绕组与一个制动电阻相连，但励磁绕组的电源必须保留。能耗制动的物理过程同交流异步电动机的能耗制动基本相同。制动电阻 R 的选择应考虑制动电流的限制，不能使制动电流太大，一般制动电流约为额定电流的两倍。

(2) 反接制动。常见的反接制动是把刚脱离电

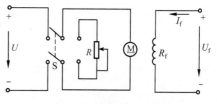

图 8-16　能耗制动接线图

源的电枢绕组两端对调后，再接到电源上的方法。它使电枢电流方向改变，电动机的电磁转矩变成制动转矩，使电动机很快停下来。当电动机转速接近零时，应立刻切断电源，否则电机会反转。

(3) 再生发电制动。再生发电制动是电动机的一种运行状态，并不是迫使电动机停车。例如，在电车下坡行驶时，重力产生驱动转矩，使车速不断上升超过理想空载转速 n_0，即 $n>n_0$，也就使得感生电动势不断升高直至大于电源电压，即 $E>U$。这时电枢电流将改变方向，与 E 同方向，电机变成了发电机。由于励磁回路没有变化，电磁转矩变成了制动转矩，限制电机转速继续升高。

8.4.4　直流他励电动机的反转

思考练习8.4

根据图 8-5 直流电动机工作原理图可知：要实现电机的反转，电磁转矩 T 必须反向。而实现电磁转矩反向可采用下面两种方法。

(1) 将电枢绕组所加电压 U 的极性反接，这样电流 I 也将反向，电磁转矩也跟着改变方向，电机反转。

(2) 将励磁绕组所加电压 U_f 极性反接，主磁通方向反向，电磁转矩也反向，电机反转。

*8.5　无刷直流电机简介

有刷直流电机的换向器由多组换相片构成，电机运转时，电刷与换相片间高速、频繁换相，因此要求接触的可靠性极高，换相间隙产生的电火花会引起换向器的磨损、电磁干扰、噪音等问题，导致制造成本高，维护不易。在 20 世纪，随着交流变频调速装置的普及，曾经在精密调速领域被广泛应用的直流电机逐渐被交流调速电机取代。

20 世纪 90 年代中末期，随着电力电子半导体器件的发展，直流逆变技术也日渐成熟，使得无刷直流电动机的成本越来越低，性能越来越完善。如今，伴随着锂电池及其他可充电直流电源的实用化，无刷直流电动机又得到大量应用。例如，用作各种电动玩具、电动自行车、无人飞行器中的驱动电机。因为有多种不同的用户需求，相应的无刷直流电机产品也有很多种，不过，各种类型都必须要有控制器，要实时检测转子的位置，根据转子不同位置给出相应的驱动电流。电机与控制器整体上是一个集成电力电子技术、机电一体化技术的产品。在这里只对最基本的三相二极内转子和外转子型电机作简要介绍。

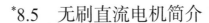

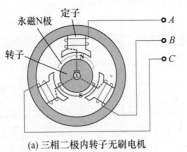

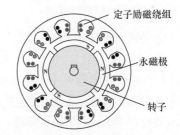

(a) 三相二极内转子无刷电机　　(b) 三相十二绕组四极内转子无刷电机剖面图

图 8-17　内转子无刷电机原理图

图 8-17(a)为三相二极内转子无刷电机的结构示意图，图 8-17(b)为三相十二绕组四极内转子无刷电机剖面图，定子励磁绕组有十二组，二极或四极是指转子体附着的永磁体磁极数目。内转子无刷电机工作原理与同步电动机相似，定子励磁采用三相交流，*A*、*B*、*C* 三相绕组的尾端在电机内部连接在一起，首端分别引出，这样三相绕组成星形连接。在三相绕组中通以符合一定规律的交变电流，在电机内部产生旋转的恒磁通磁场，由于转子上有磁极，转子将随旋转磁场转动，转子没有电流引出，故无需换向器和电刷。

不过，与同步电动机不同的是，无刷直流电动机是由直流电源供电的，励磁所需要的三相电流由逆变器将直流电源逆变生成不同频率和幅值的交变电流，这些交变电流也不一定都是正弦规律的，也有梯形规律的。

为保证转子转动一周所受到的电磁牵引力矩均匀，电机运转平稳，需要实时检测转子磁极的位置，根据转子磁极位置的不同适时调节定子绕组中励磁电流的流通路径及幅度、相位等参数。所以无刷直流电机必须配有相应的控制器。

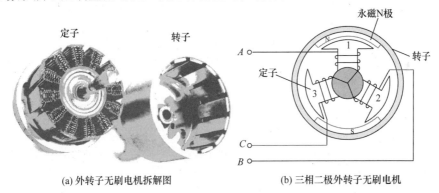

(a) 外转子无刷电机拆解图　　　　(b) 三相二极外转子无刷电机

图 8-18　外转子无刷电机结构

图 8-18(a)是一个十二绕组外转子无刷电机拆解图，外转子电机的结构特点是：内置定子绕组固定在底座上，转轴和外壳固定在一起形成转子，套在定子中间的轴承上。电机运行时，是整个外壳在转，而中间的线圈定子不动。其工作原理用图 8-18(b)所示的三相二极外转子无刷电机来简单说明。

当定子励磁绕组分别按照 *AC*，*BC*，*BA*，*CA*，*CB*，*AB* 的顺序通电时，定子三个磁极的极性顺序为 3N1S，3N2S，1N2S，1N3S，2N3S，2N1S，转子磁极受定子磁极的吸引顺时针转动起来。

外转子无刷直流电机较内转子来说，转子的转动惯量要大很多(因为转子的主要质量都集中在外壳上)，所以转速较内转子电机要慢。

第8章小结

阅读与应用

● **串励和复励电动机**

直流串励电动机和直流复励电动机的机械特性。

串励和复励
电动机

历 史 人 物

格拉姆简介

齐纳布·格拉姆(Gramme, Zénobe Théophile, 1826—1901 年)是比利时-法国发明家，一个能工巧匠，其发明用于工业生产的电动机。

历 史 故 事

无刷直流电机
的诞生

1955 年美国科学家德文·哈里逊和他的同事发明了用线圈感应电流控制晶闸管换向的无刷直流电动机，并获得专利，标志着现代无刷直流电机的诞生。

习 题 8

8-1　直流电动机在工作时产生铁损吗？为什么？

8-2　他(并)励电动机在运行过程中，如果励磁回路突然断开，会产生什么现象？

8-3　将并励直流电动机电源极性反接，会怎么样？如何改变并励直流电动机的转向？

8-4　直流电动机额定转速为 3000r/min，如果电枢电压及励磁电流都为额定值，该电机是否可以长期在 2500r/min 转速下运行？

8-5　Z2-31 型他励直流电动机额定功率 $P_N = 0.8kW$，额定转速 $n_N = 1500r/min$，转子绕组电压为 110V，效率为 0.725，试计算：

(1) 额定输入电功率；

(2) 转子绕组额定电流；

(3) 额定转矩。

8-6　一台并励电动机，额定工作电压为 U_N=110V，额定输入电流 $I_N = 52.5A$，励磁绕组电阻 $R_f = 44\Omega$，电枢绕组电阻 R_a=0.1Ω，额定转速 n_N=1050r/min，额定效率 $\eta_N = 87\%$。求：

习题8答案

(1) 电动机额定励磁电流 I_{fN}，额定电枢电流 I_{aN}；

(2) 额定运行状态时反电势 E；

(3) 额定转矩。

8-7　一台他励电动机额定数据如下：$P_N = 2.2kW$，$U_{fN} = 110V$，$U_N = 100V$，$n_N = 1500r/min$，$R_a = 0.49\Omega$，$R_f = 82.7\Omega$，$\eta_N = 80\%$。试求：

(1) 额定电枢电流 I_{aN}；

(2) 额定励磁功率；

(3) 额定转矩；

(4) 机械特性方程式。

8-8　对于题 8-7 的电机，试求直接起动时起动电流 I_S；若要求起动电流不超过额定电流的二倍，求起动电阻和起动转矩。

8-9　对于题 8-7 的电动机，要在额定负载下调速，试求用下列两种方法时的转速。

(1) 恒定磁通，电枢电压降低 20%；

(2) 恒定磁通，恒定电枢电压，在中枢回路串入一个 1.6Ω 的电阻；

(3) 求出以上(1)、(2)两种情况调速后的机械特性方程式。

8-10　对于题 8-7 的电动机，若电枢电流过载倍数(最大电流/额定电流)限制在 2.0 以下，那么采用能耗制动时，电枢回路应串多大的制动电阻？

8-11　试画出并励直流电动机能耗制动接线图。

8-12　某直流电动机产生的电磁转矩为 40N·m。今工作情况发生变化，电枢电流增加了 50%，主磁通减少了 25%，试计算这时产生的电磁转矩。

第9章　常用控制电器及控制线路

章节导读

在工业生产中，电路的组成除了电源、负载、传输线三个基本环节外，还有许多用作控制和保护的辅助电器。这些电器是保证电路安全、可靠、易于操作及实现自动控制的必需器件。它们有多种类型，比如，接触器、继电器、保护电器、开关等。

目前一般采用继电器、接触器及按钮等控制电器实现电气设备的自动控制，是一种有触点的断续控制，也有无触点的现代控制器(下一章将会介绍)。

本章将主要介绍电力拖动系统中常用的几种手动电器、保护电器和继电、接触控制电器，以及由这些电器组成的电动机的起动、正转、反转、调速、制动等基本控制线路和应用。

知识点

(1) 常用控制电器的基本工作原理、控制作用及图形符号。

(2) 三相异步电动机的直接起动控制、正反转控制、时间控制、行程控制、顺序控制等基本控制电路。

(3) Y-△换接起动、能耗制动和串电阻起动等应用电路。

(4) 短路保护、过载保护、失压(零压)保护、欠压保护、限位保护。

(5) 自锁、互锁。

掌　握

(1) 常用控制电器的控制作用及图形符号。

(2) 三相异步电动机的直接起动控制、正反转控制、时间控制、行程控制、顺序控制等基本控制电路及控制过程的解析。

(3) Y-△换接起动、能耗制动和串电阻起动等应用电路的控制方法及过程。

(4) 短路保护、过载保护、失压(零压)保护、欠压保护、限位保护的作用和实现方法。

(5) 根据电器控制线路图，分析和理解控制过程。

(6) 自锁和互锁的作用和应用方法。

了　解

(1) 常用控制电器的基本工作原理。

(2) 根据控制功能要求设计和绘制控制线路，选择控制电器。

(3) 较复杂的时间控制和顺序控制过程的设计实现。

9.1 常用控制电器和保护电器

9.1.1 手动电器

手动电器，顾名思义是由操作人员手动操纵的电器。最常见的手动电器是各种类型的开关，如刀开关、组合开关、按钮等。这些手动电器，即使在自动化程度很高的生产设备中也是必不可少的器件。

1. 刀开关

手动刀开关又称闸刀开关，其作用是接通和切断电路。闸刀开关一般都用在供电线路的始端，用来隔断或接通主电源，故又名隔离开关或电源引入开关。

刀开关也有多种类型，一般按刀的极数分为双刀开关、三刀开关。双刀开关一般用在单相供电线路中，三刀开关一般用在三相供电线路中。通常我们见到的有黑色胶盖白瓷底座闸刀开关，它的底板采用瓷质材料，故绝缘性能较好；罩盖采用胶木，用以隔开或遮盖电弧，并防止切断电流时电弧烧伤人手。

刀开关的结构如图 9-1(a)所示，图形符号如图 9-1(b)所示，实物如图 9-1(c)所示。选择刀开关时应注意以下三点：

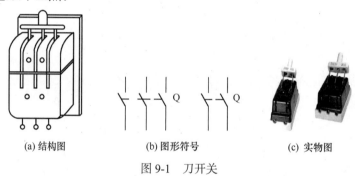

| (a) 结构图 | (b) 图形符号 | (c) 实物图 |

图 9-1　刀开关

(1) 开关的极数与电源进线数相等。

(2) 刀开关的额定电压应大于电源额定电压。

(3) 刀开关的额定电流应大于或等于所控制的设备的额定电流。

在胶盖瓷底闸刀开关里还有装保险丝的地方。保险丝属于保护电器，我们将在后面介绍。有些闸刀开关是不带保险丝的。

2. 组合开关

组合开关又名转换开关。它除具有闸刀开关的作用之外，还可用于实现电机正反转切换及局部照明电路的控制。组合开关有单极、双极、三极和四极几种。常用的组合开关有三对静触片，分别装在三层绝缘板上，一端固定在绝缘垫板上，另一端接到接线柱上，伸出盒外，以便和电源、负载相接。三个动触片装在绝缘垫板上并一起套在附有手柄的绝缘杆上。手柄每次移动 90° 角，带动三个动触片分别与三对静触片接通或断开。以 HZ 系列转换开关为例，HZ 系列转换开关有 HZ1、HZ2、HZ10 等系列产品。其中 HZ10 系列转换开关具有结构简单、使用可靠、寿命长等优点，它适合于交流 50Hz、380V 以下，直流

220V 及以下的电源引入。图 9-2 所示为 HZ10 型组合开关结构图、组合开关图形符号和实物图。

　　HZ10 系列转换开关是根据电源种类、电压等级、所需触点数、电动机的容量选用的。开关的额定电流一般取电动机额定电流的 1.5～2.5 倍。

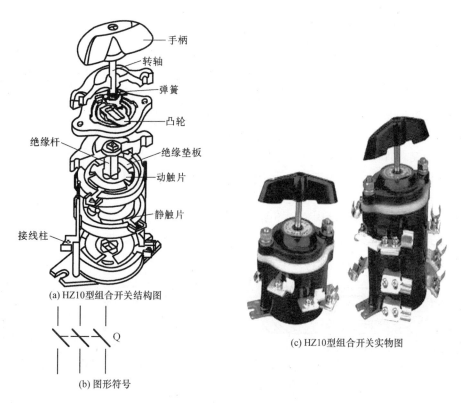

(a) HZ10型组合开关结构图

(b) 图形符号

(c) HZ10型组合开关实物图

图 9-2　组合开关

3. 按钮

　　按钮的作用是发出信号和接通或断开控制电路，从而控制电机或其他电器设备的运行。按钮分为常开按钮、常闭按钮和复合按钮。图 9-3 所示为一个复合按钮的结构示意图、按钮的图形符号及按钮实物图。

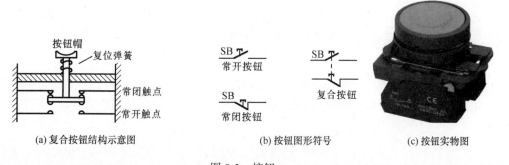

(a) 复合按钮结构示意图

(b) 按钮图形符号

(c) 按钮实物图

图 9-3　按钮

按钮的工作过程：当用力压下按钮帽时，复位弹簧被压缩，常闭触点(原来就接通的触点)先断开，常开触点(原来就断开的触点)后闭合；当松开按钮帽时，在复位弹簧作用下，按钮又恢复到常态。

通常主要根据使用场合、触点数目、种类以及按钮的颜色来选择按钮。一般来说，停止按钮选用红色，看起来明显，以免误动作；起动按钮选用绿色。

9.1.2　保护电器

保护电器的作用是对电路进行保护。一般是针对某一方面的需求进行保护的，例如，过电压保护、欠电压保护、短路保护、热保护、过电流保护等。这里我们只介绍在电力拖动系统中常见的基本保护电器。

1. 熔断器

熔断器又名保险丝，在电路中起短路保护作用。当电路发生短路故障时，会有大电流流过熔断器，并产生大量的热。由于熔断器中的熔体熔点很低，因此会在极短的时间内熔化，切断电路，是最简便、有效的短路保护电器。

熔断器有多种多样的结构形式，分类方法也有所不同，图 9-4 所示为常见的熔断器结构图、图形符号及实物图。但熔断器的基本结构大致相同，都有熔体。熔体是由电阻率较高的低熔点合金丝(或薄片)制成的，如铅锡合金等；或用截面积很小的良导体铜、银等制成。

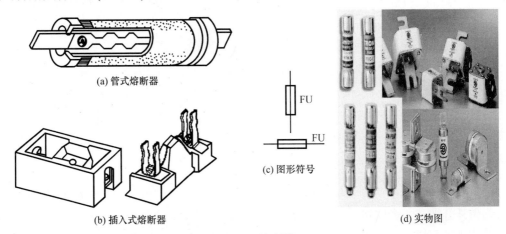

(a) 管式熔断器

(b) 插入式熔断器

(c) 图形符号

(d) 实物图

图 9-4　熔断器

选择熔断器时，主要是确定熔体的额定电流。对于照明线路(包括没有冲击电流的负载)，应使熔体的额定电流 I_N 等于或稍大于电路的额定工作电流 I，即

$$I_N \geqslant I$$

但是，对于有鼠笼式异步电动机工作的动力电路，熔断器选择时必须防止因电动机起动而产生的冲击电流将熔断丝烧断。此时要根据经验公式来选取熔体的额定电流，经验公式为

$$I_N \geqslant \frac{I_q}{\alpha}$$

式中，I_q 为电动机的起动电流，为其额定电流的 4～7 倍；α 为一个系数，通常可取 2.5，如果电动机起动频繁，α 可取为 1.6～2。

对于多台电动机合用的总熔丝额定电流可粗略按下式计算：

$$总熔丝额定电流 = (1.5～2.5) \times 容量最大的电动机的额定电流$$
$$+ 其余电动机的额定电流之和$$

2. 热继电器

热继电器在电路中对电动机起过载保护作用，使电动机免受长期过载的危害。热继电器是利用电流的热效应来动作的保护电器。它主要由热元件、双金属片、控制触点等几部分组成。它的热元件应串联在电动机的主供电回路中。

当电动机超载工作时，电机的供电电流会大于它的额定电流，这时称电动机处于过载运行状态。过载电流一般尚未达到熔断器的熔断电流，因此短路保护不会动作。处于过载运行状态的电动机，由于过载电流较大，又长时间工作，因此将会在电机绕组之间产生过量的热，导致电机绝缘老化，电机寿命缩短，严重时会损坏电机，故必须对电动机进行过载保护。图 9-5 为热继电器的原理图、图形符号和实物图。

在图 9-5 中的热元件为一段阻值不大的电阻丝，串联在电动机定子回路中。双金属片是由两种膨胀系数不同的金属碾压而成，下层的金属膨胀系数大，上层的金属膨胀系数小。当电动机的电流 I 超过容许值时，双金属片受热向上弯曲而脱扣，扣板在弹簧拉力作用下将常闭触点断开，该常闭触点就可以当作切断电动机主供电的控制信号来加以利用。当电动机的过载原因被排除后，用力按下复位按钮，热继电器即可复位。

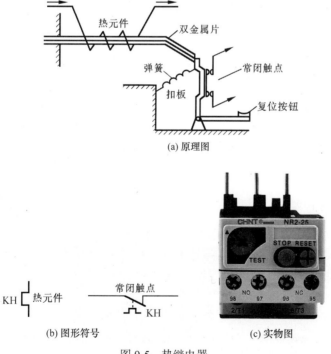

(a) 原理图

(b) 图形符号　　(c) 实物图

图 9-5　热继电器

热继电器虽然也用于限制大电流，但不能当作短路保护用。因为热元件的发热，双金属片的变形都需要一定时间；而在这段时间内，短路电流可能已经对电路造成了很大的危害。

热继电器有两相结构的，即有两个热元件；也有三相结构，即三个热元件。

选择热继电器的型号时，主要参考它的整定电流值。该项指标一般给定一个范围，热继电器的整定电流值在这一范围是可以调节的。最终确定的整定电流应与电动机的额定电流基本一致。过载电流与动作时间关系见表 9-1。

表 9-1　过载电流与动作时间关系

过载电流/整定电流	动作时间
1.0	长期不动
1.2	小于 20min
1.5	大于 2min
6	大于 5s

3. 自动空气断路器

自动空气断路器简称断路器，又称自动空气开关，是常用的低压保护电器，可分别实现过载保护、欠电压保护和短路保护。其结构形式很多，其主要部件有动触点、静触点、灭弧室、脱扣装置及操作机构。

图 9-6(a)是过电流保护型自动开关的原理图。当电磁铁绕组中电流超过整定值或发生短路时，电磁铁吸合衔铁，并带动牵引杆推开锁钩，拉杆在弹簧牵引下将主触点断开，从而起到过电流保护作用。当需要将自动空气断路器复位时，可利用手动按钮复位。

图 9-6(b)是欠电压保护型自动空气断路器的原理图。其工作原理与过电流保护自动开关基本相同，也是利用电磁脱扣的原理。当电压正常时，衔铁被吸合，主触点闭合；电压过低或失压时，衔铁被释放，主触点断开，从而切断电路。

图 9-6(c)是自动空气断路器的实物图。

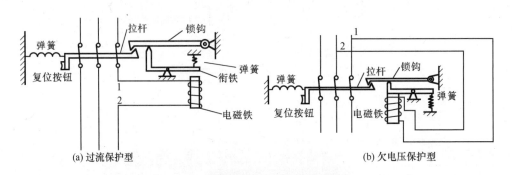

(a) 过流保护型　　　　　　　　　　　　　　(b) 欠电压保护型

(c) 实物图

图 9-6　自动空气断路器

9.1.3　自动电器

1. 接触器

接触器是利用电磁力来接通和断开大电流电路的一种自动控制电器，每小时可开闭千余次。它被广泛地应用在电力拖动系统中。

接触器的主要结构包括电磁装置(包括静铁心、动铁心、线圈)和触点系统。图 9-7 是接触器的原理图、图形符号及实物图。当在接触器的电磁线圈中通以额定电流时，静铁心产生电磁力，吸合动铁心；动铁心牵动接触器的常闭触点打开、常开触点闭合，同时复位弹簧被拉伸。当接触器的电磁线圈(简称线圈)失电时，电磁力消失，在弹簧作用下动铁心复位，常开、常闭触点恢复常态。当电网电压过低时，线圈中的电流小于额定值，电磁力不足以克服弹簧的反作用力，动铁心将被释放。它的这一特点可以用作电动机的欠压保护。

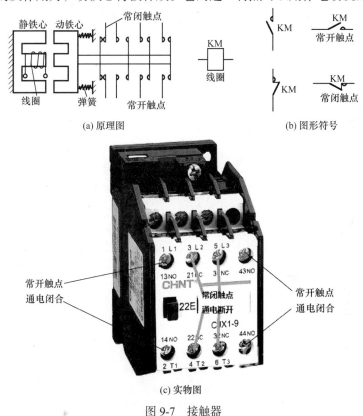

(a) 原理图　　　　　　　　　　(b) 图形符号

(c) 实物图

图 9-7　接触器

接触器的触点根据用途不同，可分为主触点和辅助触点两种。主触点应承受高电压大电流，常用作接通或切断主电路；辅助触点一般用来接通或切断控制电路。

选择接触器时，主要考虑它的额定电压、额定电流和触点数量。

2. 时间继电器

时间继电器也是用来完成电路延时通断控制的电器。它与接触器有所不同的是:时间继电器的触点一般都用在控制电路内，触点的打开或闭合需要经过一定的时间延迟，且延迟时间的长短可以调节。时间继电器有电磁式时间继电器、空气式时间继电器、电动机式时间继电器、电子式时间继电器和数字式时间继电器等多种。在由接触器、继电器组成的电动机继电接触控制系统中，空气式时间继电器用得较多，故这里只介绍这种继电器。

图 9-8 给出了通电延时型空气式时间继电器的原理图。它是利用空气阻尼作用来达到延时目的的。它的工作过程如下。

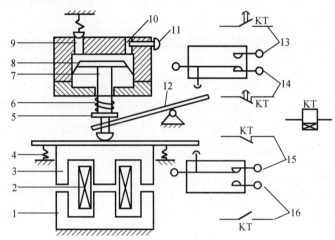

图 9-8　通电延时型空气式时间继电器

1-静铁心；2-电磁线圈；3-动铁心；4-弹簧；5-活塞杆；6-释放弹簧；7-伞形活塞；8-橡皮膜；9-排气孔；10-进气孔；11-螺钉；
12-杠杆；13-延时闭合常开触点；14-延时打开常闭触点；15-瞬间动作常闭触点；16-瞬间动作常开触点

当电磁线圈 2 通电后将动铁心吸下，活塞杆 5 因为失去支托在释放弹簧 6 的作用下向下运动；但由于与活塞 7 相连的橡皮膜 8 向下运动时受到空气的阻尼作用，因此活塞杆下落缓慢；经过一定时间后，杠杆 12 使微动开关动作，使它的常开触点 13 闭合，常闭触点 14 打开。

时间继电器延时的时间是从线圈通电开始，到微动开关的动作为止的这段时间。活塞下落的快慢与从进气孔 10 的进气量有关，进气速度快则延时时间短，进气速度慢则延时时间长。通常调节螺钉 11 即可调节进气的速度，从而调节延时时间。继电器的电磁线圈断电后，动铁心被释放，在恢复弹簧作用下回到原位。气室内的空气从排气孔 9 迅速排出。时间继电器的图形符号及实物图如图 9-9 所示。

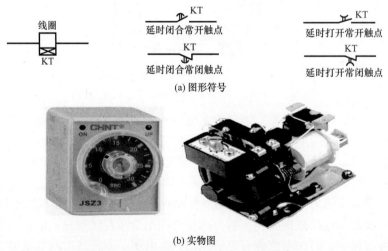

图 9-9　时间继电器

空气式时间继电器也有断电延时的，即在电磁线圈失电后，各触点延时一段时间恢复常态。其工作原理与通电延时型时间继电器相同，它也是利用空气的阻尼作用。在图 9-8 中，只要将静铁心放置在动铁心的上方，线圈通电后吸引动铁心向上运动，线圈失电后动铁心向下运动，在空气的阻尼作用下经过一段时间才恢复常态，这样就可以构成断电延时时间继电器。

空气式时间继电器结构简单，延时的调整范围大，有 0.4～60s 和 0.4～180s 两种，但是延迟时间误差大。空气式时间继电器主要根据控制回路所需要的延时触点的延时方式、瞬时触点数目，以及吸引线圈的电压等级来选择。

3. 行程开关

行程开关是根据生产机械运动部件的行程位置而自动切换电路，从而实现行程控制、限位保护或程序控制的自动电器。

有触点的行程开关是利用生产机械的某些运动部件的碰撞而动作的。当运动部件撞到行程开关时，它的触点改变状态，接通或断开有关控制电路。有触点的行程开关分为直线运动和旋转运动两类。在这里我们只介绍直线运动的行程开关。

直线式行程开关的结构和按钮相似，其结构原理图、图形符号及实物图如图 9-10 所示。

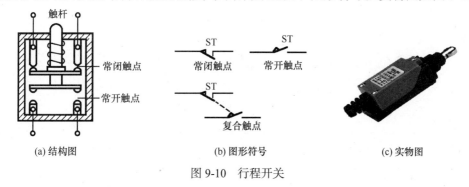

(a) 结构图　　　　　(b) 图形符号　　　　　(c) 实物图

图 9-10　行程开关

当装在运动部件上的撞块移动至触杆时，将触杆压下，使行程开关的常闭触点首先打开，然后常开触点闭合，从而起到切换电路的作用。当撞块离开触杆时，弹簧使触点复位。

前面分别介绍了电力拖动系统中常用的控制电器，表 9-2 汇总列出了部分常用电器的标准图形符号，以供后续识图参考。

表 9-2　部分常用电器的标准图形符号

名称	符号	名称		符号
三相鼠笼型异步电动机	M 3~	按钮(SB)	常开按钮	SB
			常闭按钮	SB
三相绕线式异步电动机	M 3~		复合按钮	SB
直流电动机	M	接触器(KM)	常开触点	KM

续表

名称	符号		名称	符号
电磁吸盘	YH	接触器 (KM)	常闭触点	KM
插接器	XS		线圈	KM
刀开关	Q	时间继电器 (KT)	延时闭合常开触点	KT
			延时打开常闭触点	KT
组合开关	Q		延时打开常开触点	KT
			延时闭合常闭触点	KT
熔断器	FU FU		线圈(KT)	KT
热继电器 (KH)	常闭触点 KH	行程开关 (ST)	常开触点	ST
			常闭触点	ST
	热元件 KH		复合触点 (ST)	ST ST

思考练习9.1

9.2　鼠笼式异步电动机的直接起动控制

容量不大的鼠笼式异步电动机一般可以直接起动。直接起动的控制电路分点动和连动两种情况。

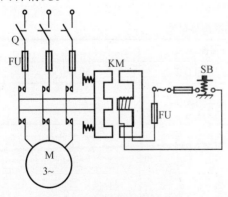

图 9-11　点动控制原理示意图

9.2.1　点动控制线路

所谓点动是指在起动按钮压下的短暂时间内异步电动机工作；起动按钮松开复位后，电机即停止工作。在切削机床上经常用来做试车调整，如铣床对刀、梁式吊车的控制等。

笼型异步电动机点动控制的工作原理图如图 9-11 所示。图中电源引入开关 Q、熔断器 FU、交流接触器 KM、按钮 SB 是构成电机控制电路必不可少的器件。

点动控制器动作过程如下。

(1) 先合上主电源开关 Q，将电源引入，为后续动作做好准备。

(2) 当按压起动按钮 SB 后，接触器 KM 的线圈得电，电磁力吸合动铁心，接触器各触点动作，接在电动机供电线路的三个常开触点闭合，将三相电源加到异步电动机定子绕组上，电动机起动。

(3) 当松开按钮 SB 时，接触器 KM 的线圈失电，动铁心复位，带动各触点动作，电动机供电回路又断开，电机停转。

图 9-11 是按各个电器的实际位置及工作原理画出来的。它比较直观、易于识别，也便于安装和连线；但绘制时较复杂，而且，当控制电路器件增多，线路互相交叉时，就不容易看懂。因此，为方便阅读和分析控制电路，常常将各电器用标准图形符号来表示，并将其与电路有关的部分(如线圈、触点)按照电路的连接关系依次照画下来，机械结构不画在图中。这样得到的电路图称为电器原理图，又常称为电器控制线路图，简称控制线路图。

根据图 9-11 得到的控制线路图如图 9-12 所示。

在绘制电器控制原理图时，必须遵循以下几条基本原则。

(1) 一个控制线路中的各种电器都要用统一的标准图形符号来标注。

(2) 属于同一个电器元件的各个不同部件(例如，接触器的线圈和触点)是分散的，必须用同一文字符号标注。如果有多个同类型电器元件时，各个电器元件都采用同一种文字符号加不同的下角标来表示。例如，有两个按钮时则分别用 SB_1、SB_2 表示。

(3) 电器的触点在工作中有时处于打开状态，有时处于闭合状态。但在原理图中只表示电器在原始情况下的状态，即在没有通电或没有发生机械动作时的状态。

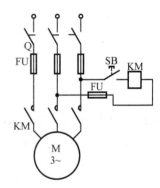

图 9-12　点动控制线路

(4) 为了区别主电路或控制电路，在绘制线路图时，主电路常用粗实线表示，控制电路常用细实线表示。

9.2.2　连动控制线路

连动就是指电动机长期运行，接触器线圈需要长期通电，但是按钮却不应该长期压下。为达到这一目的，可以采用接触器的一对常开辅助触点，将它与起动按钮并联，见图 9-13。这个辅助触点在接触器得电后闭合，将起动按钮短路，起动按钮即失去作用。起动按钮被松开复位后，接触器的线圈当中仍有电流通过，电机可以持续运转下去。这个辅助触点被称为自锁触点。

当需要电动机停止时，将停止按钮压下，接触器线圈失电，各触点复位，电机停止转动。

图 9-13 所示为三相异步电动机连动控制线路。其中 KH 为热继电器，它的两个热元件分别串在电机定子励磁回路的任意两相中；触点串联在控制电路中，且不允许并联任何元件或其他触点。

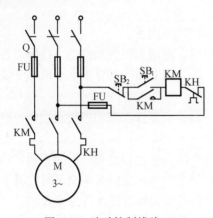

图 9-13　连动控制线路
SB$_1$-起动按钮；SB$_2$-停止按钮

笼型异步电动机连动直接起动控制线路工作过程如下。

(1) 起动。接通主电源开关 Q→按下起动按钮 SB$_1$→接触器 KM 线圈得电→常开主触点闭合→电动机得电起动；同时辅助常开触点闭合实现自锁→松开按钮 SB$_1$，电动机持续运转。

(2) 停车。按下停车按钮 SB$_2$→接触器 KM 失电→各触点复位→电机失电停转。

图 9-13 所示的控制线路具有如下保护功能。

(1) 短路保护。短路保护是靠熔断器 FU 来实现的。当电路出现短路事故时，熔丝立即熔断，主电路或控制电路被切断，电机立即停车。

(2) 欠压保护。当线路电压由于某种原因降低时，电动机转矩将显著下降。如果此时电动机带比较重的负载，将影响电机的正常运行，严重的会引起堵转现象。采用接触器自锁控制电路就可以避免上述故障。因为当电压过低时，接触器铁心线圈的吸合力不足，各触点将会复原，自锁打开，接触器线圈失电，电机停车，这样就达到了欠压保护的作用。

(3) 失压(零压)保护。当电动机带动机床(如车床)在运转时，若出现电网瞬时断电，车床会停车，车刀卡在工件表面上。操作人员即使不及时退刀，当电网复电时，由于自锁触点已断开，控制电路也不会接通，电动机不会自起动。这样就避免了工件报废或折断车刀。

(4) 过载保护。过载保护的作用是靠热继电器 KH 来实现的。当电动机过载时，热继电器动作，热元件发热，常闭触点断开，电机控制回路被切断，电机立即停车。

9.2.3　点动与连动复合的控制线路

图 9-14 是既可以实现点动又可以实现连动的电机复合控制线路图。点动按钮 SB$_3$ 采用一个复合按钮。当电动机需要点动时，按下 SB$_3$，SB$_3$ 的常闭触点同时断开，使自锁不能实现，电机便处于点动状态。需要连动时，按下 SB$_1$ 按钮，电机便可以连续运转。

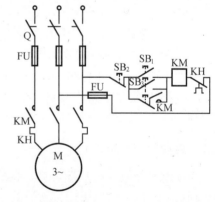

图 9-14　点动、连动复合控制线路

思考练习9.2

9.3　鼠笼式异步电动机的正反转控制线路

在生产中，常常需要改变三相异步电动机的旋转方向。例如，机床工作台的前进与后退；主轴的正转与反转；起重机的提升与下降等。我们知道，只要改变三相异步电动机输入电压的相序即可改变电机的旋转方向。改变相序的具体办法是将连接定子绕组的三相供电线中的任意两根对调一下，因此要用两个接触器实现。

电动机主供电回路的电路如图 9-15 所示。

当需要电机正转时，接触器 KM_1 的线圈应该通电，常开触点闭合，电机供电相序为 A→B→C，电机将正转。当需要电机反转时，接触器 KM_2 的线圈应该通电，常开触点闭合，电动机供电相序为 A→C→B，电机将反转。

需要注意的是，如果将 KM_1、KM_2 同时通电，电源的 B、C 两相将经过 KM_1、KM_2 的触点形成短路，短路电流将会使熔断器熔断。因此必须保证 KM_1、KM_2 的线圈不能同时通电。

实现电机正反控制电路有以下几种方法。

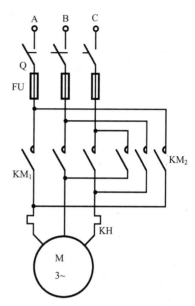

图 9-15　鼠笼式电动机正反转主电路图

9.3.1　接触器常闭触点互锁的控制线路

图 9-16 是常闭触点互锁的控制电路，其工作过程如下。

(1) 正转控制。

按下起动按钮 SB_1→接触器 KM_1 得电 →

$\begin{cases} \text{常闭触点}KM_1\text{打开，切断}KM_2\text{的供电回路，}KM_2\text{不会通电} \\ \text{常开触点}KM_1\text{闭合，自锁实现，电动机主回路接通，供电相序为A → B → C，电机正转} \end{cases}$

(2) 停车。

按下停止按钮 SB_3，控制回路断电，电机停车。在电动机正、反转交替变化过程中，必须经过停车控制才能实现电机的反转。

(3) 反转控制。

按下起动按钮 SB_2→接触器 KM_2 得电 →

$\begin{cases} \text{常闭触点}KM_2\text{打开，切断}KM_1\text{的供电回路，}KM_1\text{不会通电} \\ \text{常开触点}KM_2\text{闭合，自锁实现，电动机主回路接通，供电相序为A → C → B，电机反转} \end{cases}$

这个电路的特点就是在正、反转控制电路中分别串联了反转接触器的常闭触点和正转接触器的常闭触点，以保证正转接触器 KM_1 与反转接触器 KM_2 不会同时通电。这两个常闭触点所起的作用称为互锁或联锁。这种控制电路操作复杂(中间必须停下)，但是安全可靠。

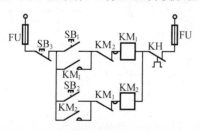

图 9-16　接触器互锁的正反转控制电路

SB_1-正向起动按钮；SB_2-反向起动按钮；SB_3-停止按钮

9.3.2　按钮互锁的控制线路

图 9-17 是利用复合按钮的常闭触点实现互锁的正反转控制电路。

该电路的工作过程简述如下。

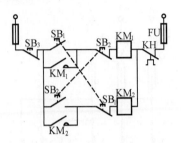

图 9-17　按钮互锁的正反转控制电路

(1) 正转控制。

按下正转起动按钮 SB_1 →反转接触器 KM_2 线圈供电回路先断开，然后正转接触器 KM_1 线圈得电→常开触点 KM_1 接通，实现自锁，电机供电相序 A→B→C，电机正转。

(2) 反转控制。

按下反转起动按钮 SB_2 →正转接触器 KM_1 线圈供电回路先断开，然后反转接触器 KM_2 线圈得电→ KM_2 常开触点接通，实现自锁，电机供电相序 A→C→B，电机反转。

(3) 停车。

按下停止按钮 SB_3，电动机不论是处于反转状态还是正转状态都将停车。

这种控制电路操作简单，正、反转交替转换时可以直接操纵正、反转按钮，中间不需要操纵停止按钮。但是这种电路容易发生短路故障。例如，当正转接触器的常开触点有熔焊现象(即线圈失电后，常开触点不能打开)或者在接触器线圈失电后常开触点与常闭触点的动作较为迟缓，而反转接触器线圈得电后的铁心吸合动作较为迅速时，在电机正、反转交替转换的瞬间会出现短路故障。因此，这种控制电路不太安全可靠。

为了安全可靠和操作方便，有的正、反转控制电路采用了双重互锁，如图 9-18 所示。在这种控制电路中，正、反转交替转换可以直接操纵按钮 SB_1、SB_2。当正转接触器常开触点有熔焊现象或者动作较缓慢时，由于它的常闭触点与常开触点在机械结构上是连在一起的，故常闭触点也不能很快闭合，反转接触器 KM_2 在 KM_1 的常闭触点闭合前不能通电，因此不会发生短路故障。

例 9-1　画出鼠笼式电动机正反转的控制线路(含主电路)，正转要求能够实现点动与连续运行，反转要求能够实现两地控制；要求具备短路保护和过载保护。

解　主电路如图 9-15 所示。控制电路如图 9-19 所示，其中 SB_{F1} 为正转点动按钮，SB_{F2} 为正转连动按钮，SB_{F3} 为正转停车按钮，此外还通过常开和常闭辅助触点 KM_F 实现自锁和互锁；SB_{R3} 为反转按钮，SB_{R1}、SB_{R2} 分别为两地控制按钮，通过常开和常闭辅助触点 KM_R 实现自锁和互锁；FU、KH 分别实现短路和过载保护。

思考练习9.3

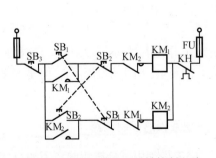

图 9-18　双重互锁的正反转控制电路

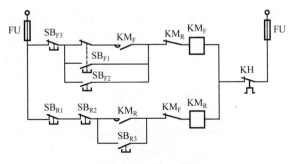

图 9-19　例 9-1 图

9.4 自动往复行程控制

有些机床(如车床、磨床等)在工作时需要不停地往复运动。利用行程开关就可以实现这些生产机械的自动往复运动。

行程开关分别装在工作台的原位和终点,由装在工作台上的挡块来撞动。工作台由电动机带动,电动机主电路与图 9-15 一致。

9.4.1 往复一次的控制线路

往复一次是指运动部件(如工作台)从原位向前行进到终点后,再向后退回到原位,然后停车。此时的运动示意图和控制线路图如图 9-20 所示。

图 9-20 所示的控制线路是在电动机正反转控制的基础上,加入了行程开关的限位限制。其工作原理如下。

(1) 向前的运动控制。

按下按钮 SB_1→电机正转,工作台前进→运动到终点,撞块 1 压下行程开关 ST_1→KM_1 线圈断电,同时 KM_2 线圈得电→电机反转,工作台后退→运动到原位,撞块 2 压下行程开关 ST_3→KM_2 断电→电机停车。

(2) 向后运动。

按下按钮 SB_2→电机反转,工作台后退→运动至原位→ST_3 动作,电机停车。

图 9-20 中行程开关 ST_2、ST_4 起终端保护作用。若行程开关 ST_1、ST_3 因长期使用磨损或因其他原因动作失灵时,ST_2、ST_4 即可发挥作用。

9.4.2 往复自动循环的控制线路

如果需要图 9-20 中的工作台做循环往复运动,可以在图 9-20(b)控制线路的基础上稍加改动,即将行程开关 ST_3、ST_4 也换成复合式的,将其常开触点并联到的 SB_1 两端,如图 9-21 所示。

其工作原理读者可以自行分析。

思考练习9.4

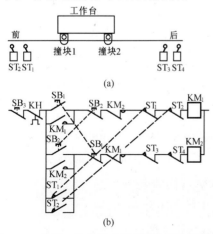

图 9-20 往复一次的运动示意图和控制线路图

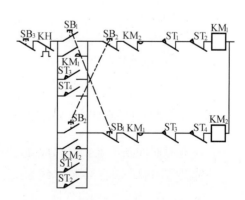

图 9-21 往复运动自动循环控制电路

9.5　异步电动机的时间控制

在电力拖动的自动控制系统中，有时需要控制一个电器和另一个电器的动作时间间隔或按时间先后顺序来控制一个操作和另一个操作。这种按时间的顺序所进行的控制，就称为时间控制。例如，鼠笼式异步电动机的 Y-△ 起动、能耗制动；绕线式异步电动机转子串电阻起动等都可以采用时间控制来实现。

实现时间控制，必然离不开时间继电器。

9.5.1　鼠笼式异步电动机 Y-△ 起动的控制线路

鼠笼式异步电动机在采用 Y-△ 起动方式时，要求起动时电机定子绕组为星形连接；经过一段时间后，再改成三角形连接。这样就需要两套接触器的触点来分别实现星形和三角形连接，如图 9-22 所示。

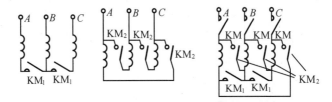

图 9-22　鼠笼式异步电动机 Y-△ 起动主电路图

根据电动机 Y-△ 起动的主电路，可以设计出相应的控制电路如图 9-23 所示。

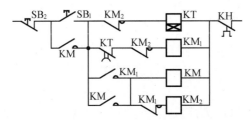

图 9-23　鼠笼式异步电动机 Y-△ 起动控制电路

控制过程如下：

按下按钮 SB_1 →时间继电器 KT 得电→接触器 KM_1 线圈得电

→ ⎰ 主触点闭合，电机Y形连接
　 ⎱ 辅助常闭触点与 KM_2 实现互锁
　
　 辅助常开触点闭合 → KM线圈得电 → ⎰ KM主触点闭合，电机Y形起动
　　　　　　　　　　　　　　　　　　　⎱ 两辅助触点闭合，实现自锁

→ 延时时间到 → KT常闭延时触点打开 → KM_1 线圈断电 →
辅助常闭触点闭合 → KM_2 线圈得电 → KM_2 主触点闭合 →
电机△连接起动 → KT线圈失电，为下一次起动做好准备

9.5.2　鼠笼式异步电动机能耗制动控制线路

鼠笼式异步电动机能耗制动是先把电动机的三相交流电源去掉，然后，在任意二相定子绕组间加上适当的直流电源，这样直流电所产生的恒定磁场将会在转动的转子上产生制动电磁力矩，使电动机的转子迅速停止转动。鼠笼式异步电动机的能耗制动控制线路如图 9-24 所示。

控制线路工作原理如下。

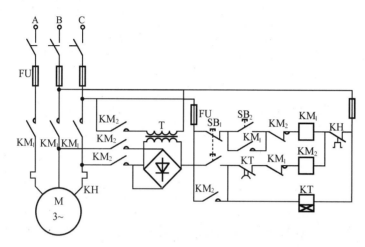

图 9-24　鼠笼式异步电动机能耗制动控制线路

起动过程：

$$按下 SB_2 \rightarrow KM_1 线圈得电 \rightarrow \begin{cases} 主触点闭合，电机直接起动 \\ 辅助常开触点闭合，实现自锁 \\ 辅助常闭触点与 KM_2 实现互锁 \end{cases}$$

停车过程：

$$按下 SB_1 \rightarrow \begin{cases} KM_1 断电 \rightarrow 电机交流电源去掉 \\ KM_2 通电 \rightarrow \begin{cases} 主触点闭合，直流电源加至 B、C 相绕组。\\ 辅助常开触点闭合 \rightarrow KT 得电 \rightarrow 延时时间到，\\ 常闭延时开触点打开 \rightarrow KM_2 断电 \rightarrow 电机制动结束 \\ 辅助常闭触点与 KM_1 实现互锁 \end{cases} \end{cases}$$

在图 9-24 中，制动过程送入电机 B、C 相绕组的直流电是由交流线电压经变压器变压后，又经二极管、桥式整流电路整流得到的。有关二极管桥式整流电路的工作原理将在电子技术中予以介绍。

9.5.3　绕线式异步电动机转子串电阻起动控制线路

绕线式异步电动机在起动时，为获得较大起动转矩，可以在转子回路串入合适的电阻，在起动过程中将电阻逐级切换掉。电阻切换的时间间隔可以采用时间继电器来控制。图 9-25 是分两级切换电阻的绕线式异步电动机起动控制线路图，其工作过程如下。

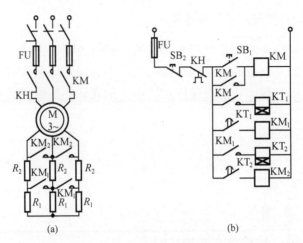

图 9-25　绕线式异步电动机转子串电阻起动控制线路图

按下 SB_1 起动按钮→KM 线圈得电→常开触点闭合

$$\rightarrow \begin{cases} 电机转子串电阻 R_1 + R_2 起动 \\ KT_1 线圈得电 \rightarrow KT_1 延时时间到 \rightarrow KM_1 线圈得电 \rightarrow 常开触点闭合 \end{cases}$$

思考练习9.5

$$\rightarrow \begin{cases} 电机转子串电阻 R_2 起动 \\ KT_2 线圈得电 \rightarrow KT_2 延时到 \rightarrow KM_2 线圈得电 \rightarrow 常开触点闭合 \\ \quad \rightarrow 电机转子起动电阻全部切换掉，持续运行 \end{cases}$$

按下 SB2 按钮，电动机停车。

9.6　异步电动机的顺序控制

在工业生产和加工过程中，有时要求多台异步电动机按一定的次序进行工作。例如，机床主轴电动机在起动之前，要求提供润滑油的油泵电机先起动运行，待主轴润滑后，主轴电机再起动。停车时，也要求油泵电机不能先停。这种要求几台电动机按固定顺序工作的控制方式称为顺序控制。

能实现顺序控制的线路很多，例如，用时间继电器就可以实现自动的顺序控制。这里我们只介绍直接利用接触器通电先后顺序来实现的顺序控制电路。

图 9-26 中 M_1 是主轴电机，M_2 是油泵电机，其工作过程如下。

$$按下 SB_1 起动按钮 \rightarrow KM_2 先得电 \rightarrow \begin{cases} M_2 电机起动 \\ 辅助常开触点闭合，实现自锁 \end{cases} \rightarrow$$

$$按下 SB_2 起动按钮 \rightarrow KM_1 得电 \rightarrow \begin{cases} M_1 电机起动 \\ 辅助常开触点闭合，实现自锁 \end{cases}$$

若 KM_2 不先通电，只按下 SB_2 时，KM_1 不会通电，主轴电机 M_1 不会起动。

图 9-27 所示电路也是一个两台异步电动机实现顺序控制的电路，其主电路与图 9-26 中的相同，读者可自行分析其工作原理。

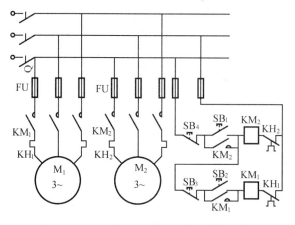
图 9-26　两台异步电动机顺序控制线路图

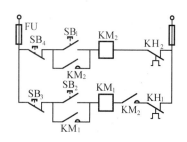
图 9-27　两台异步电动机顺序控制电路

例 9-2　图 9-28 所示为一个对三台电动机实现顺序起动的继电控制电路, 找出图中的错误(可圈出)并重新画出改正后的控制电路。

解　(1) 找错。

(2) 改正后如图 9-29 所示。SB_1、SB_2 和 SB_3 为三台电动机顺序起动按钮, SB_4 为停车按钮。

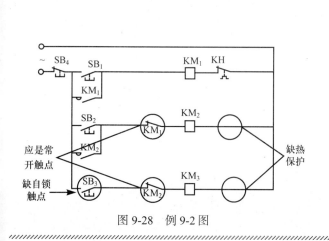
图 9-28　例 9-2 图

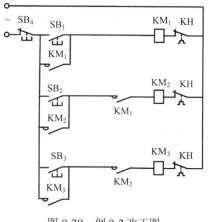
图 9-29　例 9-2 改正图

思考练习9.6

第9章小结

阅读与应用

● **电器原理图的识图**

电器原理图主要分主电路和控制电路两部分。主电路由电机及相应的控制电路组成, 一般放在控制电路图左边或上方。控制电路由控制电器组成, 一般在主电路右边或下方。应当先阅读主电路, 后阅读控制电路。

电器原理图的识图

● **中间继电器**

当其他电器的触点对数不够时, 可借助中间继电器来扩展触点对数或触点通电容量的扩展。中间继电器是将一个输入信号变成多个输出信号或将信号放大(即增大继电器触点容

中间继电器

量)的继电器，其实质是电压继电器。

历 史 人 物

赫尔曼·路德维希·斐迪南德·冯·亥姆霍兹(Hermann Ludwig Ferdinand von Helmholtz，1821—1894 年)是德国物理学家、数学家、生理学家、心理学家。1847 年他在德国物理学会发表了关于力的守恒讲演，在科学界赢得很高的声望，次年他担任柯尼斯堡大学生理学副教授。亥姆霍兹在这次讲演中，第一次以数学方式提出能量守恒定律。

历 史 故 事

1846 年智力发育格外早的麦克斯韦就向爱丁堡皇家学院递交了一份科研论文。1847年他中学毕业，进入爱丁堡大学学习，这里是苏格兰的最高学府。他是班上年纪最小的学生，但考试成绩总是名列前茅。他在这里专攻数学物理，并且显示出非凡的才华。他读书非常用功，但并非死读书，在学习之余他还写诗，孜孜不倦地读课外书，积累了相当广泛的知识。

习 题 9

9-1　熔断器、热继电器、自动空气断路器都能起到哪些保护作用?它们的工作原理分别是什么?热继电器的正确连接方法是什么?

9-2　交流接触器为什么能起到欠压保护作用?可不可以将两个 110V 交流接触器的线圈串联后接入 220V 的控制电路中使用?

9-3　交流接触器的主触点与辅助触点有什么差别?时间继电器和行程开关的触点是否可以接到电机主电路中使用?

9-4　题 9-4 图所示为鼠笼式异步电动机直接起动的线路图，主电路如题 9-4 图(a)所示。试分析(b)、(c)、(d)、(e)各图所示控制电路能否正常工作，为什么?

9-5　题 9-5 图所示鼠笼式异步电动机正反转控制线路能否正常工作?如不能，请予改正。

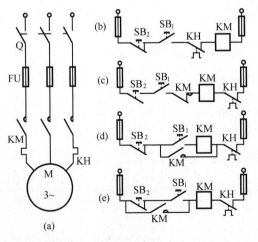

题 9-4 图

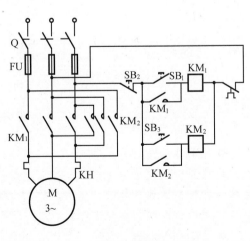

题 9-5 图

9-6　画出两台电动机不能同时工作的控制电路。

9-7　电路如图 9-13 所示，开关 Q 合上后按下起动按钮 SB₁，发现有下列故障现象，试进行分析判断并加以解决。

(1) 接触器 KM 不动作；

(2) 接触器动作，但电动机不转动。

9-8　画出既能点动又能连续运行的异步电动机继电接触控制电路。

9-9　题 9-9 图所示为鼠笼式异步电动机定子串电阻降压起动的控制线路，试分析其工作原理。

9-10　题 9-10 图所示为鼠笼式异步电动机 Y-△ 起动的控制线路，试分析其工作原理。

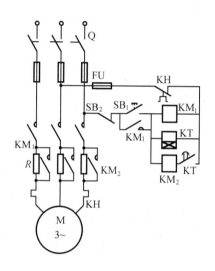

题 9-9 图

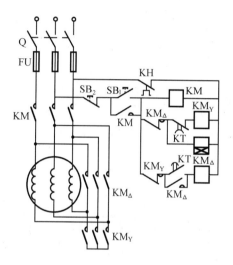

题 9-10 图

习题9答案

9-11　画出能在两处用按钮起动和停止电动机的控制电路。

9-12　试用行程开关和时间继电器设计一个运动部件的自动往复控制线路。

要求：

(1) 运动部件前进到限位点后，停止运行并停留一段时间，然后自动后退。

(2) 运动部件后退到限位点后，停止运行并停留一段时间，然后自动前进。

(3) 控制线路具有短路保护、过载保护、欠压保护。

(4) 起动停止可由按钮控制。

9-13　试设计一个三台笼型电动机 M₁、M₂、M₃ 的顺序控制电路。要求 M₁ 起动之后 M₂ 才能起动，M₂ 起动之后 M₃ 才能起动；停止时三台电机可同时停止；每台电机均要有过载保护。

9-14　试绘出鼠笼式异步电动机正反转加能耗制动的控制线路。

9-15　某车床有两台电动机，一台是主轴电动机要求能正反转控制；另一台是润滑泵电动机，只要求正转。并且要求应先起动油泵电机才可起动主轴电机，停车时两电动机可同时停。机床上还有四个指示灯，颜色为红、黄、绿、白，分别表示电源接通、主轴正转、主轴反转、润滑油泵工作四种状态。试设计控制线路。

第 10 章　现代控制器

章节导读

　　随着社会文明的不断发展，生产技术水平的不断提高，特别是计算机技术和通信技术的飞速发展，我国工业自动化程度不断完善，节约了生产成本，提高了生产效率。现代控制器中的可编程控制器作为先进的、应用势头最强的工业控制器已风靡全球；变频器作为交流电动机的驱动器，广泛应用于现代的工业生产和民用生活中。因此，掌握现代工业控制中常用的可编程控制器和变频器，对于专业知识的学习和专业技能的锻炼有着极其重要的意义。

　　本章主要讲述现代控制器中的可编程控制器和变频器，介绍其工作原理及使用方法。以此为读者深入学习、研究可编程控制器和变频器打下必要的基础。

知 识 点

(1) 可编程控制器的工作原理。
(2) 可编程控制器的编程语言。
(3) 变频器的工作原理。
(4) 超小型变频器的使用方法。

掌　握

可编程控制器的编程语言。

了　解

(1) 可编程控制器的工作原理。
(2) 变频器的工作原理。
(3) 超小型变频器的使用方法。

10.1　可编程控制器概述

　　可编程控制器(programmable controller，PC)是为了满足工业生产的迫切要求于 1969 年首先在美国产生，并随着计算机技术与微电子技术的发展而逐渐更新完善。可编程控制器应用虽然只有近 50 年的历史，但由于它应用广泛，已被誉为工业自动化三大支柱(工业机器人、数控机床和可编程控制器)之一。

　　国际电工委员会(IEC)对可编程控制器作了规定：“可编程序控制器是一种数字运算操作的电子系统，专为在工业环境下应用而设计。它采用可编程序的存储器，用来在其内部存储执行逻辑运算、顺序控制、定时、计数和算术运算等操作的指令，并通过数字式、模拟式的输入和输出，控制各种类型的机械或生产过程。可编程序控制器及其有关设备都应按易于与工业控制系统形成一个整体、易于扩充其功能的原则设计。"

可编程控制器在其发展初期主要采用小规模集成电路和分立元件，主要实现逻辑控制功能，因此称为 PLC(programmable logic controller)。由于 PLC 的成功应用，这项技术迅速发展起来，并逐步应用了计算机技术和用大规模集成电路取代小规模集成电路与分立元件，从而使它不但具有处理逻辑运算的功能，而且还具有处理其他运算和控制的功能。由于这种设备功能的增强以及类型较多且名称不统一，后来把这种控制设备称为可编程控制器，即 PC。为了和个人计算机(personal computer，PC)相区别，可编程控制器仍然被称为 PLC。

目前，我国的 PLC 已进入快速发展的阶段，PLC 已广泛应用于机械、冶金、化工、轻纺等多个行业。我国的机床设备、生产自动线已越来越多地采用 PLC 控制来取代传统的继电器控制，PLC 技术已成为现代工业电气维修人员必须掌握的一门技术。

10.1.1 可编程控制器的结构和工作原理

1. 可编程控制器的基本结构

可编程控制器已成为工业控制领域中最常见、最重要的控制装置，它代表着一个国家的工业水平。生产可编程控制器的厂家非常多，其中著名的厂家有美国的 Rockwell 公司，日本的三菱公司、松下公司、横河公司，德国的西门子和中国台湾的台达等公司。可编程控制器的国内外制造厂家很多，其产品类型也不同，但是它们的基本结构还是典型的计算机结构，如图 10-1 所示。

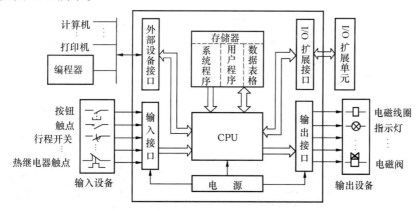

图 10-1 可编程控制器的硬件结构图

可编程控制器的结构大致上主要由中央处理单元(CPU)、存储器、输入/输出单元(I/O)、电源和编程器等几部分组成。

1) 中央处理器(CPU)

CPU 是 PLC 的核心部件，起着控制和运算的作用。它能够执行程序规定的各种操作，处理输入信号、发送输出信号等。PLC 的整个工作过程都是在 CPU 的统一指挥和协调下进行的。

2) 存储器

用于存放系统编程程序、监控运行程序、用户程序、逻辑及数学运算的过程变量及其他所有信息。

3) 电源

电源包括系统电源、备用电源及记忆电源。PLC 大多使用 220V 交流电源，PLC 内部的直流稳压单元用于为 PLC 的内部电路提供稳定直流电压。

4) 输入/输出单元

输入/输出单元又称为 I/O 接口电路，是 PLC 与外部被控对象联系的纽带与桥梁。根据输入/输出信号的不同，I/O 接口电路有开关量和模拟量两种 I/O 接口电路。输入单元用来进行输入信号的隔离滤波及电平转换；输出单元用来对 PLC 的输出进行放大及电平转换，驱动控制对象。

通常，输入接口电路有直流(12～24V)输入，交流输入，交、直流输入三种，如图 10-2 所示。

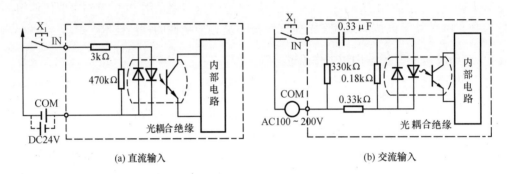

(a) 直流输入　　　　　　　　　　　　　　(b) 交流输入

图 10-2　输入接口电路

PLC 通过输出接口电路向现场控制对象输出控制信号。输出接口电路由输出锁存器、电平转换电路及输出功率放大电路组成。PLC 功率输出电路有 3 种形式：继电器输出、晶体管输出和晶闸管输出，如图 10-3 所示。

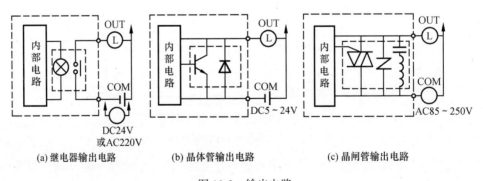

(a) 继电器输出电路　　　　　(b) 晶体管输出电路　　　　　(c) 晶闸管输出电路

图 10-3　输出电路

5) 编程器

编程器主要供用户进行输入、检查、调试和编辑用户程序。用户还可以通过其键盘和显示器调用和显示 PLC 内部的一些状态和参数，实现监控功能。一般有手持编程器、专用编程器和计算机辅助编程器三种。

2. 可编程控制器的工作原理

PLC 采用循环扫描工作方式，在 PLC 中用户程序按先后顺序存放，CPU 从第一条指令开始执行程序，直到遇到结束符后又返回第一条指令，如此周而复始、不断循环，这种方式是在系统软件控制下，顺次扫描各输入点的状态，按用户程序运算处理，然后顺序向输出点发出相应的控制信号。整个过程可分为五个阶段：诊断、输入处理、解用户程序、输出处理和通信。

可编程控制器在运行时的工作过程如图 10-4 所示。

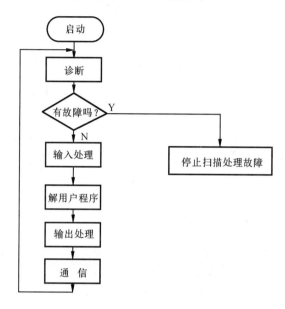

图 10-4　PLC 循环扫描工作流程图

PLC 是通过周期性不断地循环扫描，并采用集中采样和集中输出的方式，实现了对生产过程和设备的连续控制。由于 PLC 在每一个工作周期中，只对输入采样一次，且只对输出刷新一次，因此 PLC 控制存在着输入/输出的滞后现象。这在一定程度上降低了系统的响应速度，但有利于提高系统的抗干扰能力及可靠性。由于 PLC 的工作周期仅为数十毫秒，所以这种很短的滞后时间对一般的工业控制系统实际影响不大。

3.可编程控制器的主要参数

PLC 的主要性能常用以下参数来表示。

(1) I/O 点数。它指 PLC 的外部输入/输出端子(或接点)数。小型 PLC 的 I/O 点数为 8～128 点，中型为 128～1024 点，大型为 1024 点以上。

(2) 用户程序存储容量。该指标用来衡量 PLC 能存储用户程序的多少。程序指令是按"步"存储的，一步占用一个地址单元，一个地址单元占一个字即 16 位或占两个字节，即两个8位的字节。例如，一个用户程序存储器容量是1K(1024)步，则该内存为1K字或2K(2048)字节。一条指令有的不止一步。

(3) 扫描速度。该参数是表示 PLC 执行程序快慢的重要指标，它多用扫描 1000 步用户程序所需时间来表示，以 ms/千步为单位。有时也用扫描一步指令的时间即 μs/步来计算，也有的用执行一条指令所需要的时间来表示。

(4) 指令条数。该参数给出 PLC 具有的指令条数，包括基本指令和应用(高级)指令。指令的种类和数量越多，其软件功能越强。

(5) 计数器和定时器总数。它表示 PLC 具有可通过预先编程(或设置)实现计数和定时功能的内部存储器(或称继电器)的个数。

10.1.2　可编程控制器的编程元件、梯形图和指令系统

PLC 通过执行用户程序完成控制任务。用户程序目前多用梯形图语言和助字符语言来编制，用这两种语言编程都离不开 PLC 的内部资源即编程元件，无论使用哪种 PLC，都应了解它的编程元件，这样才能编写应用程序。

1. 编程元件

PLC 的编程元件，主要有输入继电器、输出继电器、中间(或辅助)继电器、数据存储器、移位存储器、定时(继电)器和计数(继电)器及特殊继电器等。这些继电器并不是硬(物理)继电器，而是存储器中的单元，它们有线圈、常开或常闭触点。当写入该单元的逻辑状态为 1时，则该单元表示的继电器线圈接通，其常开触点(不止一个)闭合，常闭触点(不止一个)断开。由于它可以实现硬继电器相似的功能，因此它们常称作软继电器。

无论哪一种 PLC，它们基本上都有上述编程元件，所不同的只是数量的多少或者标志上的差异。下面介绍西门子公司 S7-200 系列的编程元件，如表 10-1 所示。

表 10-1　S7-200 系列 PLC 编程元件及直接编址格式

元件名称	元件符号	位寻址格式	其他寻址格式
输入继电器	I	Ax.y	ATx
输出继电器	Q	Ax.y	ATx
通用辅助继电器	M	Ax.y	ATx
特殊继电器	SM	Ax.y	ATx
顺序控制继电器	S	Ax.y	ATx
变量存储器	V	Ax.y	ATx
局部变量存储器	L	Ax.y	ATx
定时器	T	Ax	Ax(仅字)
计数器	C	Ax	Ax(仅字)
模拟量输入映像寄存器	AI	无	Ax(仅字)
模拟量输出映像寄存器	AQ	无	Ax(仅字)
累加器	AC	无	Ax(任意)
高速计数器	HC	无	Ax(仅双字)

在表 10-1 中寻址格式字符含义如下。

A：元件名称，即该数据在数据存储器中的区域地址，可以是表 10-1 中的元件符号。

T：数据类型，若为位寻址，则无该项；若为字节、字或双字寻址，则 T 的取值应分为 B、W 和 D。

x：字节地址。

y：字节内的位地址，只有位寻址才有该项。

(1) 输入继电器。

该继电器将外部设备传来的信号送到PLC，一般都有一个PLC的输入端子与之对应。S7-200系列 PLC 输入映像寄存器区域共有 16 个字节的存储单元，其范围为 IB0～IB15。输入继电器位存取的地址编号范围为 I0.0～I15.7。输入继电器的数据存取可采用位、字节、字或双字。

(2) 输出继电器。

该继电器输出 PLC 程序执行结果并使外部设备(如电磁阀或电动机)动作，一般都有一个 PLC 的输出端子与之对应。S7-200 系列 PLC 输出映像寄存器区域共有 16 个字节的存储单元，其范围为 QB0～QB15。输出继电器位存取的地址编号范围为 Q0.0～Q15.7。输出继电器的数据存取可采用位、字节、字或双字。

(3) 通用辅助继电器。

该继电器又称为内部标志位存储器，它的作用和继电接触器控制系统中的中间继电器相同，用来保存控制继电器的中间操作状态，但它在 PLC 中没有 I/O 端与之对应，其线圈的通断状态只能在程序内部用指令驱动，其触点不能直接驱动外部负载，只能在程序内部驱动输出继电器的线圈，再用输出继电器的触点驱动负载。内部标志位存储器位存储的地址编号范围为 M0.0～M31.7。内部标志存储器的数据存取可采用位、字节、字或双字。

(4) 特殊继电器。

该继电器是用来存储系统的状态变量、有关的控制参数和信息的具有特殊功能的辅助继电器。S7-200 系列 PLC 特殊继电器位存取的地址编号范围为 SM0.0～SM179.7。特殊继电器的数据存取可采用位、字节、字或双字。

(5) 变量存储器。

该存储器主要用于存储变量，可以存放程序执行过程中控制逻辑操作的中间结果，也可以使用变量存储器来保存与任务相关的其他数据。S7-200 系列 PLC 变量存储器位存取的地址编号范围根据 CPU 的型号有所不同，例如，CPU221/222 为 V0.0～V2047.7，共 2KB 存储容量；CPU224/226 为 V0.0～V5119.7，共 5KB 存储容量。变量存储器的数据存取可采用位、字节、字或双字。

(6) 局部变量存储器(L)。

该存储器用来存储局部变量，不能存储全局变量。局部变量只是局部有效，即变量只和特定的程序相关联，而全局变量是全局有效，即同一个变量可以被任何程序(主程序、子程序和中断程序)访问。局部变量存储器位存取的地址编号范围为 L0.0～L63.7，可采用位、字节、字或双字来存取。局部变量存储器还可以作为地址指针。

(7) 顺序控制继电器。

有些 PLC 中也把控制继电器称为状态器。通常用在顺序控制或步进控制中，并与指令一起使用以实现顺序或步进控制功能流程图的编程。顺序控制继电器的位地址编号范围为 S0.0～S31.7。

(8) 定时器。

定时器是模拟继电器控制系统中的时间继电器，累计时间增量的编程元件，定时器的工作过程与时间继电器基本相同，提前置入时间预设值，当定时器的输入条件满足时，开始计时，当前值从 0 开始按一定的时间单位增加；当定时器的当前值达到预定值时，定时器发生动作，发出中断请求，PLC 响应。同时发出相应的动作，即常开触点闭合，常闭触点断开。S7-200 系列 PLC 定时器的时间基准有三种：1ms、10ms 和 100ms。S7-200 系列 PLC 定时器的有效地址范围为 T0～T255。

(9) 计数器。

它是累计其计数输入端脉冲电平由低到高的次数，它有三种类型：增计数、减计数和增减计数。通常计数器的设定值由程序赋予，需要时也可在外部设定。S7-200 系列 PLC 计数器的有效地址范围为 C0～C255。

(10) 模拟量输入映像寄存器。

模拟量输入模块将外部输入的模拟信号的模拟量转换成 1 个字(16 位)的数字量，存放在模拟量输入映像寄存器中，供 CPU 运算处理，模拟量输入映像寄存器的值为只读值。S7-200 系列 PLC 模拟量输入映像寄存器地址编号范围根据 CPU 的型号有所不同，例如，CPU226 的有效地址范围为 AIW0～AIW62(必须为偶数字节地址表示)。

(11) 模拟量输出映像寄存器。

CPU 运算的相关结果存放在模拟量输出映像寄存器中，供 D/A 转换器将 1 个字(16 位)的数字量转换为模拟量，以驱动外部模拟量控制的设备，模拟量输出映像寄存器的数字量为只写值。S7-200 系列 PLC 模拟量输出映像寄存器地址编号范围根据 CPU 的型号有所不同，例如，CPU226 的有效地址范围为 AQW0～AQW62(必须为偶数字节地址表示)。

(12) 累加器。

它是用来暂时存储计算中间值的存储器，也可以向子程序传递参数或返回参数。S7-200 系列 PLC CPU 提供了 4 个 32 位累加器(AC0～AC3)。

(13) 高速计数器。

它用来累计高速脉冲信号，当高速脉冲信号的频率比 CPU 扫描速度更快时，必须采用高速计数器计数。S7-200 系列 PLC 高速计数器地址编号范围根据 CPU 的型号有所不同，例如，CPU226 的有效地址范围为 HC0～HC5。

SIMATIC 指令集是西门子公司专门为 S7-200 系列 PLC 设计的编程语言，该指令集专用性强，大多数指令也符合 IEC 61131-3 标准，但 SIMATIC 指令集不支持系统完全数据类型检查。使用 SIMATIC 指令集，可以用梯形图(LAD)、功能块图(FBD)和语句表(STL)编程语言编程。

2. 梯形图

可编程控制器是通过运行编制的程序，实现继电器、接触器控制系统硬接线逻辑控制的。控制程序通过特殊的编程语言描述控制系统的任务。通常可编程控制器用梯形图、助记符语言作为编程语言。

1) 梯形图的基本概念

梯形图是类似继电器控制电路形式的图形语言，用于表示 PLC 实现控制要求的输入和输出之间的逻辑关系。

(1) 它是由母线和编程元件的逻辑组合而构成的若干逻辑行或梯级组成的；

(2) 逻辑行按照工作的先后顺序从上而下排列在左右母线之间；

(3) 每一逻辑行的左侧母线总是接入(连接)编程元件(软继电器)的触点或并联的触点，右侧母线或最右侧(右侧母线也可去掉)总是接编程元件(或软继电器)的线圈，触点和线圈之间(或每个逻辑行)应能表示因果或逻辑关系；

(4) 不论什么编程元件(或软继电器)的线圈，一律用图形符号—( )—来表示；而与线圈对应的常开、常闭触点，则用图形符号—| |—、—|/|—来表示。同一编程元件的线圈和触点用相同字母标注。不同编程元件的触点和线圈，利用不同的标注或字母来区别。

2) 编写梯形图注意的问题

根据梯形图的基本概念，可知线圈应在右侧，如图 10-5 中的线圈 Q0.0 应在最右侧。

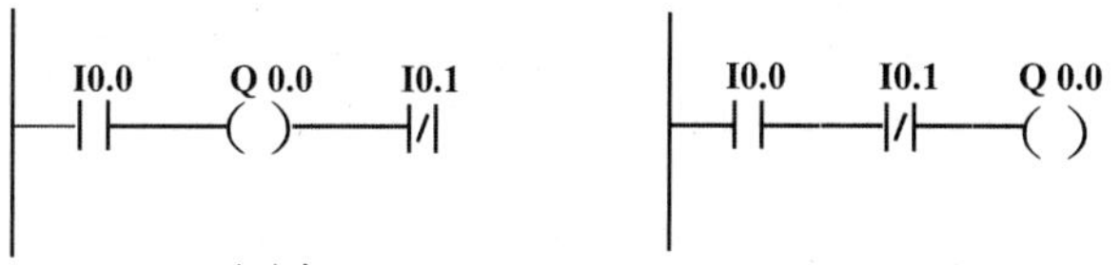

(a) 不正确　　　　　　　　　(b) 正确

图 10-5　梯形图编程示例一

在图 10-6 中，输出线圈 Q0.0 不能接在左母线上，可在左侧母线与线圈 Q0.0 之间接入一个触点。

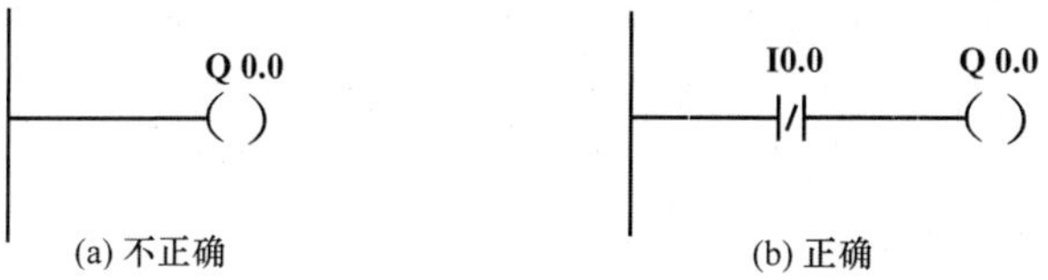

(a) 不正确　　　　　　　　　(b) 正确

图 10-6　梯形图编程示例二

对于含有并联触点的梯级或逻辑行，如图 10-7 所示，应把多并联的触点接在左母线上，向右依次递减，这样可使得用助记符语言编写程序变得简单。

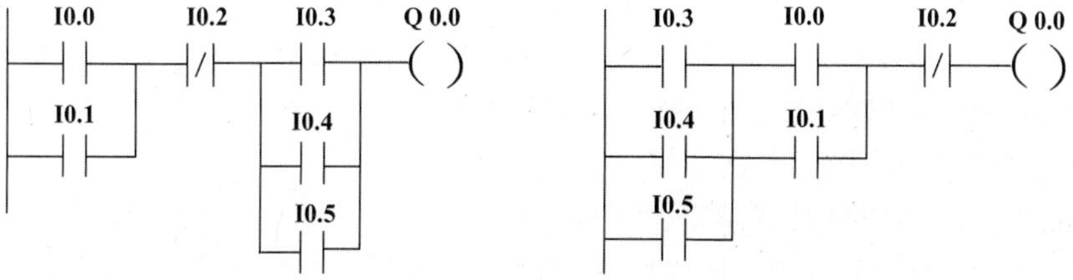

(a) 不合理　　　　　　　　　(b) 合理

图 10-7　梯形图编程示例三

对于无法用指令语句编程的梯形图，如图 10-8(a)所示，可以改画成功能等效的图 10-8(b)的形式，以利于编写程序。因此编写梯形图时应避免把触点画在垂直线上。

3) 梯形图的特点

(1) 梯形图中的继电器不是物理继电器而是软继电器，每个继电器的线圈或触点均为存

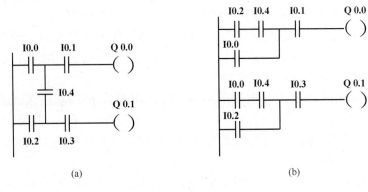

图 10-8　梯形图编程示例四

储器中的存储单元。当线圈状态为 1(或 ON)时，表示该继电器线圈接通，受之控制的常开触点闭合，常闭触点断开。

(2) 输入继电器触点的状态(0 或 1)，只能由接到与之对应输入端子(或接点)上的外部输入设备，如开关或按钮的状态(如闭合为 1，断开为 0)来决定，而不受程序的控制。

(3) 当取用继电器的常开触点时，是把表示该继电器的存储位的状态直接读出，当取用常闭触点时，是把表示该继电器的存储位的状态取出求反。

(4) 编程元件的触点即常开或常闭触点，可多次使用。

(5) 梯形图中每个梯级中流过的不是物理电流而是"概念电流"，是解算用户程序时满足该梯级输出条件的形象表示方法；概念电流只能从左向右流动。

(6) 梯形图中每一梯级的用户程序解算结果，可立即被后面的梯级引用。

3.可编程控制器的助记符语言

助记符语言和计算机汇编语言类似，由一条条指令组成，便于用计算机或手持编程器直接输入可编程控制器。可编程控制器的指令系统由基本指令和应用指令组成。下面主要介绍西门子 S7-200 系列 PLC 常用的指令及编程格式。

1) 触点指令

触点指令包括逻辑取和线圈驱动指令，它有两种连接形式，即串联和并联。

(1) 逻辑取指令和线圈驱动指令。该指令的功能是将逻辑运算功能块与母线相连，指令定义为：LD(取指令)；LDN(取反指令)；=(线圈输出指令)。

LD(Load)：左母线连接标准常开触点；

LDN(LoadNot)：左母线连接标准常闭触点；

=(Out)：表示对继电器输出线圈(包括内部继电器线圈、输出继电器线圈)的编程。

这 3 个指令的操作数为 I、Q、M、SM、T、C、V、S 和 L。

图 10-9 给出了使用该组指令的梯形图和相应的编程格式。

(2) 触点串联指令。该指令的功能是将单个常开或常闭的触点串联起来，指令定义为 A 和 AN。

A(And)：串联的触点是常开触点；

AN(AndNot)：串联的触点是常闭触点。

该指令的操作数为 I、Q、M、SM、T、C、V、S 和 L。

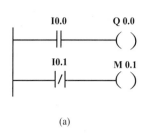

(a)　　　　　　　　　　　　(b)

图 10-9　触点指令

图 10-10 给出了使用该指令的梯形图和相应的编程格式。

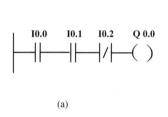

(a)　　　　　　　　　　　　(b)

图 10-10　触点串联指令

(3) 触点并联指令。该指令的功能是将单个常开或常闭的触点并联起来，指令定义为 O 和 ON。

O(Or)：并联的触点是常开触点；

ON(OrNot)：并联的触点是常闭触点。

该指令的操作数为 I、Q、M、SM、T、C、V、S 和 L。

图 10-11 给出了使用该指令的梯形图和相应的编程格式。

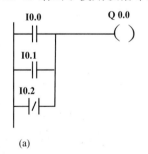

(a)　　　　　　　　　　　　(b)

图 10-11　触点并联指令

2) 逻辑电路块的连接指令

电路块的连接指令有两种形式：并联电路块的串联指令和串联指令块的并联指令。并联电路块的串联指令的功能是将两个及以上触点并联形成的两个电路块串联起来，其指令的格式为 ALD。串联电路块的并联指令的功能是将两个及以上触点串联形成的两个电路块并联起来，其指令的格式为 OLD。图 10-12 和图 10-13 给出了使用该组指令的梯形图和相应的编程格式。

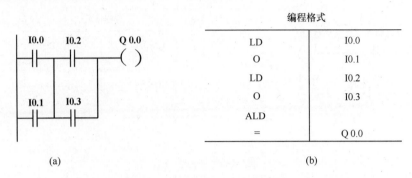

图 10-12　并联电路块的串联指令

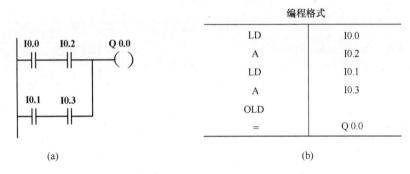

图 10-13　串联电路块的并联指令

注：每一指令块均以 LD 或 LDN 开始。

3) 置位、复位指令

置位指令的功能是将存储区的某一位开始的一个或多个(最多可达255个)同类存储器位置 1；复位指令的功能是将位存储区的某一位开始的一个或多个(最多可达 255 个)同类存储器位置 0。该指令的操作数为 I、Q、M、SM、T、C、V、S 和 L。

该组指令的梯形图和编程格式如图 10-14 所示。

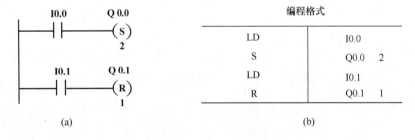

图 10-14　置位、复位指令

4) 立即指令

立即指令的功能是对 I/O 点进行快速的存取，不受 PLC 扫描周期的影响，可以提高 PLC 对外部设备的反应速度。指令格式为：LDI，立即取；LDNI，立即取反；OI，立即或；ONI，立即或反；AI，立即与；ANI，立即与反；=I，立即输出；SI，立即置位；RI，立即复位。立即输出、立即置位和立即复位指令的操作数只能是 Q，其他立即指令的操作数为 I。

在梯形图中触点符号和线圈符号中带有"I"的表示采用立即指令。

5) 逻辑入栈 LPS、逻辑读栈 LRD 和逻辑出栈 LPP

逻辑入栈指令 LPS 表示复制栈顶的值并将这个值推入栈顶，原堆栈中各层栈值依次下压一层，栈底值被推出、丢失；逻辑读栈指令 LRD 表示把堆栈中第二层的值复制到栈顶，堆栈没有推入或弹出栈操作，但原来的栈顶值被新的复制值取代；逻辑出栈指令 LPP 表示读堆栈做弹出栈操作，将栈顶的值弹出，原堆栈各级栈值依次上弹一级，原堆栈第二级的值成为新的栈顶值。图 10-15 给出了使用该组指令的梯形图和相应的编程格式。

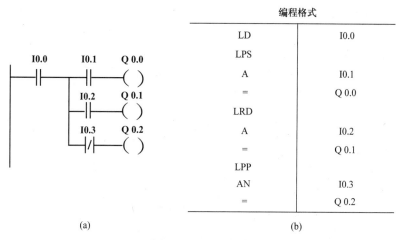

图 10-15　堆栈指令

注：LPS 和 LPP 指令是成对出现的，即有 LPS 指令必有 LPP 指令。而在它们之间可以多次使用 LRD 指令。

6) 定时器指令 TM

S7-200 系列 PLC 提供了接通延时定时器 TON、断开延时定时器 TOF 和记忆接通延时定时器 TONR 三种类型的定时器。定时器的时基也有三种，分别是 1ms、10ms 和 100ms。时基(分辨率)指定时器中能够区分的最小时间增量，即精度。具体定时时间 T 由预置值 PT 和时基的乘积决定，例如，预置值 PT=1000，选用的定时器分辨率为 10ms，则定时时间为 T=10ms×1000=10s。定时器的分辨率由定时器号决定，如表 10-2 所示。

表 10-2　定时器各类型所对应定时器号及分辨率

定时器类型	分辨率/ms	最大计时范围/s	定时器号
TONR	1	32.767	T0、T64
	10	327.67	T1～T4、T65～T68
	100	3276.7	T5～T31、T69～T95
TON、TOF	1	32.767	T32、T96
	10	327.67	T33～T36、T97～T100
	100	3276.7	T37～T63、T101～T255

(1) 接通延时型定时器 TON。当使能(IN)输入有效时，定时器开始计时，当前值从 0 开始递增，大于或等于预置值(PT)时，定时器输出状态位置 1(输出触点有效)，当前值的最大值为 32767；使能无效时，定时器复位(当前值清 0，输出状态位置 0)。

(2) 断电延时型定时器 TOF。当使能(IN)输入有效时，定时器输出状态位立即置 1，当前值复位；使能端断开时，定时器开始计时，当前值从 0 开始递增，等于预置值时，定时器输出状态位置 0，并停止计时，当前值保持不变。

(3) 记忆通电延时型定时器 TONR。当使能(IN)输入有效时，定时器开始计时，当前值从 0 开始递增，大于或等于预置值时，定时器输出状态位置 1；使能无效时，当前值保持，使能端再次接通有效时，在原记忆值的基础上递增计时；记忆通电延时型定时器采用线圈的复位指令(R)进行复位操作，当复位线圈有效时，定时器当前值清零，输出状态位置 0。

定时器的梯形图和编程格式如图 10-16 所示。

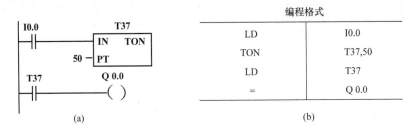

图 10-16　定时器指令

7) 计数器指令

定时器对时间的计量是通过对 PLC 内部时钟脉冲的计数来实现的，而计数器的工作原理与定时器基本相同，只是计数器是对外部或内部由程序产生的计数脉冲来进行计数。在运行时首先为计数器设置预置值 PV，计数器检测输入端信号的上升沿个数，当计数器当前值与预置值相等时，计数器发生动作，完成相应控制任务。

S7-200 系列 PLC 的计数器共有三种类型：增计数器 CTU、减计数器 CTD 和增减计数器 CTUD。编程时需对计数器进行编号使用，计数器的编号范围为 0~255。三种计数器使用同样的编号，所以在使用时要注意，在同一程序中，每个定时器编号只能出现一次。计数器的预置值是一个 16 位的存储器，存储 16 位带符号的整数，最大值为 32767。

(1) 增计数器指令 CTU。增计数器的功能是对于输入端的脉冲上升沿计数，每检测到一个上升沿，计数器当前值加 1。首次扫描时，计数器的触点为 ON，当前值为 0。当前值达到设定值后，计数器触点动作，当前值继续计数直到 32767 后停止，若复位输入有效则计数器被复位，其触点恢复原有状态，当前值为 0。

(2) 减计数器指令 CTD。减计数器的功能是对于输入端的脉冲上升沿计数，每检测到一个上升沿，计数器当前值减 1。首次扫描时，计数器的触点为 OFF，当前值为预置值。当前值减小到 0 后，计数器触点动作，若复位输入有效则计数器被复位，其触点恢复原有状态，当前值为预置值。

(3) 增减计数器指令 CTUD。增减计数器的功能是根据脉冲信号输入不同的端口，计数器完成不同的计数功能：CU 为增计数；CD 为减计数。首次扫描时，计数器触点为 OFF，当前值为 0。当 CU 的输入端检测到脉冲上升沿之后，计数器加 1，当前值达到预置值时，计数器触点动作。如果当前值达到最大值(32767)，再检测到 CU 有上升沿，则当前值变为最小值；若 CD 的输入端检测到脉冲上升沿，则计数值减 1，当前值达到预置值后，计数器触点动作。如果当前值达到最小值(−32767)，再检测到 CD 端有上升沿脉冲，当前值变为最大值。如果复位脉冲有效，则计数器被复位，计数器触点为 OFF，当前值为 0。

计数器的梯形图和编程格式如图 10-17 所示。

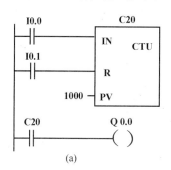

图 10-17　计数器指令

这里只介绍了 S7-200 系列 PLC 的几个基本指令，更多指令请参考 S7-200 系列 PLC 的 SIMATIC 指令集说明。

思考练习10.1

10.2　可编程控制器的应用

前面对 PLC 的工作原理、指令系统及相应编程进行了介绍，在此基础上，可以应用 PLC 完成对实际控制对象的控制任务。

以电动机正反转控制为例介绍如何使用 PLC。

电动机正反转控制经常被采用。用 PLC 实现电动机正反转控制简单易行。图 10-18 所示的电动机正反转继电器控制电路很容易转化成梯形图。

(1) 根据输入、输出设备确定 I/O 分配表，如表 10-3 所示。

表 10-3　控制电动机正反转 I/O 分配表

输入	继电器	输出	继电器
正转按钮 SB_1	I0.0	正转控制线圈 KM_1	Q0.0
反转按钮 SB_2	I0.1	反转控制线圈 KM_2	Q0.1
停车按钮 SB_3	I0.2		
过载保护开关 KH	I0.3		

(2) 根据 I/O 分配表，对应画出梯形图。为编程方便，一般都把并联的触点移到最左端，于是得到图 10-19 中的梯形图。

根据梯形图写出相应的程序，如表 10-4 所示。

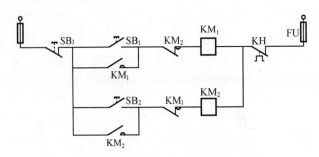

图 10-18 电动机正反转接触器控制线路图

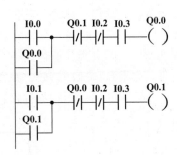

图 10-19 电动机正反转的梯形图

表 10-4 电动机正反转的指令语句表

指令		指令	
LD	I0.0	O	Q0.1
O	Q0.0	AN	Q0.0
AN	Q0.1	AN	I0.2
AN	I0.2	A	I0.3
A	I0.3	=	Q0.1
=	Q0.0		
LD	I0.1		

图 10-20 画出了电动机正反转控制的 PLC 的 I/O 接线图。由于 KM$_1$ 和 KM$_2$ 是电感，因此在 KM$_1$ 和 KM$_2$ 两端都并联了 RC 吸收电路，用于抑制电感断开时产生电弧对 PLC 的影响，其中 R 值可取 50Ω，电容 C 取 0.47μF/200V。电机主控电路与接触器控制的主电路相同。

需要指出，图 10-18 所示的电动机正反转接触器控制电路是硬件电路，而图 10-19 的梯形图是图形软件，二者截然不同。

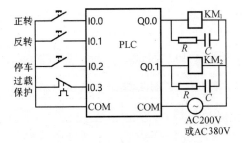

图 10-20 电动机正反转控制的 PLC 外部接线图

10.3 通用变频器

变频器是利用电力半导体器件的通断作用将工频电源变换为另一频率的电能控制装置，能实现对交流异步电机的软起动、变频调速、提高运转精度、改变功率因数、过流/过压/过载保护等功能。

通过第 7 章的学习，我们知道异步电动机旋转磁场的转速 n_0 与供电电源频率 f_1、电机极对数 p 之间的关系为

$$n_0 = \frac{60 f_1}{p}$$

当改变电源供电频率 f_1 时，旋转磁场转速 n_0 也相应变化，从而带动转子转速 n 的变化。因为电源频率 f_1 是连续可调的，不像极对数 p 只能取正整数，所以旋转磁场转速 n_0 以及转子转速 n 也将是连续变化的，因此说变频调速属于无级调速，有调速范围宽、调速平滑等特点。图 10-21 画出了异步电动机的频率-速度特性曲线。从图中可以看出，当连续改变电机定子绕组供电频率时，电机转速也将连续改变，且机械特性硬度不变。

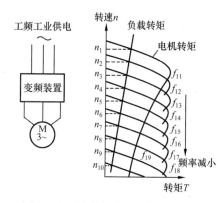

图 10-21　异步电动机频率-速度特性

10.3.1　通用变频器的基本结构和主要功能

变频器分为交-交型和交-直-交型两种形式。交-交型变频器可以将工频交流电直接变换成频率、电压均可调节的交流电，又称直接式变频方式。交-直-交变频器则是先把工频交流电通过整流器变成直流电，然后再经过逆变电路把直流电变换成频率、电压均可调节的交流电，又称为间接式变频方式。交-直-交变频方式在实际中更为通用，因此我们在此作简要介绍。

图 10-22 给出了变频器的构成框图。其中各部分电路的作用简述如下。

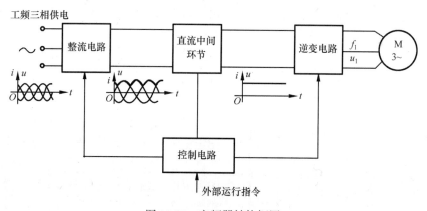

图 10-22　变频器结构框图

(1) 整流电路。

整流电路的作用是对电网提供的交流电进行整流，使其变为单一方向的直流电。但是，经整流而得的直流并不理想，其中含有较多脉动成分，这种脉动成分称为纹波，是一些高频分量。典型的整流输出波形如图 10-22 中整流电路输出端所示，随着整流电路构成的差异，整流输出的波形也有很大差别。

(2) 直流中间环节。

这一环节的作用是对整流输出的脉动直流电进行平滑(即滤波),以减小电压、电流的波动。另外,逆变电路也将因为输出和载频等原因而产生纹波电压和电流,并反过来影响直流电压和电流的质量。因此,为了保证逆变电路和控制电源得到较高质量的直流电压(流),必须加入直流中间环节。

(3) 逆变电路。

逆变电路是变频器的重要环节,它的作用是在控制电路的控制下将直流电转换为所需频率 f_1 和幅度 U_1 的交流电,以此来对异步电动机进行调速控制。

(4) 控制电路。

控制电路是变频器的核心。其主要作用是根据事先确定的变频控制方式与由外部获得的各种检测信息进行比较和运算,从而产生逆变电路所需要的各种驱动信号。如果整流电路也是可控的,还需要产生整流电路的驱动信号。此外,控制电路还包括对电流、电压、电动机速度进行检测的检测电路,为变频器和电动机提供保护的保护电路,对外接口电路和数字操作盒的控制电路。

10.3.2　松下 VF0 超小型变频器介绍

松下 VF0 超小型变频器具有体积小、使用灵活简单、价格低廉的特点。它属于 V/f 控制方式这一类型,不能实现转差频率控制及矢量控制。

1. VF0 超小型变频器结构

图 10-23 给出了 VF0 超小型变频器的主面板示意图。其面板上主要有:显示及操作板(盒),简称操作板;主电路端子,即工频交流输入端子和变频交流输出端子(注:VF0 超小型变频器为交流单相 200V(+10%, −15%)输入,三相变频变压输出的 V/f 控制型变频器);控制电路端子,用于对变频调速系统进行远程操作控制及必要的预警、显示、输出;用于电机快速制动的制动电阻接线端子(电阻器需外接);变频器机壳接地的地线端子。

2. VF0 超小型变频器的控制及显示模式

VF0 具有下列四种模式:①输出频率-电流显示模式;②频率设定-监控模式;③旋转方向设定模式;④功能设定模式。变频器通电后自动进入模式①中的输出频率显示状态。使用操作板上的 MODE 键可以将变频器依次切换为模式②、③、④。

(1) 输出频率-电流显示模式。

变频器通电后自动进入该模式,并显示"000",即准备运转状态。运行过程中,在该模式下,显示部位可以显示输出频率,如 50.0(50Hz),或者显示输出电流,如 0.0A。两种显示通过 SET 键来切换。

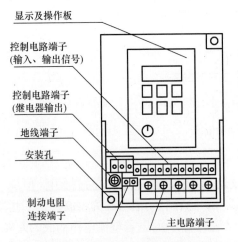

显示及操作板

控制电路端子
(输入、输出信号)

控制电路端子
(继电器输出)

地线端子

安装孔

制动电阻
连接端子

主电路端子

图 10-23　VF0 超小型变频器面板示意图

(2) 频率设定-监控模式。

进入这种模式后显示部位首先显示 "Fr" 标志，在这种模式下，可以利用 SET、▲、▼ 键对变频器的输出频率进行数字设定。即在出现 "Fr" 标志后，按下 SET 键，这时显示部位出现的数据是功能代码 P09 所设定的初始频率，使用▲(数值增加)键或▼(数值减小)键可以改变显示的频率，再次使用 SET 键可将重新设定的频率确认并存储。

(3) 旋转方向设定模式。进入这种模式后，显示部位显示 "dr" 标志。在这种模式下可以利用操作板上的 SET、▲、▼键来控制变频器输出的相序，即控制电机的转向。

(4) 功能设定模式。在这一模式下可以利用操作板按键来改变各功能代码的设定参数，这样也就改变了功能代码所设定的功能。进入这一模式后，显示部位首先显示第一个功能代码 P01，使用▲键可以使代码编号递增，直至需要的代码，使用▼键可以使代码编号递减。

思考练习10.3

10.4　VF0 变频器变频控制实例

将 VF0 变频器与可编程序控制器结合，用来模拟一个平面运动小车变频调速的基本控制过程。小车运行轨道示意图如图 10-24、图 10-25 所示。

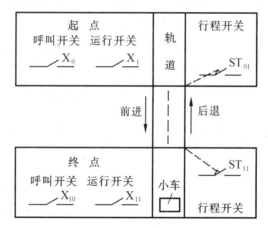

图 10-24　小车运行过程示意图

来自各点的呼叫、运行指令及行程指令均送入 PLC 内，由 PLC 来完成逻辑处理。完成逻辑运算后，PLC 应当给出电机正转运行、反转运行、停止等控制指令。变频器在接收到 PLC 给出的控制指令后，按照预先设定的功能来控制电机的转向和转速。这里变频器采用远程控制方式，由多速开关 SW 输入来选择运行的频率，而且小车要平稳加速、减速。为了简化问题，由 SW 选择的 8 段速度分别假设为 5Hz、10Hz、15Hz、20Hz、25Hz、30Hz、40Hz 和 50Hz。变频器功能代码的设置：P08=5 后，PLC 的 Q0.0 结点为 "ON" 时，小车正转前进，"OFF" 时停止；Q0.1 结点为 "ON" 时，小车反转后退，"OFF" 时停止；P09=1，用数字式设定方式设定第 1 速频率，在 "Fr" 标志下将频率设定为 5Hz；第 2～8 速由功能代码 P32～P38 来设定，将其参数依次取为 10、15、20、25、30、40、50；P25=0，变频器运行时 TR 输出为 "ON"(L_3 指示灯亮)；P26=3，输出频率高于检测频率时继电器动作；P28=45，将检测频率定为 45Hz；其他功能代码保持初始值。

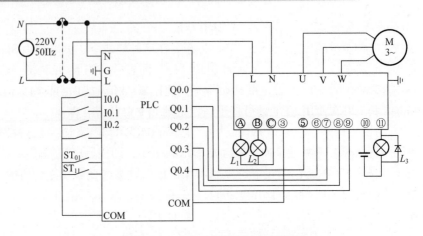

图 10-25　小车运行控制系统接线图

这样，在小车往复运行过程中，当 PLC 的 Q0.0 节点给出"ON"指令后，电机分 8 段速度，转速逐渐上升(由 SW1～SW3 控制)，同时 L_3 指示灯亮，L_2 指示灯亮(表示电机未达额定转速)，当速度达到 90%额定速度时(45Hz/50Hz=95%)，L_1 指示灯亮，L_2 灯灭，指示电机已基本进入全速稳定运行阶段。小车按下行程开关后，电机分 8 段速度转速逐渐下降，直到 PLC 的 Q0.0 结点变为"OFF"指令，电机停止运行。PLC 的 Q0.1 结节的作用与 Q0.0 相同，只是电机反转。

思考练习10.4

第10章小结

阅读与应用

DCS与PLC

● DCS 与 PLC

目前，国内先进的大中型过程控制基本上以采用 PLC 和 DCS 为主，包括将 DCS 概念拓展到 FCS。

历 史 人 物

维尔纳·冯·西门子（Ernst Werner von Siemens，1816—1892 年）是世界著名的发明家、企业家、物理学家，他主持铺设和改进海底、地底的电缆与电线，修建电气化铁路，提出平炉炼钢法，革新炼钢工艺，创办西门子公司。

西门子简介

历 史 故 事

在 PLC 问世之前，继电器控制在工业控制领域中占主导地位。继电器控制系统有着十分明显的缺点：体积大、耗电多、可靠性差、寿命短、运行速度慢、适应性差，尤其当生产工艺发生变化时，必须重新设计、重新安装，造成时间和资金的严重浪费。为了改变这一现状，1968 年美国最大的汽车制造商通用汽车公司（GM），为了适应汽车型号不断更新的要求，以便在激烈竞争的汽车工业中占有优势，提出要研制一种新型的工业控制装置来取代继电器控制装置。

PLC由来

习　题　10

10-1　写出与题 10-1 图各梯形图对应的程序。

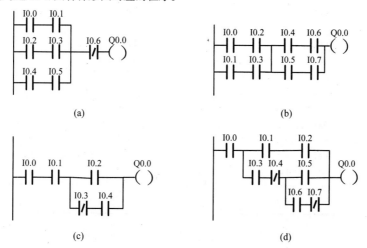

(a)　　　　　　　　　　　　(b)

(c)　　　　　　　　　　　　(d)

题 10-1 图

10-2　写出题 10-2 图所示梯形图对应的程序，分析定时器工作原理及定时时间是多少？

10-3　写出与题 10-3 图梯形图对应的程序。说明梯形图的工作过程并回答该梯形图的计数值是多少？

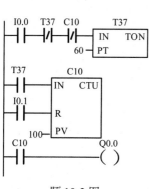

题 10-2 图

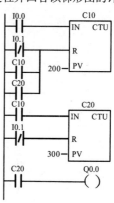

题 10-3 图

10-4　根据题 10-4 图所示程序画出对应的梯形图。

指令	
LD	I0.0
O	I0.1
LD	I0.2
O	I0.3
ALD	
LD	I0.4
O	I0.5
ALD	
=	Q0.0

(a)

指令	
LD	I0.0
A	I0.1
LD	I0.2
A	I0.3
OLD	
LD	I0.4
A	I0.5
OLD	
=	Q0.0

(b)

指令	
LD	I0.0
LPS	
=	0.0
LPD	
A	I0.1
=	Q0.1
LPD	
A	I0.2
AN	I0.3
=	Q0.2
LPP	
AN	I0.4
A	I0.5
=	Q0.3

(c)

指令		
LD	I0.0	
LPS		
TON	T37	30
LPP		
TON	T38	20
LD	T37	
=	Q0.0	
LD	T38	
=	Q0.1	

(d)

题 10-4 图

习题10答案

10-5　用 PLC 实现三相异步电动机的 Y-△ 起动控制，Y-△ 转换延时时间为 5s。要求画出 PLC 的 I/O 接线图及梯形图，并写出对应的程序。

第 11 章 Multisim 14 电路仿真软件简介

章节导读

Multisim 是美国国家仪器(NI)有限公司推出的以 Windows 为基础的仿真工具，适用于板级的模拟/数字电路板的设计工作。它包含了电路原理图的图形输入、电路硬件描述语言输入方式，具有丰富的仿真分析能力。Multisim 软件结合了直观的捕捉和功能强大的仿真，能够快速、轻松、高效地对电路进行设计和验证。Multisim 14 是一款具有工业品质、使用灵活、功能强大的电子仿真软件。Multisim 14 包含了许多虚拟仪器，如示波器、万用表、函数发生器、逻辑分析仪、网络分析仪等。这些虚拟仪器提供了一种快速获得仿真结果的手段，同时也为将来在实验室中使用这些仪器做好了认识准备。用户还可以在 iPad 上轻松实现交互式仿真。本章介绍了 Multisim14 软件的基本功能和在电路系统仿真中的应用。利用 Multisim 进行仿真，可以加深对基础理论内容的理解，还可以对所设计的电路进行功能验证，节省资源。

掌　握

(1) 基本元器件的选择、调用、参数设置。
(2) 电源的选择、调用、参数设置。
(3) 指示元器件的选择、调用、参数设置。
(4) 测试仪器、仪表的选择、调用、功能设置。
(5) 仿真电路图的创建、仿真和结果分析。

了　解

(1) 标准工具栏的功能和使用。
(2) 探针工具栏的功能和使用。
(3) 浏览工具栏的功能和使用。

11.1 Multisim 14 软件功能简介

运行 Multisim 14 主程序后，出现 Multisim 14 主工作界面，如图 11-1 所示。Multisim14 软件采用菜单、工具栏和热键相结合的方式，具有一般 Windows 应用软件的界面风格。Multisim 14 主工作界面主要由菜单栏、工具栏、设计工具箱、电路图编辑窗口、设计信息显示窗口等组成，模拟了一个实际的电子工作台。

Multisim 14 的菜单栏包括 File、Edit、View、Place、MCU、Simulate、Transfer、Tools、Reports、Options、Window 和 Help 共 12 个主菜单。通过菜单，可以对所有功能进行操作。每个菜单下都包含若干个子菜单。工具栏中包含系统工具栏、设计工具栏、元件库工具栏和仪器仪表工具栏。电路编辑窗口用来设计需要仿真的电路。

图 11-1   Multisim 14 主工作界面

1. 菜单

图 11-2 为菜单栏操作界面

图 11-2   菜单栏操作界面

(1) 文件(File)菜单主要用于管理所创建的电路文件。

(2) 编辑(Edit)菜单包括一些最基本的编辑操作命令(如 Cut、Copy、Paste、Undo 等命令),以及元器件的位置操作命令。

(3) 视图(View)菜单,调整视图窗口,添加或隐藏工具栏、元件库和状态栏。

(4) 放置(Place)菜单,放置元器件、节点、线、文本、标注等常用的绘图元素,同时包括创建新层次模块、层次模块替换、新建子电路等关于层次化电路设计的选项。

(5) 微控制器(MCU)菜单包括一些与 MCU 调试相关的选项,如调试视图格式、MCU 窗口等。该选项还包括一些调试状态的选项,如单步调试的选项。

(6) 仿真(Simulate)菜单包括一些与电路仿真相关的选项,如运行、暂停、停止、分析仿真、仪器及混合模式仿真设置等。

(7) 文件传输(Transfer)菜单用于将所搭建电路及分析结果传输给其他应用程序,如 PCB、MathCAD 和 Excel 等。

(8) 工具(Tools)菜单用于创建、编辑、复制、删除元器件,可管理、更新元器件库等。

(9) 报表(Reports)菜单包括与各种报表相关的选项。

(10) 选项(Options)菜单可对程序的运行和界面进行设置。

(11) 窗口(Window)菜单包括与窗口显示方式相关的选项。

(12) 帮助(Help)菜单提供帮助文件,按下键盘上的 F1 键也可获得帮助。

2. 工具栏

Multisim14 在工具栏中提供了大量的工具按钮,包括标准工具栏、主工具栏、浏览工具栏、元器件工具栏、仿真工具栏、探针工具栏和仪器库工具栏等。

(1) 标准工具栏(standard toolbar)包括新建、打开、保存、打印、放大、剪切等常见的功能按钮，如图 11-3 所示。

图 11-3　标准工具栏

(2) 主工具栏(main toolbar)是 Multisim 14 的核心，包含 Multisim14 的一般性功能按钮，如界面中各个窗口的取舍、后处理、元器件向导、数据库管理器等(虽然菜单栏中也已包含这些设计功能，但使用该设计工具栏进行电路设计将会更方便、快捷)。元器件列表(In-Use List)列出了当前电路使用的全部元器件，以供检查或重复使用。主工具栏如图 11-4 所示。

图 11-4　主工具栏

(3) 浏览工具栏(view toolbar)包含放大、缩小等调整显示窗口的按钮，如图 11-5 所示。

(4) 元器件工具栏(components toolbar)是用户在电路仿真时可以使用的所有元器件符号库，它与 Multisim 14 的元器件模型库对应，共有 18 个分类库，每个库中放置着同一类型的元器件。在取用其中的一个元器件符号时，实质上是调用了该元器件的数学模型。元器件工具栏如图 11-6 所示。

图 11-5　浏览工具栏

图 11-6　元器件工具栏

Multisim 14 中的元器件库分为 Group(组)，Group 又分 Family(系列)，Family 下面又有 Component(元器件)类型。单击每个元器件组，都会显示出一个窗口，各类元器件的窗口所展示的信息基本相似。现以基础(Basic)元器件组为例，说明窗口的内容，如图 11-7 所示。

数据库(Database)包括 Master Database、Corporate Database、User Database。默认的数据库为 Master Database，通过下拉菜单可以选择其他数据库。Group(组)包含 18 个分类库，分别为 Sources(电源)、Basic(基本元器件)、Diodes(二极管)、Transistors(晶体管)、Analog(模拟元器件)、TTL、CMOS、MCU(微处理)、Advanced_Peripherals(高级外设)、Misc Digital(集成数字芯片)、Mixed(数模混合)、Indicators(指示元器件)、Power(电源元器件)、Misc(混合项元器件)、RF(射频元器件)、Electro_Mechanical(机电类元器件)、Connectors(接口元器件)、NI_Components(NI 元器件)。

选择和放置元器件时，只需单击 Family 列表框中相应的元器件系列，在 Component 中选择所需的元器件，单击对话框中的 OK 按钮即可。如果要取消放置元器件，则单击 Close 按钮。关闭元器件组界面后，将鼠标移到电路图编辑窗口，在空白处单击鼠标左键，完成元器件的放置操作。

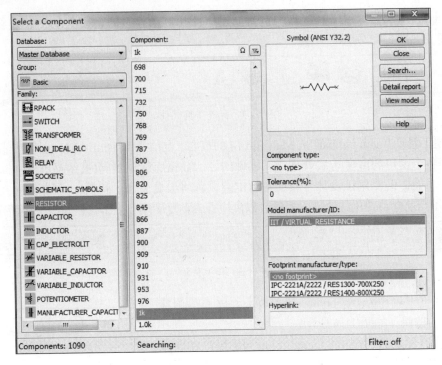

图 11-7　元器件组界面

如果要对放置的元器件进行角度旋转，当拖动正在放置的元器件时，按住以下键即可进行相应操作。

　　·Ctrl+R：元器件顺时针旋转 90°；

　　·Ctrl+Shift+R：元器件逆时针旋转 90°。

或者选中元器件，右击进行相应操作。

由于本软件包含的元件和仪器仪表很多，篇幅所限不能一一介绍。本章仅对电路仿真中常用的元器件和仪器仪表的使用与设置加以说明，其他元器件和仪器仪表的使用方法可参阅 Help 菜单。

① 电源(Sources)库。

电源库对应元器件系列(Family)，如图 11-8 所示。电源库中包含电路必需的各种形式的电源、信号源以及接地符号，一个待仿真的电路必须含有接地端，否则仿真时会报错。电源类型如下：

　　·POWER_SOURCES：电源；

　　·SIGNAL_VOLTAGE_SOURCES：电压信号源；

　　·SIGNAL_CURRENT_SOURCES：电流信号源；

　　·CONTROLLED_VOLTAGE_SOURCES：受控电压源；

　　·CONTROLLED_CURRENT_SOURCES：受控电流源；

　　·CONTROL_FUNCTION_BLOCKS：控制函数模块；

　　·DIGITAL_SOURCES：数字电源。

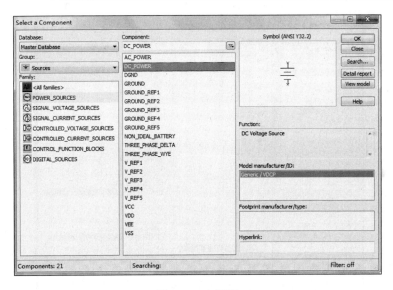

图 11-8　电源库

② 基本(Basic)元器件库。

基本元器件库包含实际元器件 16 类和虚拟元器件 2 类，如图 11-9 所示。虚拟元器件中的元器件(带绿色衬底)不需要选择，直接调用，然后再通过其属性对话框设置其参数值。不过，选择元器件时，应尽量到实际元器件中选取，这不仅是因为选用实际元器件能使仿真更接近于实际情况，还因为实际的元器件都有元器件封装标准，可将仿真后的电路原理图直接转换成 PCB 文件。基本元器件类型如下：

· BASIC_VIRTUAL：基本虚拟器件；
· RATED_VIRTUAL：标准虚拟器件；
· RPACK：电阻排；
· SWITCH：开关；
· TRANSFORMER：变压器；
· NON_IDEAL_RLC：非理想电阻电感电容；
· RELAY：继电器；
· SOCKETS：双列直插式插座；
· SCHEMATIC_SYMBOLS：原理图符号；
· RESISTOR：电阻；
· CAPACITOR：电容；
· INDUCTOR：电感；
· CAP_ELECTROLIT：电解电容；
· VARIABLE_RESISTOR：可变电阻；
· VARIABLE_CAPACITOR：可变电容；
· VARIABLE_INDUCTOR：可变电感；
· POTENTIOMETER：电位器；
· MANUFACTURER_CAPACITOR：电容制造商。

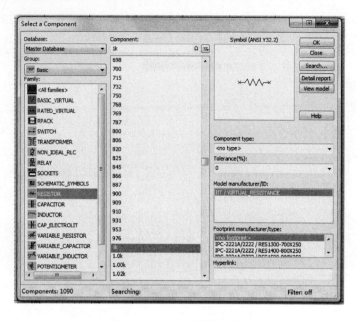

图 11-9　基本元器件库图

③ 指示(Indicators)元器件库。

指示元器件库如图 11-10 所示，包含有 8 种交互式元器件，是用来显示电路仿真结果的显示器件。交互式元器件不允许用户从模型进行修改，只能在其属性对话框中设置其参数。指示元器件类型如下：

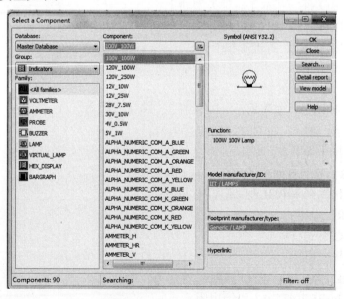

图 11-10　指示元器件库图

· VOLTMETER：电压表；
· AMMETER：电流表；
· PROBE：探针；

- BUZZER：蜂鸣器；
- LAMP：灯泡；
- VIRTUAL_LAMP：虚拟灯泡；
- HEX_DISPLAY：十六进制显示器；
- BARGRAPH：条柱显示器。

(5) 仿真工具栏(simulation toolbar)提供了仿真和分析电路的快捷工具按钮，包括运行、暂停、停止和活动分析功能按钮，如图 11-11 所示。

(6) 探针工具栏(probe toolbar)包含在设计电路时放置各种探针的按钮，还能对探针进行设置，如图 11-12 所示。从左至右依次为电压探针、电流探针、功率探针、差分电压、电压电流探针、电压参考探针、数字探针、探针设置。

图 11-11　仿真工具栏　　　　　　　　　　　　　图 11-12　探针工具栏

(7) 仪器库工具栏(instruments toolbar)。Multisim 14 提供了 21 种用来对电路工作状态进行测试的仪器、仪表，如图 11-13 所示。从左至右分别为数字万用表、函数信号发生器、功率表、双踪示波器、四通道示波器、波特图仪、频率仪、字(数字信号)发生器、逻辑转换仪、逻辑分析仪、伏安特性分析仪、失真度分析仪、频谱分析仪、网络分析仪、Agilent 函数信号发生器、Agilent 万用表、Agilent 示波器、Tektronix 数字示波器、Labview 仪器、NI ELVISmx 仪器和电流探针。

图 11-13　仪器库工具栏

11.2　Multisim 14 电路仿真

为了叙述方便，本节通过实例，介绍 Multisim 14 软件在电路仿真中的应用。

1. 戴维南定理仿真实验与分析

第一个例子是戴维南定理的仿真实验与分析。实验的目的是求出图 11-14 所示电路的戴维南等效电路并验证戴维南定理。

这里采用输入原理图的方式进行仿真。

(1) 创建原理图。

打开 Multisim 14 工作平台，空白文档的默认名称为 "Design1"，可以运行 File→Save as 命令修改文档名，本例中命名为 "戴维南定理"。

为了防止数据意外丢失，运行 Options →Global Options 命令，在弹出的对话框中设定定时存储文件的时间间隔。

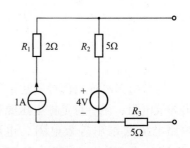

图 11-14　原电路

(2) 选取需要的元器件。

选择 Place→Component 选项，或者在编辑窗口单击，在弹出的菜单栏中选择 Place→Component 选项，系统弹出 Select a Component 对话框。还可利用快捷工具栏选择元器件。本例中电阻选取于 Basic 库，电压源和电流源选自 Sources 库。电阻、电流源和电压源的数值可以自行设定。首先选中要改变数值的元件，然后右击并选择 Properties 选项，在弹出的对话框中修改 Value 的值即可。

本例中需用万用表测电压、电流，数字万用表可通过仪器库工具栏选择。选中万用表，然后拖动鼠标到编辑窗口的任意位置并单击会出现万用表的图形符号，如图 11-15(a)所示。

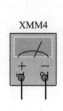

(a) 图形符号　　　　(b) 显示面板

图 11-15　数字万用表图形符号、显示面板

在电路图编辑窗口，双击万用表图标即可出现万用表的显示面板，如图 11-15(b)所示。A、V、Ω、dB 分别表示电压、电流、电阻和分贝(电流中两点之间的电压增益或损耗)，"～"表示交流信号，"—"表示直流信号。从图中可知，标号为 XMM4 的万用表测得的直流电压为 7.2V。

其他元器件、仪器仪表的选择步骤同上，这里不再赘述。

(3) 电路连线。

当鼠标箭头移近元器件引脚或仪器接线柱时，鼠标箭头自动变为十字形，单击此引脚就可连上线，也就是连线的起点。然后移动鼠标，使十字形移动到要连接的另一端，再单击，则一条电路连线就完成了。

(4) 电路仿真。

本例要求得图 11-14 所示电路的戴维南等效电路，因此要求出开路电压和等效电阻。开路电压可直接利用数字万用表测得，如图 11-16 所示，可知开路电压为 9V。

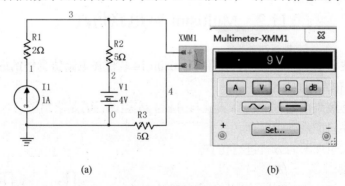

(a)　　　　　　　　　　　(b)

图 11-16　开路电压测量电路图

等效电阻可通过两种方法求得：一种是测出短路电流，利用开路电压除以短路电流求出等效电阻；另一种是把电压源和电流源置零，然后用万用表测出等效电阻。这里我们用短路电流法求出等效电阻，电路如图 11-17 所示。从图中可得到，**短路电流近似为 899.999mA**，因此可求得等效电阻为 10Ω。由此得到戴维南等效电路如图 11-18 所示。

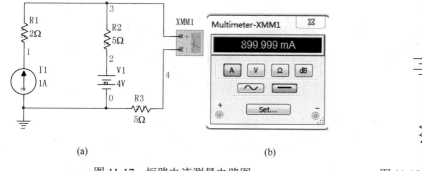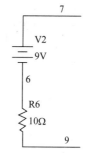

（a）　　　　　　　　　　　　　　　　（b）

图 11-17　短路电流测量电路图　　　　图 11-18　戴维南等效电路

可以通过外接可变电阻验证戴维南定理，电路如图 11-19 所示。同时测试两个电路中可变电阻的电压和电流值，从图中可知，在可变电阻取值相同时，原电路和等效电路中可变电阻的电压和电流是相等的。

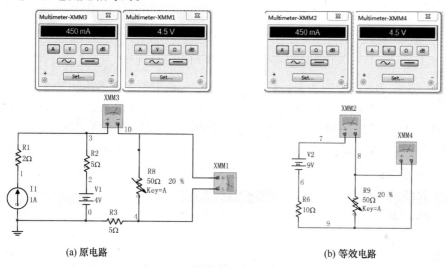

(a) 原电路　　　　　　　　　　　　(b) 等效电路

图 11-19　戴维南定理验证电路图

2. 叠加定理的仿真实验与分析

叠加定理实验电路如图 11-20 所示。其中，图 11-20(b)是图 11-20(a)电路中 2V 电压源单独作用时的电路，此时 1A 电流源置零(开路)；相应地，图 11-20(c)是图 11-20(a)电路中 1A 电流源单独作用时的电路，此时 2V 电压源置零(短路)。从图 11-20 所示 3 个电流表的指示可见，图 11-20(a)中 2Ω 电阻支路的电流等于图 11-20(b)中 2Ω 电阻支路电流与图 11-20(c)中 2Ω 电阻支路电流之和，满足叠加定理。

进一步，还可通过实验验证功率是否能通过叠加定理计算。在实验前，先介绍功率表的使用方法。功率表和数字万用表一样，包含在仪器库中，它的选择、放置同前面介绍的数字万用表一样。功率表的图形符号、仿真接线图和显示面板如图 11-21 所示。功率表共有 4 个接线端，左边"+""−"是用来测电压的 2 个接线端，接线时要并接在所测支路两端；右边"+""−"是测电流的 2 个接线端，接线时要串入所测支路中。功率表的显示面板除了可以指示所测功率外，还可指示功率因数。图 11-21 中标号为 XWM1 的功率表测得电阻支路的功率为 6W，功率因数为 1。

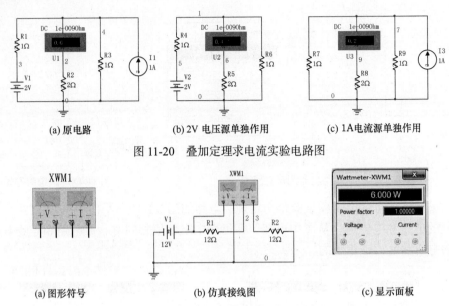

(a) 原电路   (b) 2V 电压源单独作用   (c) 1A电流源单独作用

图 11-20   叠加定理求电流实验电路图

(a) 图形符号   (b) 仿真接线图   (c) 显示面板

图 11-21   功率表的图形符号和显示面板

接下来测量 2Ω 电阻的功率，将图 11-20(a)～(c)中的电流表均用功率表替换，示于图 11-22。图 11-22(a)中的功率表指示为 720.000mW，图 11-22(b)中的功率表指示为 320.000mW、图 11-22(c)中的功率表指示为 80.000mW，很显然不满足叠加定理，可见叠加定理不能用于功率的计算。

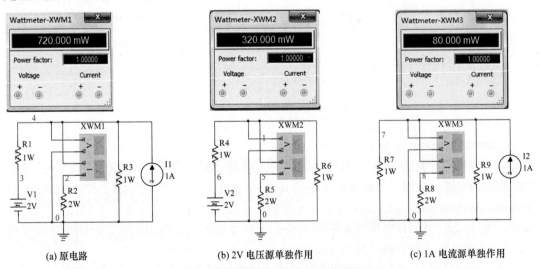

(a) 原电路   (b) 2V 电压源单独作用   (c) 1A 电流源单独作用

图 11-22   叠加定理求功率实验电路图

3. 三相电路的仿真实验和分析

实验电路采用常见的 Y/Y 接法照明系统模型，由对称三相电源、灯泡、交流电压表和交流电流表组成。三个灯泡的功率均为 100W，构成对称三相电路，如图 11-23 所示。灯泡、电压表、电流表均取自 Indicators 库，三相电源选取于 Sources 库中的 PowerSources 类。当分别按下开关 A、B、C 时，对应的 3 个灯泡依次点亮发光，万用表 U3、U4、U5 测得的负载每相相电压约为 120V，万用表 U1、U2 测得的三相电源的线电压约为 207.8V，显然线电压等于相电压的 $\sqrt{3}$ 倍。中线中的交流电流表 U6 指示近似为零，即中线无电流，因此 Y/Y 接法的对称三相电路，中线的有无是无关紧要的。

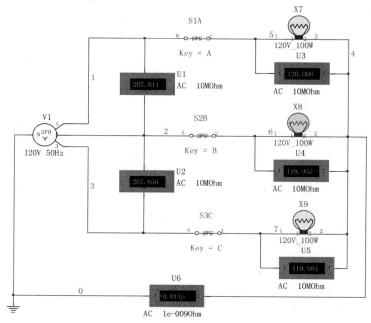

图 11-23　Y/Y 接法对称三相电路模拟仿真图

图 11-24 为 △/△ 接法的对称三相电路模拟仿真图，交流电流表 U1、U2、U3 测得的线电流有效值近似为 1.44A，交流电流表 U4、U5、U6 测得的相电流有效值约为 0.83A，显然线电流等于 $\sqrt{3}$ 倍的相电流。交流电压表 U10、U11 测得的电压有效值约为 120V，等于电源电压，即线电压等于相电压。

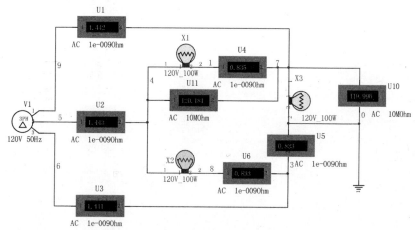

图 11-24　△/△ 接法的对称三相电路模拟仿真图

参 考 文 献

陈晓平, 殷春芳, 2009. 电路原理试题库与题解[M]. 北京: 机械工业出版社.

戴仙金, 2007. 西门子 S7-200 系列 PLC 应用与开发[M]. 北京: 中国水利水电出版社.

胡敏强, 黄雪良, 黄允凯, 等, 2014. 电机学[M]. 3 版. 北京: 中国电力出版社.

姜钧仁, 2012. 电路基础[M]. 哈尔滨: 哈尔滨工程大学出版社.

姜三勇, 2011. 电工学(上册)学习辅导与习题解答[M]. 北京: 高等教育出版社.

李柏龄, 2015. 电工学[M]. 北京: 机械工业出版社.

罗伟, 陶艳, 2009. PLC 与电气控制[M]. 2 版. 北京: 中国电力出版社.

秦曾煌, 2009. 电工学(上册)电工技术[M]. 7 版. 北京: 高等教育出版社.

邱关源, 罗先觉, 2006. 电路[M]. 5 版. 北京: 高等教育出版社.

唐介, 刘蕴红, 2014. 电工学(少学时)[M]. 4 版. 北京: 高等教育出版社.

席志红, 2012. 电工技术(修订版)[M]. 哈尔滨: 哈尔滨工程大学出版社.

席志红, 2012. 电路分析基础[M]. 哈尔滨: 哈尔滨工程大学出版社.

席志红, 2015. 电工理论基础[M]. 北京: 电子工业出版社.

邢江勇, 2017. 电工电子技术[M]. 3 版. 北京: 科学出版社.

叶挺秀, 张伯尧, 2014. 电工电子学 [M]. 4 版. 北京: 高等教育出版社.

元增民, 2011. 电工学(电工技术)[M]. 北京: 清华大学出版社.

张新喜, 2017. Multisim 14 电子系统仿真与设计[M]. 2 版. 北京: 机械工业出版社.

朱桂萍, 于歆杰, 陆文娟, 2016. 电路原理[M]. 北京: 高等教育出版社.

朱文杰, 2010. S7-1200 PLC 编程设计与案例分析[M]. 北京: 机械工业出版社.

HAMBLEY A R, 2014. 电工学原理与应用[M]. 熊兰, 译. 北京: 电子工业出版社.

NILSSON J W, RIEDEL S A, 2014. Electric Circuits[M]. 9th ed. 北京: 电子工业出版社.

鹏芃科艺. http://www.pengky.cn/yongciDJ/01-yongci-ZLDJ/yongci-ZLDJ.html.